中等职业教育轻工纺织类系列教材

定制家居设计教程

三维家

彭金美　主编

黄启邦　黄丽芳　卢牡丹　林巧玲　副主编

郭　琼　主审

中国轻工业出版社

图书在版编目（CIP）数据

定制家居设计教程：三维家 / 彭金美主编. — 北京：中国轻工业出版社，2022.10

ISBN 978-7-5184-4047-4

Ⅰ.①定… Ⅱ.①彭… Ⅲ.①住宅—室内装饰设计—教材 Ⅳ.①TU241

中国版本图书馆CIP数据核字（2022）第114440号

责任编辑：陈 萍　　责任终审：李建华　　整体设计：锋尚设计
策划编辑：陈 萍　　责任校对：吴大朋　　责任监印：张 可

出版发行：中国轻工业出版社（北京东长安街6号，邮编：100740）
印　　刷：三河市国英印务有限公司
经　　销：各地新华书店
版　　次：2022年10月第1版第1次印刷
开　　本：787×1092　1/16　印张：10.75
字　　数：260千字
书　　号：ISBN 978-7-5184-4047-4　定价：49.80元
邮购电话：010-65241695
发行电话：010-85119835　传真：85113293
网　　址：http://www.chlip.com.cn
Email：club@chlip.com.cn

210637J3X101ZBW

前言

近年来，由于定制家居行业发展迅速，对定制家居设计师的需求也日益剧增，云设计软件逐渐成为定制家居行业前端设计工具的主流。三维家3D云设计软件包含定制家具、瓷砖、卫浴、吊顶墙面、门窗装饰、水电施工等多个模块，基于CAD内核、3D建模技术、图形引擎、AI人工智能等技术，比市场传统软件更简单便捷。其主要应用于室内设计、建筑设计、工程可视化及辅助教学等领域，在定制家居设计行业应用广泛。

本教材包含两部分内容，第一部分主要介绍定制家居设计的基础知识，第二部分主要讲解三维家3D云设计软件基本功能及实际应用，结合相应的案例引导读者进行实践，并对重要技术做更深入剖析，真正做到"能学、能用"，帮助入门级读者快速、全面掌握三维家3D云设计软件，部分知识点有相关的视频教程，读者可扫码观看。

本教材编写过程中得到了广东三维家信息科技有限公司、壹家壹品（香港）控股有限公司等企业的支持和帮助，提供了大量的图文和视频资料，在此表示感谢。

本教材可作为职业院校和培训机构相关专业课程的实战教材，也适用于家装建筑设计类从业者自学自练及企业员工培训。由于编者知识水平有限，书中难免有疏漏之处，还请读者批评指正。

彭金美

2022年5月

目 录

基础知识篇

软件实操篇

基础知识篇

1 定制家居设计概述

1.1 定制家居设计师的岗位技能要求

① 能独立完成测量、制图等设计阶段工作，为客户量身设计搭配方案。

② 熟悉家具的制作工艺流程和技术特点，了解国内外家具的风格流派及特点，熟悉国内外家具市场的发展潮流和动向。

③ 能熟练运用酷家乐、三维家、圆方、AUTOCAD、3DMAX、PHOTOSHOP等设计软件绘制效果图。

④ 能协助工厂解决产品在生产过程中出现的技术难题。

⑤ 具有一定的设计灵感和良好的艺术修养，以及较强的创新能力和持续学习能力。

⑥ 富有创意及执行力，沟通和表达能力强。

1.2 定制家居设计师主要工作流程

1.2.1 接到量尺任务

① 与家居顾问做好交接工作，家居顾问把详细的客户信息及与客户沟通的内容，包含导购人员对客户的主观判断等信息，向设计师做详细的说明。

② 提前一天与顾客预约具体测量时间，向顾客提供本人联系方式。

1.2.2 量尺过程

① 需要带齐所有测量工具以及相关图册，并绘制量尺图，如图1-1所示。

② 必须按预约时间准时到达目的地，

图1-1 绘制量尺图

合理安排工作时间，杜绝出现爽约现象。

③ 现场沟通过程中，对顾客所提需求作详细记录，同时给予顾客合理的建议。

④ 完善填写量尺记录本，要求尺寸标注清晰、功能需求详细、信息无误。

⑤ 沟通完毕后，需与顾客预约初次方案沟通时间。

⑥ 如果量尺地址是新楼盘，则设计师可以提前了解楼盘的信息，方便推广人员做市场推广工作，并留意该客户的左右邻居是否在家，是否需要提供服务。

1.2.3 方案沟通

① 提前与客户沟通见面的时间和地点。当客户光临专卖店时，必须做到亲切、周到、贴心。

② 约见客户前必须做好沟通方案，并重新审核所有的图纸和报价。

③ 设计师的着装和谈吐要时刻体现专业、专注、专心的工作态度。

④ 模拟顾客日常生活进行画面式引导，解说设计方案。

⑤ 充分了解顾客的需求，并向顾客提出合理的设计建议。

1.2.4 确认方案

① 让顾客清晰了解所定制产品的内部结构以及功能配件。

② 特殊工艺产品需向顾客告知工艺结构处理方法。

③ 当顾客的房屋结构特殊或者顾客所要求的产品工艺特殊时，应向顾客说明如此设计存在的风险或不足，但必须表现出你的专业能力，并且表示会用心帮他考虑周全。

1.2.5 签订合同

① 当客户对效果图和报价都表示满意时，应与顾客签订合同。

② 与顾客正式签订合同时，必须将报价和图纸内容重新审核，然后标准填写，并双方签字确认，用设计赢得客户信任，并收取合同约定的款项。

1.2.6 出图纸并下单

① 所有的图纸和报价必须严格按照公司下单标准进行。

② 设计主管或组长审核图纸和报价，店长确认收款情况后正式下单。

说明

在设计环节，还可能会出现多次修改方案、复尺等现象，具体内容根据实际情况定。

2 定制家居基础知识

2.1 板材基础知识

定制家具是定制家居中核心的部分，定制家具大多由木质板材组成。板材按材质分类，可分为实木板、人造板两大类。

实木板是采用完整的木材制成的木板材，坚固耐用、纹路自然。实木板材造价高，施工工艺要求高。

人造板是以木材或其他非木材植物为原料，经一定机械加工分离成各种单元材料后，施加或不施加胶黏剂和其他添加剂胶合而成的板材或模压制品。人造板既能保持天然木材的许多优点，又能克服天然木材的一些缺陷。幅面大，变形小，表面平整光洁，易于各种加工，而且力学性能较好。

按照GB/T 39600—2021《人造板及其制品甲醛释放量分级》要求。室内用人造板及其制品的甲醛释放量按照限量值分为三个等级。具体分级要求应符合表2-1。

表 2-1　室内用人造板及其制品甲醛释放量分级

甲醛释放限量等级	限量值/（mg/m^3）	标识
E1 级*	≤ 0.124	E1
E0 级	≤ 0.050	E0
Enf 级	≤ 0.025	Enf 级

E1级*为GB 18580—2017《室内装饰装修材料 人造板及其制品中甲醛释放量》中规定的人造板及其制品的甲醛释放限量值及标识。

人造板主要作为定制家具板材的基材，基材是没有经过表面装饰的裸板。最常见的人造板有纤维板、刨花板、胶合板、细木工板、指接板、禾香板等。

2.1.1 纤维板

纤维板（图2-1）又名密度板，是目前定制家具中应用较多的人造板之一。

（1）纤维板的分类和特点

① 高密度（硬质）纤维板。结构均匀，强度较高，表面不美观，易吸湿变形。

② 中密度纤维板。强度较高，表面平整光滑，便于胶贴和涂饰，可以雕刻、镂铣，板边也可以铣削成型面，可以不经过封边而直接涂饰。定制家具板材常用的是中密度纤维板，即中纤板（MDF）。

③ 低密度（软质）纤维板。力学性能不及高密度（硬质）纤维板。

图2-1 纤维板

（2）纤维板的用途

纤维板主要用于定制家具的背面材料，如柜类家具的背板、抽屉的底板等；表面经过二次加工，如直接印刷木纹及覆贴薄木、装饰板、装饰纸等，用于定制家具的板式部件，如家具柜体有雕花、模压造型要求的柜门等，如图2-2所示。

图2-2 纤维板为基材的柜门

2.1.2 刨花板

刨花板是最常见的家具基础材料，常称为“颗粒板”。

（1）刨花板的分类和特点

根据刨花尺寸和分布不同，刨花板一般可分为单层、三层、多层和渐变等结构，如图2-3所示。

图2-3 刨花板

优点

① 幅面大，表面平整，容易胶合，可进行各种贴面。

② 有良好的吸音和隔音性能，绝热、吸声。

③ 内部为交叉错落结构的颗粒状，各方向的性能基本相同，横向承重力相对差。

缺点

① 内部为颗粒状结构，不易于铣型，裸板暴露在空气中易吸湿变形。

② 在裁板时容易造成暴齿的现象，所以部分工艺对加工设备要求较高，不宜现场制作。

（2）刨花板的用途

刨花板经二次加工，覆贴单板或热压塑料贴面以及实木镶边和塑料封边后，则可成为坚固、美观的家具用材，广泛用于柜体的各板件，如图2-4所示。

（3）定向刨花板

定向刨花板是一种特殊的刨花板，也称为欧松板（OSB），是用施加胶黏剂和添加剂的扁平窄长刨花经定向铺装后热压而成的一种多层结构板材，如图2-5所示。力学性能优良、可调控，性价比高，可应用于家具的受力构件，如图2-6所示。

2.1.3　胶合板

胶合板是由木段旋切成单板或由木方刨切成薄木，再用胶黏剂胶合而成的三层或多层板状材料，通常用奇数层单板，并使相邻层单板的纤维方向互相垂直胶合而成，所以又称为多层实木板、夹板、合板或厘板，如图2-7所示。

（1）胶合板的特点

① 胶合板具有幅面大、厚度小、表面

图2-4　刨花板为基材的柜体

图2-5　定向刨花板

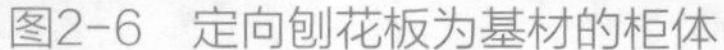

图2-6　定向刨花板为基材的柜体

图2-7　胶合板

平整等优点，保留了天然木材的纹理和真实感，是最接近实木板材的人造板。

② 木材的缺陷被除去、分散或加以覆盖，纵横向的力学性质均匀。

③ 纵横胶合、高温高压，使用中不易产生开裂、翘曲等现象，握钉力强，可多次拆装。

（2）胶合板的用途

定制家具中，胶合板为传统的结构材料，目前胶合板的应用范围越来越广，如各种衣柜、屉柜、书柜、酒柜等柜类家具的门板、面板、旁板、背板、顶板，各种抽屉的屉底板和屉旁板，以及成型板部件，如折叠椅的背板、面板，沙发的扶手，圆台面的望板，染色单板或薄木等。胶合板制作的椅子如图2-8所示。

图2-8 胶合板制作的椅子

2.1.4 细木工板

细木工板也称为大芯板或木工板，是用长短不一的小木条拼合成芯板，两面胶贴一层或两层单板（或胶合板、其他饰面板等），经加压而制成的实心板材，如图2-9和图2-10所示。

（1）细木工板的特点

① 细木工板强度高，尺寸形状稳定性好，握钉力强，易加工，吸水厚度膨胀率小，是优质的家具结构用材。

② 细木工板结构尺寸稳定，不易开裂变形，可以有效利用边材小料，节约优质木材，横向静曲强度高，板材刚度大。

③ 细木工板是木材本色保持较好的人造板之一，利用细木工板生产家具更接近于传统的木工加工工艺。

图2-9 细木工板

图2-10 带贴面细木工板

图2-11 细木工板应用案例

（2）细木工板的规格

普通的细木工板厚度为18～19mm，较薄的细木工板厚度为15～16mm，较厚的细木工板厚度为22～25mm，且经常使用。

（3）细木工板的用途

细木工板在板式家具生产中应用广泛。作为家具的整板构件，可用来制作简单的直线形制品，也可用来制成流线型的新式造型家具。可以用其制作桌面、台板、侧板、柜门、木门及门套等，如图2-11所示。

2.1.5 指接材

指接材，又名集成材，是一种用木材或木材加工余料，经干燥后，去掉节子、裂纹、腐朽等木材缺陷，加工成截面尺寸一致的矩形板材或者楔形板材单体，通过横向组坯胶合和纵向指接加长，两面刨平后层积胶压，得到大断面的集成材。

（1）指接材的特点

① 小径材得到了充分的利用，提高了小径木的利用率，同时得到了性能稳定的产品。

② 与成材相比，集成材强度高，许用弯曲应力可提高50%，结构和含水率均匀，内应力小，不易开裂和翘曲变形，其性能优于成材和单板层积材。

③ 结构强度高，尺寸幅面大，跨度长（450mm×660mm×8000mm），为实木家具生产提供了便利，大大提高了木材利用率，降低了生产成本。

④ 由于剔除了各种缺陷，集成材的实木纹理美感得到了进一步强化，实现了审美情趣和结构工艺的完美组合，如图2-12所示。

（2）指接材的规格

指接板常见厚度有12mm，15mm，18mm三种，最厚可达36mm。

（3）指接材的用途

指接板与木工板的用途一样，是家具的优等材料。指接板在生产过程中用胶量比木工板少得多，所以与木工板相比，是更为环

图2-12 不同种类的集成材、封边条与蜂窝板

保的一种板材，已有越来越多的人开始选用指接板来替代木工板。

2.1.6　禾香板

禾香板是以农作物秸秆碎料为主要原料，施加MDI胶（异氰酸酯树脂）及功能性添加剂，经高温高压制作而成的一种人造板，如图2-13所示。

图2-13　禾香板

（1）禾香板的特点

① 表面平整光滑，结构均匀对称，板面坚实，具有尺寸稳定性好、强度高、环保、阻燃和耐候性好等特点。

② 具有优良的加工性能和表面装饰性能，适合做各种表面装饰处理和机械加工，特别是异形边加工。

③ 握钉力强，承重性好。

④ 价格偏高，不易于现场加工。

⑤ 禾香板为均质多孔材料，具有很好的吸音性能。

（2）禾香板的用途

经三聚氰胺浸渍胶膜纸、木皮等表面装饰贴面处理后，加工制作成部件，再用五金连接件组装为板式家具。也可将板材加工成家具和部件后再组装，密度一般大于850kg/m^3，产品加工性能好。主要用于工装领域和对防火有要求的场合。

① 可以用来制作门套、窗套、空心门、嵌板门及浮雕门等。

② 可以贴装饰纸、木皮和高分子面板进行装饰。

③ 可以直接喷涂油漆或烤漆。

④ 可以压贴PVC等塑料膜。

2.1.7　其他特殊基材

市面上还有一部分由企业定义、具有技术创新意义的新兴板材，见表2-2。

表 2-2　具有技术创新意义的新兴板材

板材名称	图例	特点
生态板（面漆板）	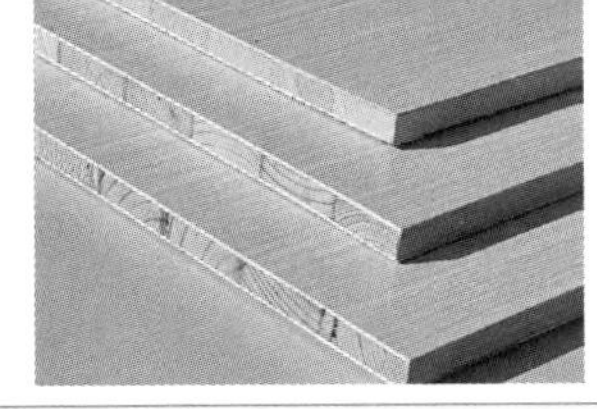	以颗粒板、纤维板、细木工板和指接板等作为基材，板面铺装印刷装饰纸或三聚氰胺浸渍胶膜纸的板材
纯康板		采用木质纤维或原木颗粒为原料，在基材制造过程中采用无甲醛胶黏剂合成的一种绿色环保板材，即环保系数高的纤维板或刨花板

续表

板材名称	图例	特点
原态板		采用树木纤维材料，搭配最佳的板材 MDI 胶水配比压制而成的人造板材，是一种环保系数高的纤维板
磨砺板（魔力板）		以颗粒板为基材，板面铺装三聚氰胺浸渍胶膜纸，再利用强紫外线固化而成，拥有出色的硬度与光泽，有效解决褪色问题，耐刮划、耐酸碱、不变形
美合板		采用不溶于水的异氰酸酯（MDI）无甲醛胶黏剂生产的欧松板（OSB），拥有较强的防水、防潮性能，是目前市场上高等级的绿色环保装饰板材

2.1.8　饰面材料

基材裸板分为上下两个表面，采用饰面材料进行贴面，经过饰面的板材称为饰面板。市面上常用的饰面材料主要有实木皮、装饰纸、面料等。

2.1.8.1　实木皮

（1）天然木皮

把原木切割成0.1~1mm 的木皮（图2-14），经过浸泡、烘干等工艺，包覆在刨花板、纤维板（密度板）或多层实木板等内芯材上压制而成。木皮按不同的刨切方法又分为平切和旋切，常用尺寸为1220mm×2440mm，旋切皮常用来做木饰面背板或其他家具制品。

图2-14　天然木皮

天然木皮的特点：

① 实木家具贴皮，不改变木材的手感与色泽，使低端的板材拥有高档家具的木材纹理，甚至和纯实木家具具有一样的外观效果。

② 外观多样，可以做多种不同的油漆处理，对贴皮和油漆工艺要求高。

③ 耐用性较差，磕碰后会造成木皮掉落，露出内芯。

④ 贴皮板易受环境影响，如温度、湿度的变化容易造成木皮开裂的情况。

（2）科技木皮

科技木皮是利用人工仿生学原理，参照天然木皮纹理，通过人工加工出来的木皮。科技木皮取自天然原木，通过科技改良的方法把原木经过染色和重组再进行加工而成，常规尺寸为2500mm×640mm。科技木皮如图2-15所示。

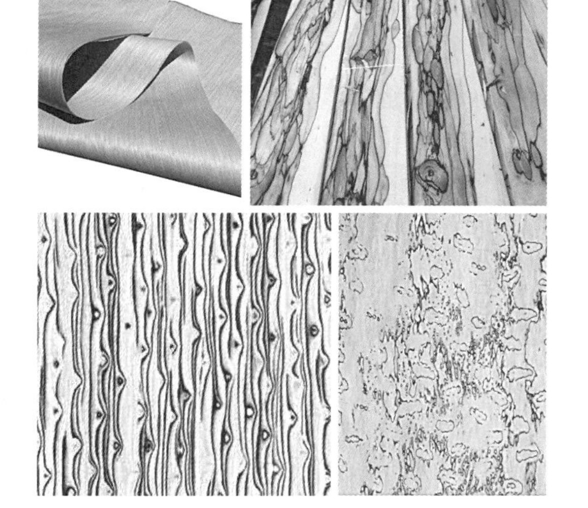

图2-15　科技木皮

科技木皮的特点：

① 颜色和纹理统一，品种丰富。

② 剔除了天然木皮自带的缺陷。

③ 价格较便宜，尺寸统一，木皮利用率高。

④ 纹理显得呆板，其环保性没有天然木皮好。科技木皮应用案例如图2-16所示。

2.1.8.2　装饰纸

原纸印刷后贴在人造板表面（主要作为印刷图案的载体），然后喷涂涂料，或原纸

图2-16　科技木皮应用案例

印刷后浸渍树脂并干燥制成胶膜纸，在高温条件下压贴在板材表面，对人造板起装饰和保护作用。主要有无浸渍纸和三聚氰胺浸渍纸。

（1）无浸渍纸

无浸渍纸是可显色或印刷木纹和其他图案以及没有浸渍树脂的纸，如华丽纸和宝丽纸。

无浸渍纸主要用于胶合板、纤维板、细木工板等基材表面，贴面时需要胶黏剂，华丽纸贴面后不需要进行表面涂饰处理，宝丽纸贴面后一般需要进行表面涂饰处理。

无浸渍纸特点是表面光亮，色泽绚丽，花色繁多，耐酸防潮，耐磨性不高。无浸渍装饰纸如图2-17所示。

（2）三聚氰胺浸渍纸

三聚氰胺浸渍胶膜纸，也称“蜜胺”纸，是一种素色原纸或印刷装饰纸经浸渍氨基树脂（三聚氰胺甲醛树脂和脲醛树脂）并干燥到一定程度，具有一定树脂含量和挥发物含量的胶纸，经热压可相互胶合或与人造板基材胶合。三聚氰胺饰面板如图2-18所示。

三聚氰胺浸渍纸的特点：

① 比传统的木材贴面更环保，且花色多变。

② 具有耐磨、耐腐蚀、耐热、耐刮、防潮

图2-17 无浸渍装饰纸

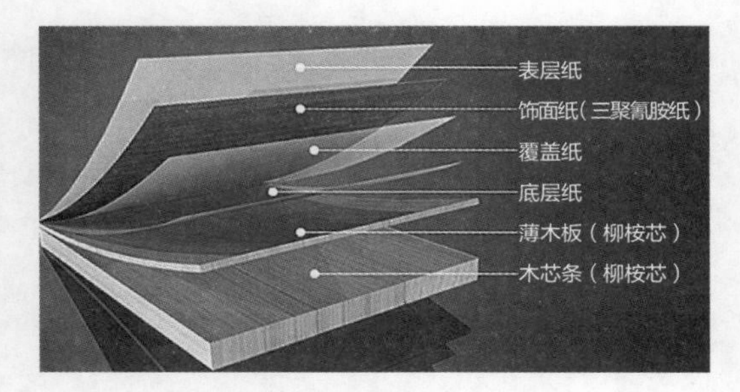

图2-18 三聚氰胺饰面板

以及易于清洗等优点，常用于桌类等耐磨性要求高的家具和橱柜门板。

③ 提高人造板价值，简化人造板生产工艺（避免喷漆、涂刷等工艺）。

2.1.8.3 面料

面料是用于贴在物件表层的材料。作为局部软装饰，既美观，又能中和板材的硬朗感，主要有布料和皮料。家具布料有棉质、纤维、锦纶、聚酯纤维等。皮料主要分为人造革和天然皮革。人造革主要为超纤革、环保皮（在纺织布基或无纺布基上，由各种不同配方的PVC和PU等发泡覆膜加工制作而成）等，天然皮革包括猪皮革、羊皮革、牛皮革等。

布料价格便宜，花色多样，舒适透气；皮料奢华，易清洁。

2.1.9 封边材料

家具封边条是对家具板材的断面进行保护、装饰、美化的材料，它可以使一件家具显现木纹清晰、色彩缤纷的整体效果。

（1）PVC封边条

PVC封边条是以聚氯乙烯为主要原料，加入增塑剂、稳定剂、润滑剂、染料等，一起混炼压制而成的热塑卷材，如图2-19所示。

PVC 封边条的特点：

① 表面有木纹、大理石纹、布纹等花纹或图案，同时表面光泽柔和，具有木材的真实感和立体感。

② 具有一定的光洁度和装饰性，具有耐热、耐化学品、耐腐蚀性，表面有一定的硬度。

图2-19 PVC封边条

（2）ABS封边条

ABS封边条是指以ABS树脂［丙烯腈（A）、丁二烯（B）、苯乙烯（S）三种单体的三元共聚物］作为原料的封边条，是一种新型封边材料，如图2-20所示。

图2-20 ABS封边条

ABS树脂是目前国际上较先进的材质之一，用它制成的封边条不掺杂碳酸钙，修边后显得透亮光滑，不会出现发白的现象。

ABS 封边条的特点：

① 原料考究，环保无污染。

② 不变色，不易断裂，封边后热熔胶缝小，不会沾灰。

③ 耐热性好，但韧性不如PVC和PP（聚丙烯）好。

④ 较高连续使用温度为85～110℃。

（3）三聚氰胺封边条

三聚氰胺封边条俗称纸封边或纸塑封边条，如图2-21所示。装饰纸表面印刷花纹后，放入三聚氰胺树脂浸渍，制作而成的封边条。其优点是易粘，遇冷热不易伸缩，不易变形，但由于它的特性较脆、易折，在家具生产、搬运中易被撞坏。

图2-21 三聚氰胺封边条

（4）PP封边条

PP封边条是指以PP作为原材料的封边条，如图2-22所示。

图2-22 PP封边条

PP 封边条的优点：

① 安全、环保、无害，防腐蚀效果良好，尺寸稳定性较好。

② PP封边条有良好的耐热性能，150℃条件下也不变形，适用于橱柜等有高温环境的家具封边。

③ 较突出的性能就是抗弯曲疲劳性，其制品在常温下可弯折几十次而不损坏，折弯不泛白。

④ PP封边条封边易操作。

PP 封边条的缺点：

① 超低温会脆化，脆化温度为-35℃。

② 耐磨性稍差。

（5）实木封边条

实木封边条由多种木材加工而成，展现天然的纹理，柔软且不易变形，而且黏结性能非常好，与木质家具浑然一体。可加工成厚度为0.5mm、宽度为5～300mm任意规格的无限延长卷状封边产品。实木封边条如图2-23所示。

（6）金属封边条

金属封边条主要为铝合金封边条，可以是素色封边条和木纹封边条，如图2-24所示。金属封边条一般用于柜门门板上。与其他封边条相比，铝合金硬度更高，耐磨、耐脏、抗老化、防潮性能好，但弯曲性不够灵活。有“E”“U”“L”形等，增加了与板材的接触面积，使结合更牢固。

图2-23 实木封边条

图2-24 铝合金封边条

2.2 定制家居设计原则

定制家居设计要体现“以人为本”的设计理念，不仅要设计出安全、健康、适用、美观的居家环境，还要不同空间有不同的设计原则。

2.2.1 客餐厅设计原则

客餐厅指多功能的复合空间，不同家庭构成了不同使用需求，包括休闲娱乐、会客、用餐等。客餐厅设计不仅要注重居室的实用性，还要体现现代社会生活的精致与个性，要符合风格明确原则、个性鲜明原则、分区合理原则和重点突出原则。

（1）风格明确原则

客餐厅是家庭使用活动最集中、使用频率最高的核心空间，也是主人身份、修养、实力的象征，因此，确定好客餐厅的装修风格非常重要。

（2）个性鲜明原则

不同的客餐厅装修中，每一个细节的差别往往都能折射出主人不同的人生观、修养及品位，因此，设计客餐厅时要用心，要个性鲜明。

（3）分区合理原则

客餐厅既起着凝聚家庭成员的作用，又担负着联系外界的功能，需结合交通流线因素，做到动静分区合理。

（4）重点突出原则

客餐厅由室内空间的底面、侧面和顶面构成，侧面是视觉重点，应确立一面主题墙，以突出客餐厅的装修风格。

2.2.2 厨房设计原则

厨房集水、电、燃气等居住空间所需的大部分设施设备于一体，家务活动频繁，是需要提高居住空间功能和质量的重要空间。在进行厨房设计时，要符合合理性原则、人体工程学原则、功能一体化原则、障碍物处理原则和安全性原则。

（1）合理性原则

厨房设计过程要满足厨房的操作流程，一般为食物储藏区→准备区→食物、餐具洗涤区→配餐区→烹饪区→供餐区，如图2-25所示。

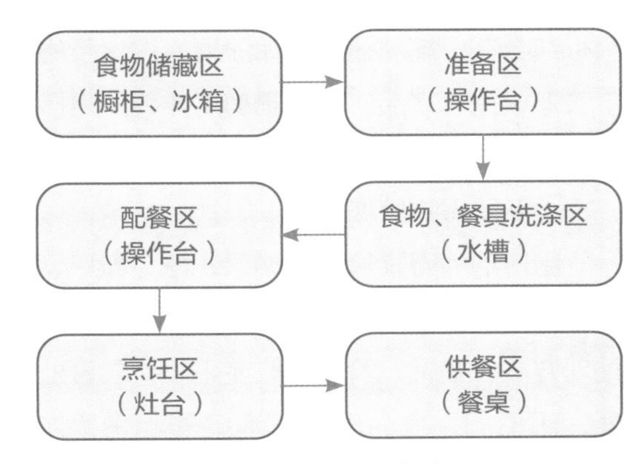

图2-25 厨房的操作流程图

（2）人体工程学原则

厨房操作台高度按照人体工程学原理进行设计，一般按照主要使用者的身高作为标准，如洗涤区台面比烹饪区台面高，如图2-26所示，以确保功能区域的有效联系和工作效率。

（3）功能一体化原则

将橱柜与操作台、电器等各种功能部件

图2-26 洗涤区台面比烹饪区台面高

有机结合在一起，通过整体配置、设计及施工，形成成套产品，实现厨房工作每一道操作程序的整体协调。

（4）障碍物处理原则

厨房的障碍物较多，如梁、柱、窗户、上下水管、烟道等，不同的障碍物有不同的处理方法，如燃气管道一般使用石材包管处理，用柜门、台面等将管道掩藏起来，如图2-27所示。

（5）安全性原则

厨房的工作，一定要考虑安全性问题。如炉灶和冰箱至少要隔一个单元的距离，为备餐区提供具有耐压强度的操作台面，材料应具备防水、抗油污及耐高温性能。

2.2.3 卧室设计原则

卧室是家中温馨与浪漫的空间，是一个私密性极强的休闲区域，兼有梳妆、学习和储物的功能。在进行卧室设计时，要符合私密性原则、方便性原则、简洁性原则、统一性原则和照明合理性原则。

（1）私密性原则

人的一生约有三分之一的时间在卧室度过，卧室要最大限度地提高私密性，因此卧室要安静，隔音效果要好。

（2）方便性原则

卧室一般要放置大量的衣物和床品，因此要考虑储物空间，不仅要大，而且要使用方便。如设计大面积的壁柜，应尽可能简洁实用。

（3）简洁性原则

卧室的主要功能是休息，保证睡眠，属于私密空间，不对客人开放，因此卧室装修不必有过多的造型，越简洁越好。

（4）统一性原则

卧室的材料和色彩应以温暖、和谐为

图2-27 障碍物处理

主，硬装修和软装饰两种颜色的搭配要协调一致，也要确定一个占主导地位的色调，更要与其他空间风格统一。

（5）照明合理性原则

卧室照明应创造柔和、温馨的气氛，利用光线使房间光照自然，并且使灯光柔和而轻盈，如图2-28所示。

2.2.4 衣帽间设计原则

随着生活水平的提高，服装饰品越来越

图2-28 卧室照明

多，在别墅和多室户型等面积宽裕的居住空间中，可以设专门的衣帽间，用于储存衣物。在进行衣帽间设计时，要符合合理划分区域并满足收纳原则和人体工程学原则。

（1）合理划分区域并满足收纳原则

对衣帽间的设计，可以按家庭成员性别分类放置衣物，也可以按穿衣场合和衣物用途分储藏区域，还可以按衣服的材质、款式搭配分类放置等。

（2）人体工程学原则

人体的尺度和完成各种动作时的活动范围，是确定衣帽间门、通道、家具尺寸以及衣帽间净高、最小高度等的基本依据。在衣帽间设计中，还需要运用人体工程学知识对整体衣柜进行长衣悬挂区、短衣悬挂区、衣物叠放区、抽屉收纳区和顶部收纳区等的划分，达到方便实用的效果。衣帽间示例如图2-29所示。

2.3　常见设计要点及防错

本节将对书房、客餐厅、卧室及厨房等常见家居空间进行定制设计要点归类和注意事项总结。

2.3.1　书房定制设计要点及防错

2.3.1.1　书房定制设计要点

书房定制设计要点具体包括书房空间布局设计、书桌和书柜产品设计要点。

（1）空间布局设计要点

空间布局在整个书房定制设计中占有重要的位置，布局的好坏直接影响设计的整体效果，产品设计有前后顺序，产品间也要预留合理的活动区域，因此要综合考虑这些因素，做到合理布局，才能使设计更符合要求。

图2-29　衣帽间

书房家具产品的布局顺序一般为：①书桌；②书柜；③休闲区；④其他。在进行书房布局设计的过程中，注意书桌遮挡飘窗不能超过1/3，否则会影响房间采光及遮挡视线。

（2）产品设计要点

在进行产品位置及尺寸设计时，要注意以下几个方面：

① 家具产品位置是否遮挡电位（核对测量图），若有遮挡请仔细考虑。

② 靠墙产品是否需要避开地脚线，系统柜脚线标配高度有100mm和120mm。

③ 掩门书柜打开空间≥门板尺寸+500mm。

④ 产品间走动过道≥600mm。

⑤ 预留电脑椅座位空间≥800mm，否则影响使用。

2.3.1.2 书房定制设计防错

书房定制家具主要包括书桌和书柜，在定制设计中往往容易出错，需要注意以下几个方面。

（1）书桌设计标准

① 书桌、满墙书柜注意预留尺寸。

② 书桌抽屉柜或钢架是否被窗台石挡住，设计时注意避让。

③ 书桌背面见光需加见光板，标准书桌背面默认不见光，书桌背板采用9mm厚度，见光时不美观。

④ 转角书桌的尺寸不能超过板件尺寸（2400mm×1200mm），标准厚度为25mm，并且不能加工新古典造型。

⑤ 考虑内空尺寸是否够装键盘抽，标准木键盘抽尺寸为600mm×516mm×138mm。

（2）书柜设计标准

① 书柜层板设计时长度不要超过600mm，避免变形。

② 底层屉面下沿离地面高不小于50mm，顶层抽屉上沿离地高度不大于1250mm。

③ 自带拉手铝框玻璃门注意是否会影响其他门板或抽屉的打开，三扇铝框门会相互干涉，注意跟客户沟通或改装明拉手。

④ 书柜深度一般用标准298mm，如选择太深的书柜会影响书籍的取放及识别。

⑤ 35mm板件只能做直角，不能做切角和倒圆角。

⑥ 注意书柜不要影响电位的使用，如遮挡应采取避让或设置开敞区，不加背板。

（3）书房电位设计及障碍物的避让

对于书房定制家具来说，除了空间布局及家具设计之外，还会影响空间使用的因素是电位及障碍物，那么如何进行书房的电位设计以及如何对障碍物进行避让也是定制设计的重点。

① 书房电位设计：书桌需要设相关电源2个以上，也可在不显眼的书桌上放插座。书房如果有沙发，一般在沙发角设置1组电源插座，也可插落地灯。书房空调插座需要在距地面1800mm位置。书房主灯在进门位置，距离地面1400mm。若网络电话中心放在书房，则需要配备电源插座。

② 书房障碍物的避让：在书房空间中，有时会遇到障碍物梁、柱，由于书柜的设计一般不到顶，故梁对书房家具的设计影响不大，但若有柱，则需要处理。对于墙角有立柱的书柜设计，当立柱的宽度$A<100$mm时，一般使用收口板的方法来处理，应避免柜背开缺口方法处理，如图2-30

所示；当立柱的宽度$A>100$mm，而深度$B<100$mm时，设计一个比柱稍宽的深度非标小柜，如图2-31所示，此时应注意使用双侧板，以方便非标小柜钉背板用。如果柱子深度较大，即$B\geqslant\frac{1}{2}$柜深时，就没有必要做浅柜了，直接避开，用封板遮挡即可，如图2-32所示。

当书桌遇到柱子时，一般采取桌面切角、桌下避开的方式，如图2-33所示。这样既可以避开柱子，又可以节约空间。若柱子较大时，一般采取避开的方式，在柱子周围加上挡板，如图2-34所示。

在定制家具设计时，若遇到踢脚板，可建议拆除，若客户不愿意拆除时，可采用局部切角处理。

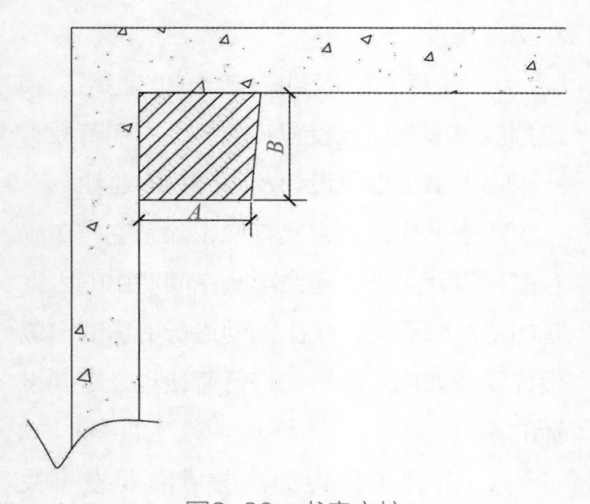

图2-30　书房立柱

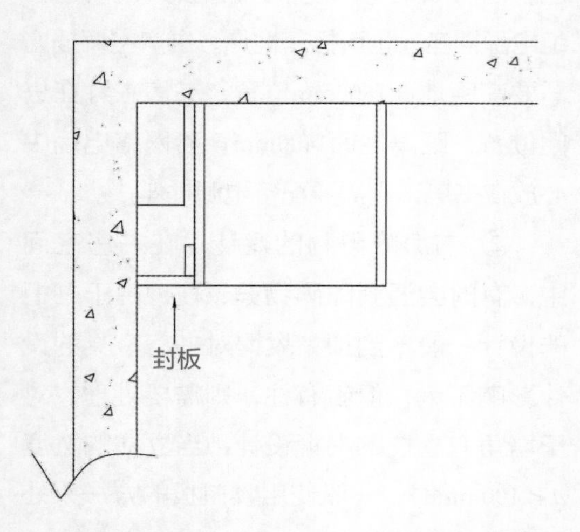

图2-31　书柜直接避开柱

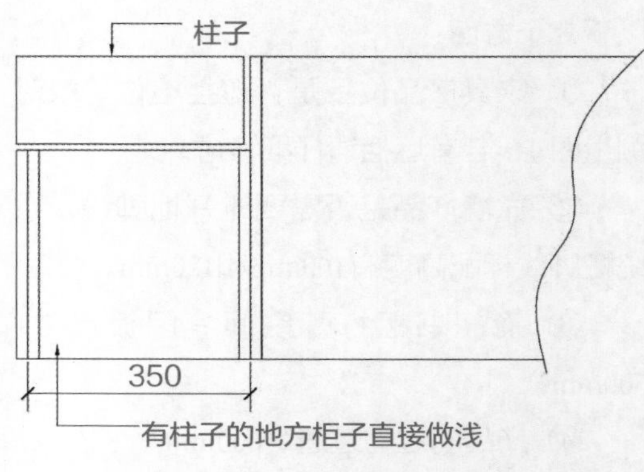

图2-32　书柜做浅

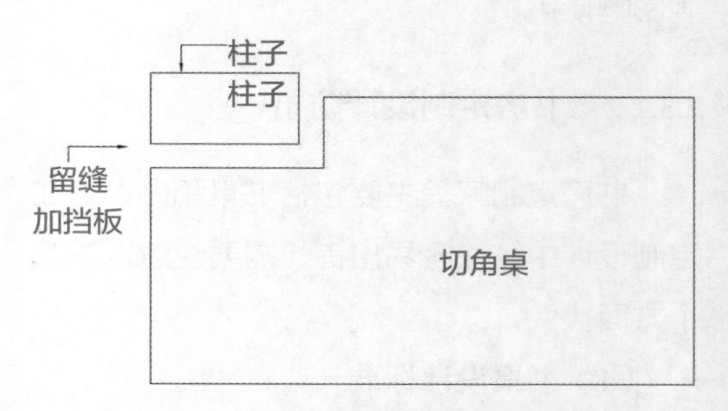

图2-33　书桌桌面切角

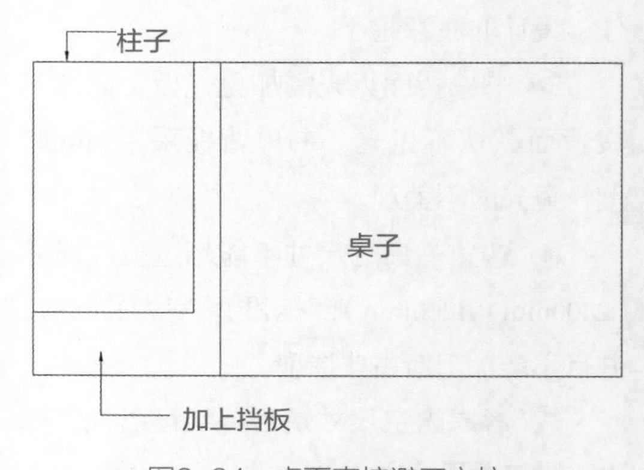

图2-34　桌面直接避开立柱

2.3.2 客餐厅定制设计要点及防错

在进行客餐厅定制设计时也会出现各种问题，主要有几个方面，具体包括客餐厅电位设计、客餐厅障碍物的避让等。

2.3.2.1 客餐厅定制设计要点

客餐厅电位设计是客餐厅定制设计的要点，具体主要从玄关电位设计、客厅电位设计、餐厅电位设计三个方面总结。

凡是设有有线电视终端盒或电脑插座的房间，在有线电视终端盒或电脑插座旁至少应设置2个5孔组合电源插座，以满足电视机、音响、功率放大器或电脑的需要，也可采用多功能组合式电源插座（面板上至少排有3～5个不同的2孔和3孔插座），电源插座距有线电视终端盒或电脑插座的水平距离不小于0.3m。

（1）玄关电位设计

进门处安装双控开关，距离地面1300mm，距离门边150mm，控制玄关和客厅照明灯，如图2-35所示。玄关柜侧面安装1个5孔插座，预留给烘鞋器等电器使用，距离地面1300mm，如图2-35所示。

（2）客厅电位设计

客厅设计应根据建筑装修布置图布置插座，并保证每个主要墙面都有电源插座。如果墙面长度超过3.6m，则应增加插座数，若墙面长度小于3m，电源插座可设置在墙面中间位置。有线电视终端盒和电脑插座旁设有电源插座，并设有空调器电源插座，起居室内应采用带开关的电源插座。客厅电视墙电位布置如图2-36所示。

（3）餐厅电位设计

餐厅电位布置如图2-37所示，在进行餐厅家具定制设计时要注意照明开关安装双控开关，距离地面1300mm；收纳台上方安装2个带开关的5孔插座，留给咖啡机、热水器等电器使用，距离台面200mm；餐桌下方也可安装一个地插，日常朋友闲聚，在家里吃火锅也很方便；冰箱配备5孔插座，距离地面500mm，插座位于冰箱的一侧。

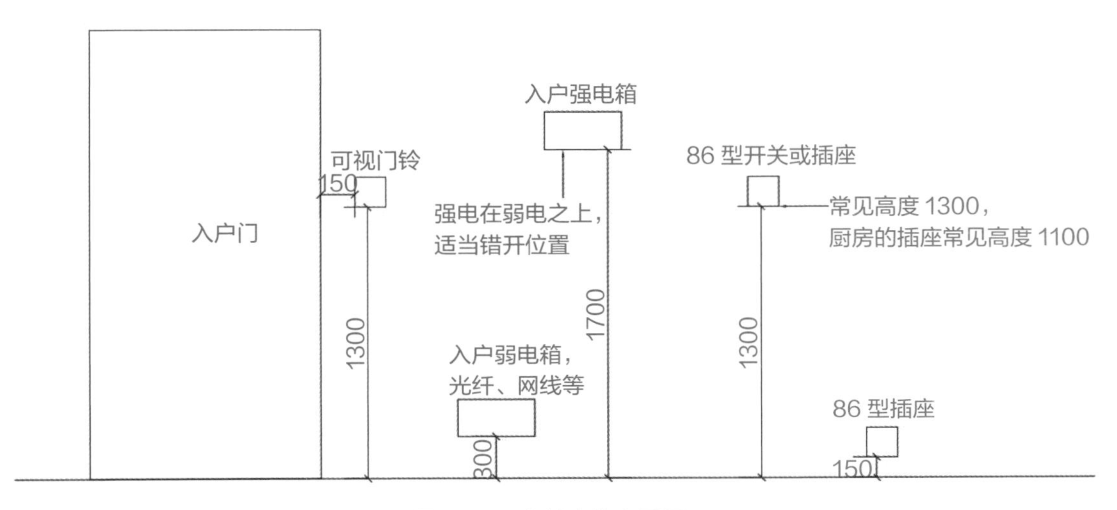

图2-35 玄关电位布置图

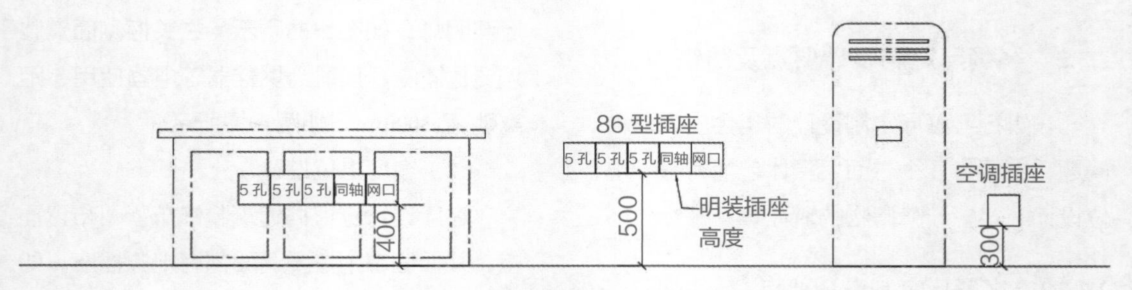

图2-36 客厅电视墙电位布置图

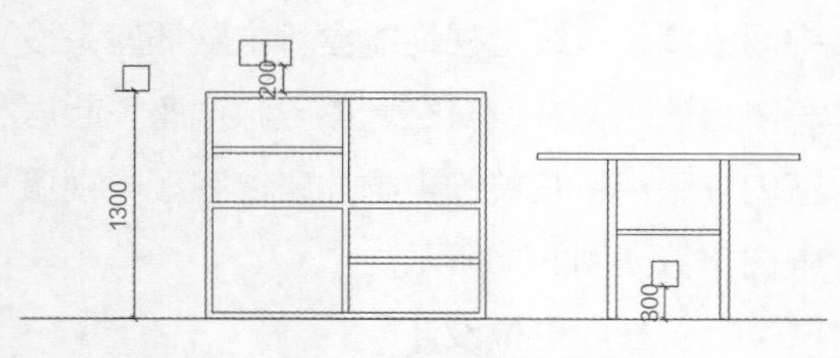

图2-37 餐厅电位布置图

2.3.2.2 客餐厅定制设计防错

在进行客餐厅定制设计时，结合现场情况，总会遇到障碍物，具体如何进行避让是设计的重点。

（1）电位的避让

① 电源插座应不少于两个，对称安装于墙面上，每个墙面两个电源插座之间水平距离为2.5 ~ 3.0m，距端墙的距离不宜超过0.6m。

② 无特殊要求的普通电源插座距地面0.3m安装。

③ 在进行电视柜的设计时，还要确认电位的位置是否合理，注意电视墙上电位的避让。若是座式电视，电位一般设在电视后方即可；若是挂式电视，则需要隐藏在电视柜后方，为了方便操作，通常需要在电视柜后方设置开放式空间。

④ 在进行沙发布置时，也要确定沙发的位置、大小以及是否遮挡电位，若有遮挡，则需要重新布局电位，一般设在沙发两侧或上方，注意避开沙发。

⑤ 在进行餐厅家具设计时，需要设置电位，可在餐桌下方设地插，或在餐桌旁边墙面上设置，在进行餐边柜定制时注意避开或设开敞区。

（2）障碍物的避让

① 梁柱的避让：若客餐厅有梁，在设计吊柜时有三种处理方式：直接避开、做浅柜、做切角；若客餐厅有柱，需要直接避开或柜体做切角，具体参照衣柜障碍物的处理方式。

② 踢脚板的避让：在设计柜体时遇到踢脚板，跟客户协调后，可以直接拆除或在柜体下方现场切角。

2.3.3 卧室定制设计要点及防错

2.3.3.1 卧室定制设计要点

卧室定制设计中，衣柜是定制设计的重点，衣柜的功能分区尤为重要。每个客户的使用习惯不同，由此产生的行为动线也不同，所以关于某个具体客户的使用习惯分析应当视项目而定，如年轻夫妻的衣柜中挂衣区是主要的收纳部分；老人的衣柜则是以折叠区为主，可以多设计层板和抽屉等，避免过高取物和弯腰取物的设计；儿童的衣柜以成长性为主，故需要灵活多变，收纳功能应强大到足以收纳各成长期的玩具和衣物。从本身的功能来说，衣柜是方便用户分门别类、有条不紊地收纳置物的工具，所以不管有什么样使用习惯的客户，衣柜功能分区作用都是必要的。可以将其分成五大模块，如图2-38所示，且根据人体工程学和衣柜分区的数据显示，每个模块的高度位置其实是有一定范围的，所以了解并熟记衣柜功能分区的内容和位置对设计师进行衣柜设计有重要的作用。

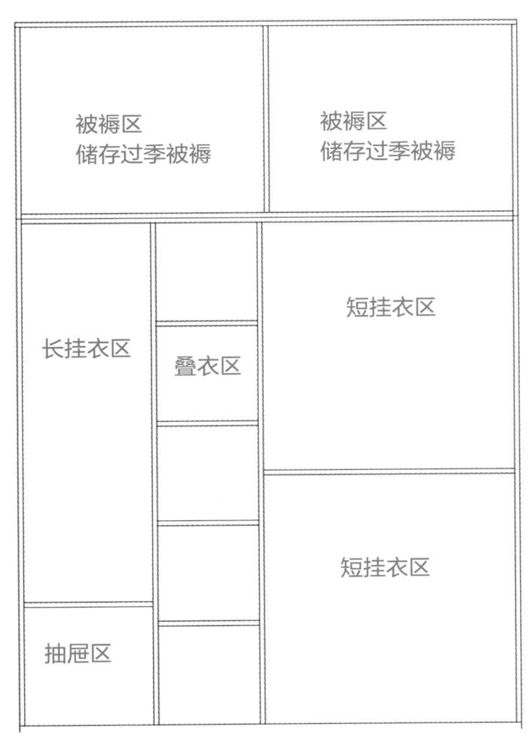

图2-38 衣柜功能分区

2.3.3.2 衣柜定制设计防错

卧室定制衣柜设计中，常会遇到梁和柱体。梁、柱尺寸和在空间的位置各不相同，通常会影响整体室内布局及家具的摆放，因此，在衣柜定制设计中，要合理处理梁和柱体的避让问题。

（1）梁的避让

在进行避梁处理时，根据梁的尺寸不同，柜体的处理方式各不相同，通常避让的方式是做浅柜、矮柜、切角柜，还可进行封板和见光板处理。

（2）柱的避让

在衣柜的定制设计中会遇到有立柱的情况，对于墙角有立柱的衣柜设计，可以参照梁的处理方法，可以采用封板、切角柜和浅柜的方法进行避让。

（3）踢脚线的避让

在卧室衣柜设计中会遇到踢脚线，若为木踢脚线，建议拆掉，若为石材或其他不易拆除的踢脚线，一般视衣柜是三面靠墙还是两面靠墙来定。如果是三面靠墙衣柜，依据洞口量尺尺寸减去踢脚线厚度尺寸即为衣柜宽度，安装时两侧墙体踢脚线用封板处理缝隙，衣柜深度尺寸要减去后侧墙体下面踢脚线厚度尺寸；如果是两面靠墙衣柜，为保证美观，衣柜尽量贴近墙体，设计时可以采用柜体背板内进的方式避让，也可以使柜体底座或望板高度大于踢脚线高度，安装时根据踢脚线尺寸，板材现场切割避让踢脚线。

（4）天花板的避让

当房间顶部有石膏线时，在测量时应取高度方向的最大值，衣柜顶部配封板，根据天花板的水平度现场锯斜度，如果衣柜一侧有见光面，需要用见光板处理；如墙体与天花有夹角，采用独立小柜拼接，且必须是方方正正的柜子，顶部配封板，安装现场锯斜度。

（5）衣柜与墙体接合部位处理

由于卧室户型多种多样，卧室空间中衣柜与墙体的不同位置设计时采用不同的处理方式。根据衣柜与墙体的关系，主要分为单面见光、双面见光和三面不见光的情况。

① 单面见光：衣柜一旁板靠墙，另一旁板不靠墙，在设计时，靠墙的一侧为了避让天花角线，需要设计为顶线盖住缝隙，不靠墙一侧旁板外侧加见光板，盖顶线，遮挡缝隙，起到美化作用。

② 双面见光：衣柜后面靠墙，左右旁板双面见光，这种情况衣柜两侧旁板通顶，夹盖顶线。

③ 三面不见光：衣柜三面靠墙，左右旁板双面均不见光，这种情况两面旁板不能到顶，都需要预留天花角线的余量，因此设计时需要顶线盖旁板。

2.3.4 厨房定制设计要点及防错

在进行厨房定制设计时，厨房定制设计的色彩搭配、灯光布置要点，以及常见的设计防错要点如下。

2.3.4.1 厨房定制设计要点

（1）色彩搭配要点

对于厨房空间的色彩搭配，定制者可根据自身爱好决定，一般纯度高的色彩浅淡而明亮，使厨房空间看起来宽敞；纯度低的色彩使厨房空间显得温馨、亲切。暖色调营造舒适、活泼、热情的厨房空间氛围。在厨房空间中，顶面和墙面通常建议使用明亮色彩，而地面建议使用暗色系，使空间整体感觉沉稳。

在设计过程中，首先要确定地面颜色及橱柜的柜门和台面的颜色。根据地面颜色选择墙体颜色，与橱柜色彩搭配。一套橱柜最好不要超过三种颜色，否则会显得杂乱。

橱柜色彩设计的根本问题是配色问题，这是色彩整体效果的关键。孤立的颜色无所谓美或不美，也不分高低贵贱，只有不恰当的配色，没有不可以用的颜色。色彩的效果取决于不同颜色之间的相互关系。同一颜色在不同的背景条件下，其色彩效果可以迥然不同，这是色彩所特有的敏感性和依存性。在设计中，黑色与其他色彩组合属极好的衬托色，可以充分显示其他色的光感与色感，但又不失协调。

（2）灯光布置要点

① 基础照明：厨房中基础照明即为顶部光源所提供的主灯光，大部分家庭会选择在厨房顶部安装吸顶灯，吸顶灯整体设计简约美观，适合厨房应用。部分家庭可能会选择安装吊灯，吊灯外形华丽美观，但考虑到厨房油烟重，时间久了吊灯难以清洁，影响美观，且会降低吊灯使用寿命。厨房灯光一般选用白光，不影响对食物颜色的判断，并且灯光亮度不宜过高。另外，在选择灯具时，由于厨房油烟、水汽较重，尽量使用防水灯或防雾灯。

② 功能照明：厨房中除了主灯源外，还需要在清洗区、备餐区以及存储区等操作区域安装补充光源。一般吊柜底灯补充操作区光源，在吊柜底部安装隐藏灯，如LED灯或者灯带；柜内灯具补充储藏区光源，一般选择LED灯、筒灯、灯带或者层板灯。

③ 氛围照明：一般安装在橱柜底部和

吊柜顶部，可突出橱柜的轮廓感。

2.3.4.2 厨房定制设计防错

① 材料选用首先应考虑防火、耐热、易清洗等因素，装饰材料表面应该光滑，以便清洁。

② 炉灶、烟机、热水器等设备设计时首先考虑安全，然后是实用，最后才是美观。

③ 厨房中的储存、洗涤、烹饪三处设计得合理可提高效率，营造舒心的厨房环境。

④ 注意厨房门开启与冰箱门开启不冲突；门口不可与抽屉、柜门、拉篮冲突。

⑤ 厨房地面适用防滑且质地厚的地砖，地砖接口要小，不易积藏污垢，便于清理。

⑥ 厨房内需要充足的灯光，以白色为最佳，同时要避免灯光产生阴影，射灯不适宜作为主灯源使用。

⑦ 灶台与水盆的距离不宜太远或太近。

⑧ 冰箱放置在厨房内时，不宜靠近灶台，以免炉灶产生的热量影响冰箱内的温度。

⑨ 做转角柜时，一定要看墙角是否呈90°，墙体是内斜还是外斜，运用调整板来处理这些问题，做深入柜时要考虑空间最大利用率。

⑩ 地柜后面存在多处管道障碍物时，建议尽量不做抽屉，否则会影响抽屉进深，容易与障碍物发生冲突，设计时必须考虑抽屉深度。

3 量尺知识

3.1 量尺工具介绍

常用测量工具和资料：卷尺（5m以上）、激光测量仪、直角尺、量尺本、绘图板、黑色笔、红色笔、铅笔、橡皮擦、设计师名片、产品图册、手机、文件袋，如图3-1所示。设计师出门量尺前务必清点好工具，检查是否有缺失，是否能正常使用。

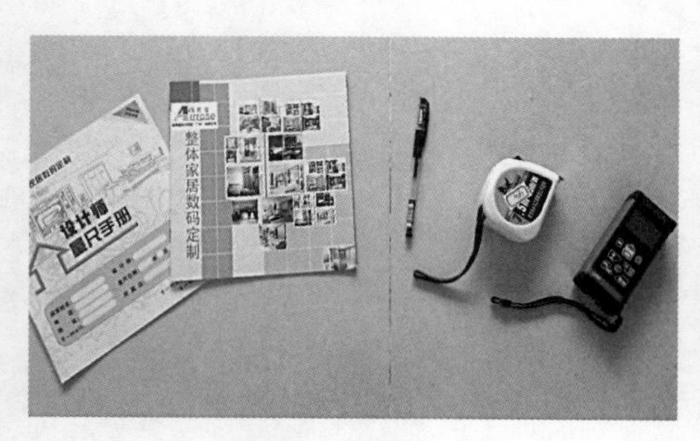

图3-1　量尺工具

3.2 量尺测量实操技巧

① 用激光尺测量户型主尺寸，记录相关数据，绘制户型平面图，如图3-2和图3-3所示。

② 对立面等结构进行精准测量，主要采用卷尺。为了解决现场安装时的尺寸问题，尽量采用三点测量法，根据实际情况对三个点的尺寸进行取舍，如图3-4至图3-8所示。

③ 测量插座、门套、横梁时，注意学习图3-9的操作规范，单个测量点适合用于记录数据，如果需要放置定制家具，则还是建议采用三点测量法，如图3-10至图3-13所示。

图3-2　使用激光尺测量主体尺寸

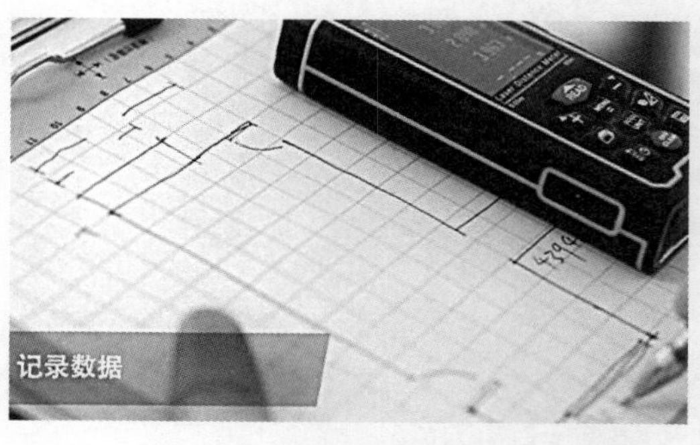

图3-3　在手绘平面图中记录数据

图3-4 测量窗户尺寸的方法

图3-5 测量飘窗石的方法

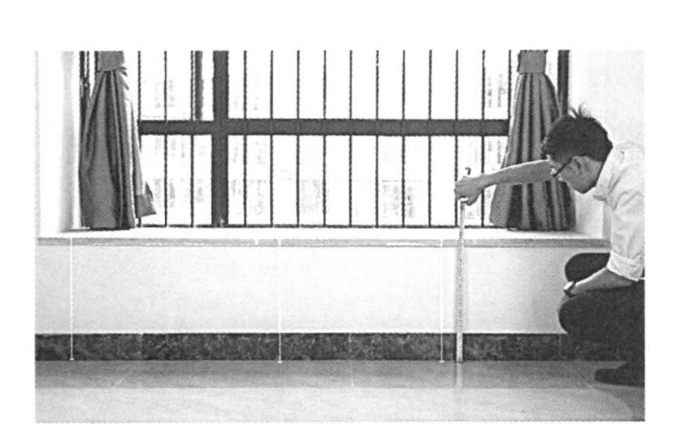

图3-6 测量窗台高度的方法

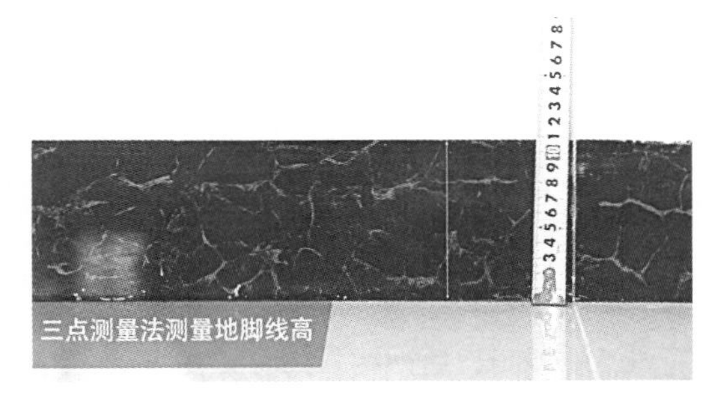

图3-7 测量地脚线的方法

图3-8 测量梁高的方法

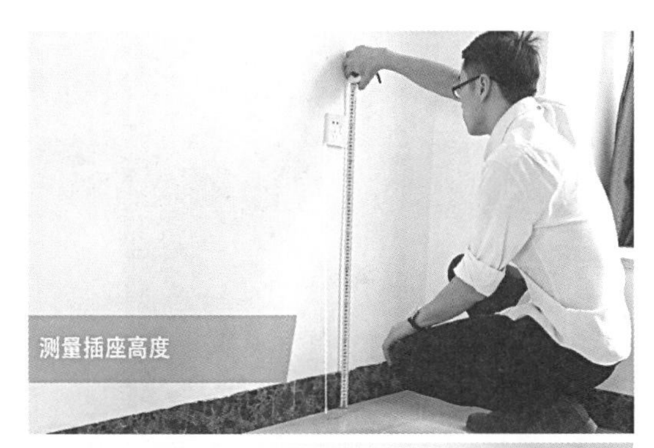

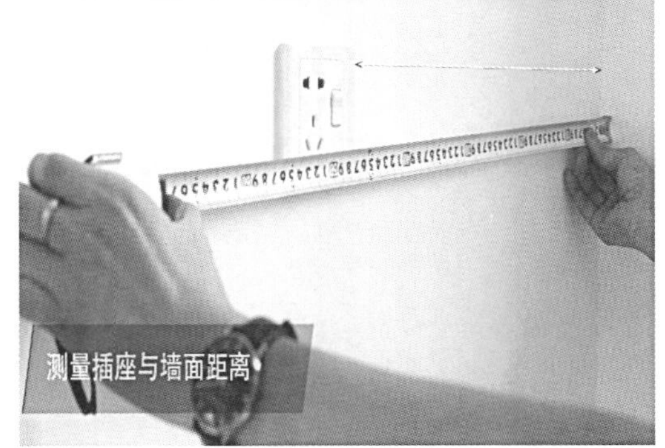

图3-9 测量插座的方法

图3-10 测量门的方法

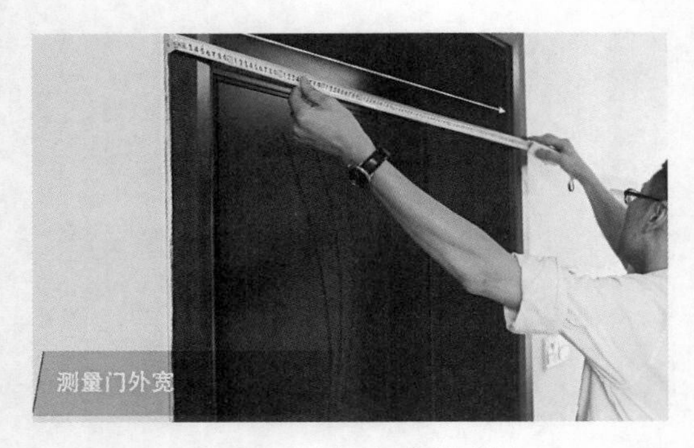

图3-11　测量门套的方法

图3-12　测量门高的方法

图3-13　测量梁宽的方法

3.3　量尺现场沟通信息要点

① 了解客户真实需求。

② 沟通平面布局与房间要求。

③ 了解客户喜欢的风格、色彩、板材、使用习惯。

④ 记录客户特殊要求，以及忌讳的东西。

⑤ 记录地面、墙面、门等颜色。

⑥ 了解客户预算。

⑦ 现场量尺，确定初步方案。

⑧ 复述客户需求，并确认。

3.4　现场平面布局及建议

现场咨询客户空间所需产品及布局想法，根据户型、实用性等方面考虑是否合适，给出专业的设计意见，同时给客户做出专业的布局（注意：要了解清楚客户对所需要的产品有没有特殊要求及使用功能习惯）。对于布局没有想法、依赖设计师的客户，现场布局及设计组合尤为重要，布局过程中可以重点点出这类布局的优点、设计组合的实用及美观。对于产品特殊功能、造型要求，需做记录，最好能现场给客户设计出大概造型。

3.5　量尺本绘制

规范的量尺本，可以看作把整个立体空间展开，一般先绘制平面图（也就是地面），再绘制四个展开的立面，如有需要，可增加天花图。展开规范参照图3-14。

［练习一］请在量尺本上绘制出图3-15所示房型的平面图和立面图。

在平面图的基础上，绘制左视图、右视图、前视图、后视图，如图3-16所示。可以充分表达房间三维及细节，仔细勘查客户的户型，熟悉内部环境，再测量空间、柱子、门、窗、水电位、石膏线、地脚线尺寸。各种结构的平面示意图规范如图3-17所示。

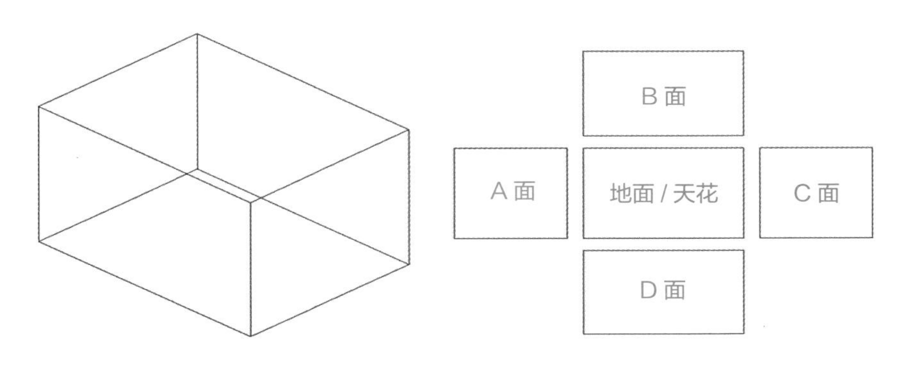

图3-14 立体空间展开

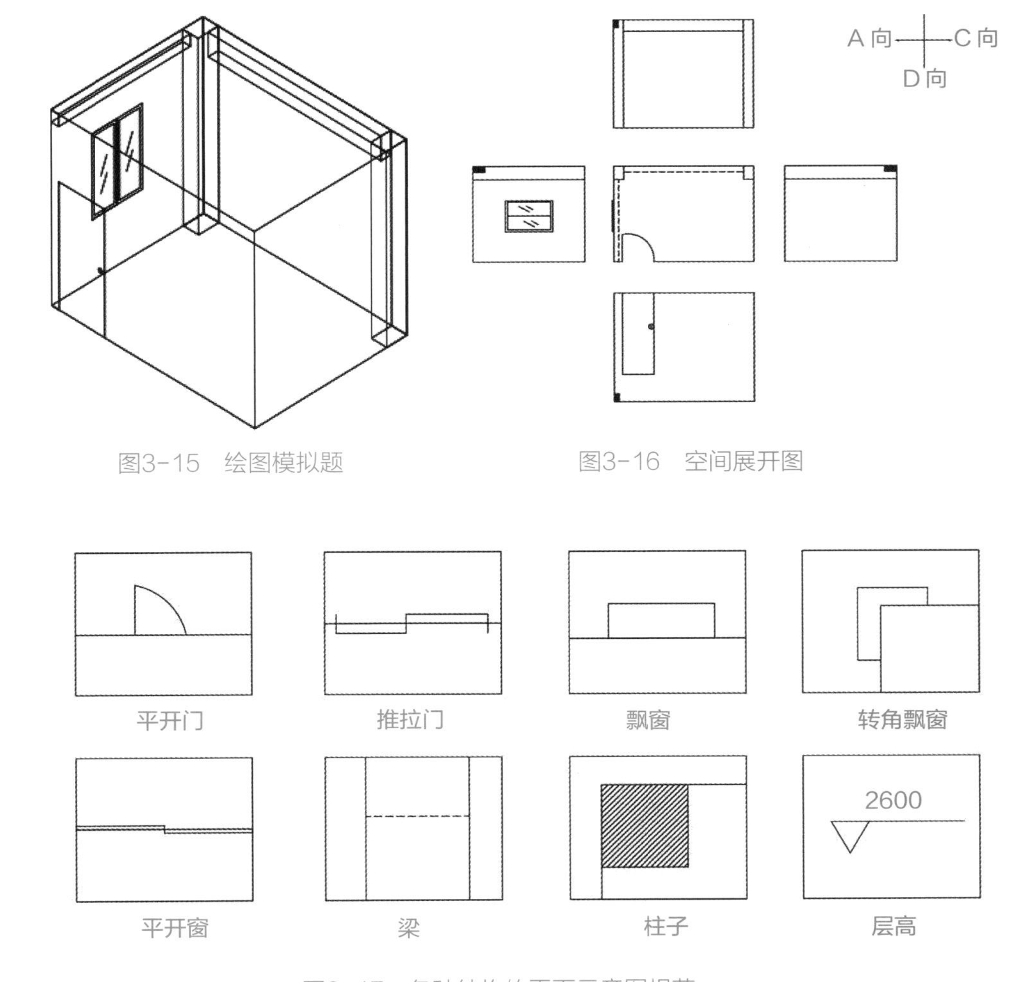

图3-15 绘图模拟题

图3-16 空间展开图

图3-17 各种结构的平面示意图规范

软件实操篇

4 三维家软件操作入门

4.1 入门须知

定义 主要了解三维家设计软件对计算机的基本配置要求和使用端口（端口只能使用谷歌浏览器或三维家客户端）。

学习目标 了解计算机的基本配置、掌握谷歌浏览器的下载及安装、掌握三维家客户端的下载及安装。

4.1.1 软硬件要求

三维家运行的软硬件要求分别指计算机的硬件、浏览器、网络等要求，根据用户的不同情况，可使用标配版或者高配版，其中操作系统必须是Windows 64位旗舰版，必须是谷歌浏览器，其他版本会出现不兼容的情况，具体见表4-1。

浏览器下载路径：可通过百度搜索“谷歌浏览器”，选择谷歌浏览器官网，下载谷歌浏览器官方最新版，下载后安装即可，如图4-1所示。

表 4-1 软硬件配置

类别	标配版	高配版
操作系统	Windows7/8/10（64 位旗舰版）	Windows7/8/10（64 位旗舰版）
CPU	i5 处理器	2.8GHz 以上四核处理器，i7 处理器以上
显卡	GTX750-GTX970	NVIDIA Geforce GTX1050Ti 及以上
内存	4GB	8GB
浏览器	谷歌浏览器	谷歌浏览器
flash	Flash player 14.0 至最新版	Flash player 14.0 至最新版
网络	4M 光纤网络 / 个人，100M 电信光纤 / 企业	4M 光纤网络 / 个人，100M 电信光纤 / 企业

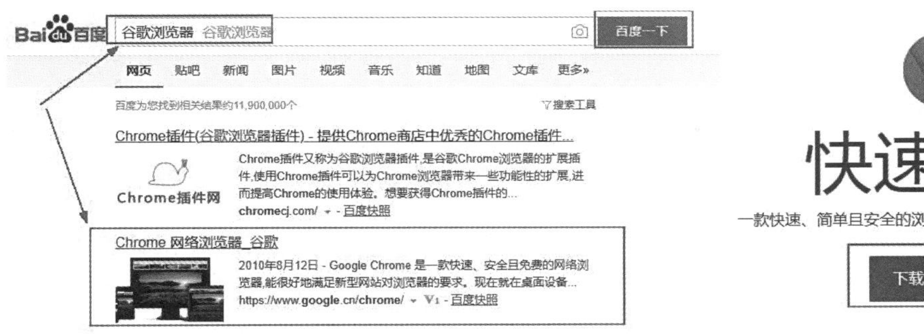

图4-1 谷歌浏览器下载

4.1.2 账号与登录

三维家账号是需要先进行注册的，注册之后可以进行登录、设置及修改账号信息。

① 打开谷歌浏览器，输入网址www.3vjia.com，进入官网后，单击右侧的“开始设计”，如图4-2所示。

② 进入登录界面，单击“免费注册”，然后按照相应提示信息逐一填写，并提交完成，如图4-3所示。

③ 账户注册成功之后，就可以进行登录。登录之后，单击界面右上方的“账号设置”，如图4-4所示，即可修改账号资料以及设置账号安全信息等，如图4-5所示。

图4-2 登录三维家官网

图4-3 账号注册

图4-4 登录账号

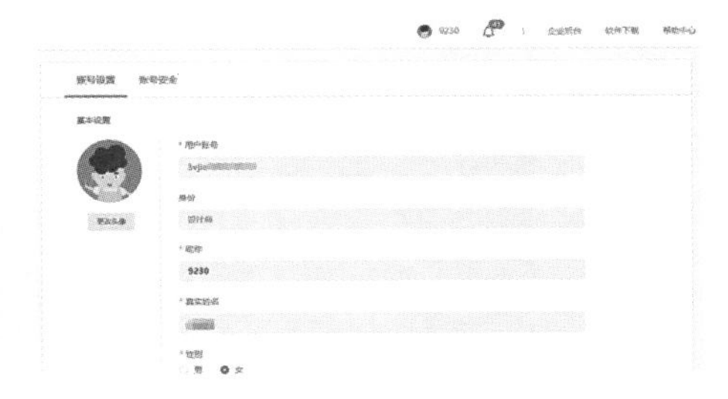

图4-5 设置账号安全信息

4.1.3 软件下载

单击官网界面右上方“工具下载”，可以根据需求下载三维家设计软件客户端、三维家助手。三维家设计软件客户端也是在线版设计的客户端，三维家助手则是自主批量上传模型、贴图的插件，如图4-6所示。

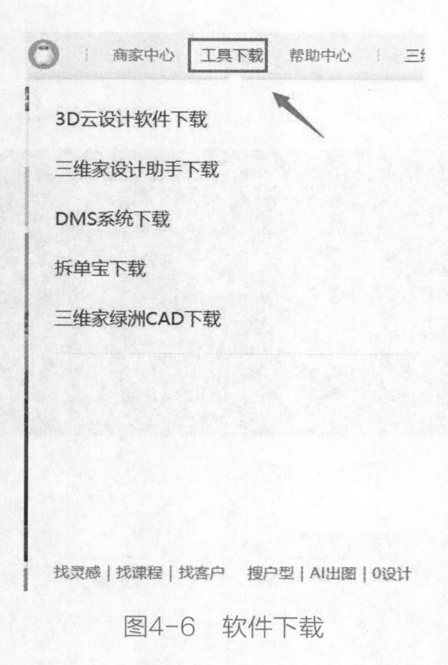

图4-6 软件下载

4.2 设计界面

软件界面介绍

三维家设计界面中有素材菜单、方案设置菜单、视角菜单、渲染及视图菜单、客服菜单，本节主要学习、了解每个菜单和快捷键，通过了解后，在方案设计操作中可以更加快速入门。

4.2.1 菜单栏

运行三维家软件，登录账户后，单击“开始设计”，进入设计界面。首先会跳出“欢迎使用3D云设计平台”界面，用户可以选择进入方式，如户型库、样板间、最近的方案、教程等，若不需要，可单击关闭按钮，如图4-7所示。

（1）素材菜单栏

素材菜单栏包括墙体创建、设计案例样板间、云素材、品牌馆以及“我的”相关素

图4-7 3D云设计平台

材，如图4-8所示。墙体创建包括自由绘制或者导入等方式；设计案例样板间可以进行打开，快速修改利用，制作新的方案；云素材为三维家模型及贴图的素材库，每个月会实时更新；品牌馆为一些和自己合作的品牌产品展示；“我的”是自主上传的素材。

（2）**方案设置菜单**

在方案设置菜单中，可对方案进行保存、相关设置、查询等和个人信息跳转，如图4-9所示。

① 返回或撤销：当操作错误时，则使用返回或撤销按钮，取消即可。

② 文件：有新建，新建户型，取代当前制作方案，记得保存后新建；我的方案，能够打开保存在云端的方案；打开本地，可以打开保存在本地的方案；导入户型图，可以导入JPG格式图片和DXF格式CAD文件等户型；从户型库新建，可从三维家户型库中进行查找小区户型使用。

③ 保存：保存方案，即将方案保存到三维家云端，不占电脑内存；另存为方案，即另外保存一个方案；保存到本地，即将方案保存到电脑本地，可以分享给其他用户。

④ 清单：可以导出每个功能模块的报价单。

⑤ 工具：设置设计界面为全屏；全景编辑器，可以编辑全景以及查看全景；测距量尺，可以测量模型、墙体之间的距离；设置，可以设置方案在2D/3D下的显示状态，如尺寸显示、天花角线和踢脚线显示、外墙显示、全局系数（报价系数）、墙体统一高度和厚度、操作窗口底色、移动速度等。

图4-8 素材菜单栏

图4-9 方案设置菜单

⑥ 显示：可以统一对家具、吊顶层、门窗、顶/脚线、地台/横梁/柱子、定制柜体等进行隐藏或者显示；显示、隐藏管理中即可对单个模型或柜体进行显示或隐藏管理。

⑦ 图纸：可以对户型图进行设置及分别导出全屋平面图、橱柜、铺砖、浴室柜、顶墙等施工图纸。

⑧ 帮助：学习帮助，跳转学习教程；快捷键，可以了解软件快捷键的使用；消息通知，了解平台消息；关于平台，了解三维家。

⑨ 维仔图标：可查看我的方案、维币数、商家中心、我的服务，进行维币充值和退出登录。

（3）视角模式菜单

点击2D/3D/漫游，视角任意切换，如图4-10所示。

图4-10 视角切换

（4）渲染及视图菜单

导视图，可快速点击跳转户型空间；渲染，可以进入渲染端口；图册，可以查看以往渲染的效果图；快照，在漫游下，可以保存已经设置好的渲染视角，方便快速进行二次渲染和跳转户型空间；显示材质，有显示轮廓材质、仅显示轮廓和仅显示材质三种显示模式，方便进行设计，如图4-11所示。

图4-11 渲染及视图菜单

（5）客服菜单

遇到操作问题时，可以单击右上角“客服”，进行提问，如图4-12所示。

图4-12 问题反馈及咨询客服

4.2.2 快捷键介绍

本部分主要学习、了解软件操作的常用快捷键，如图4-13至图4-18所示。

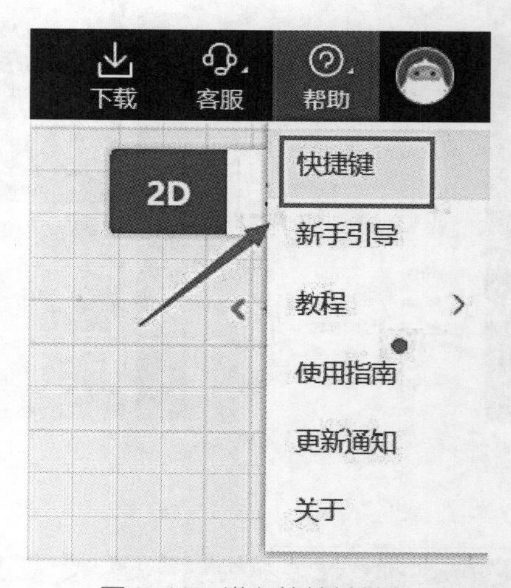

图4-13 进入快捷键端口

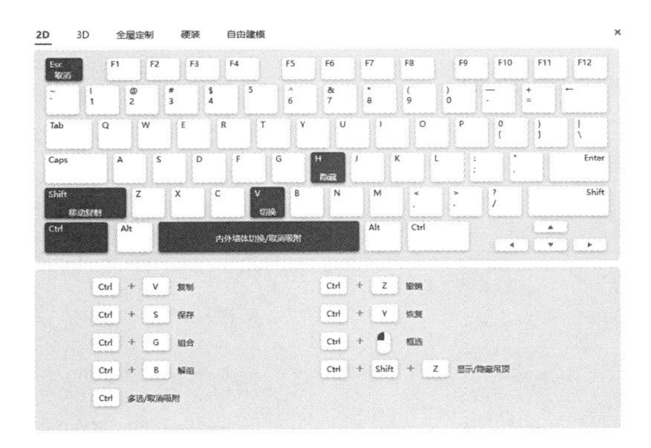

图4-14 2D视图快捷键

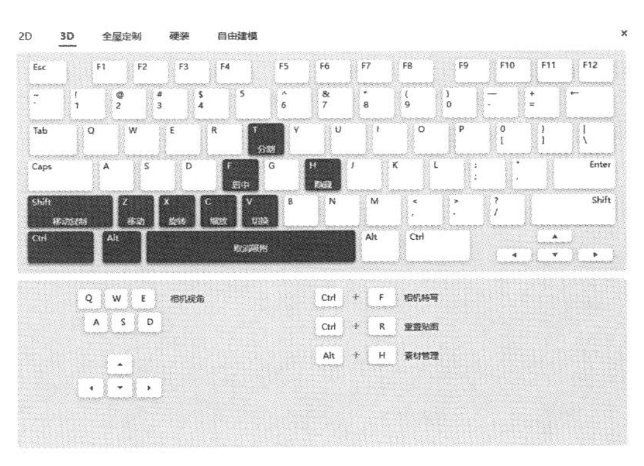

图4-15 3D视图快捷键

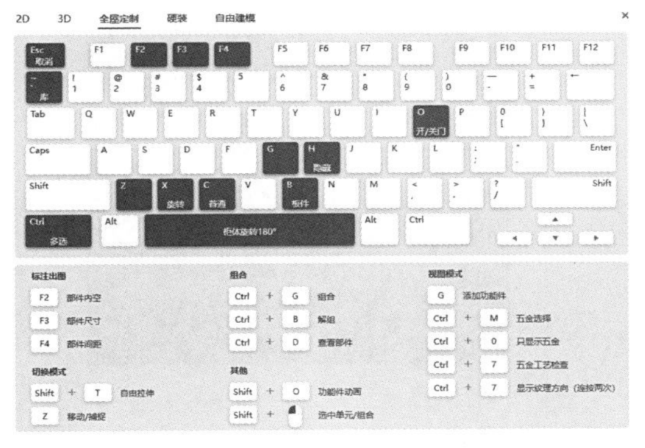

图4-16 全屋定制快捷键

图4-17 硬装快捷键

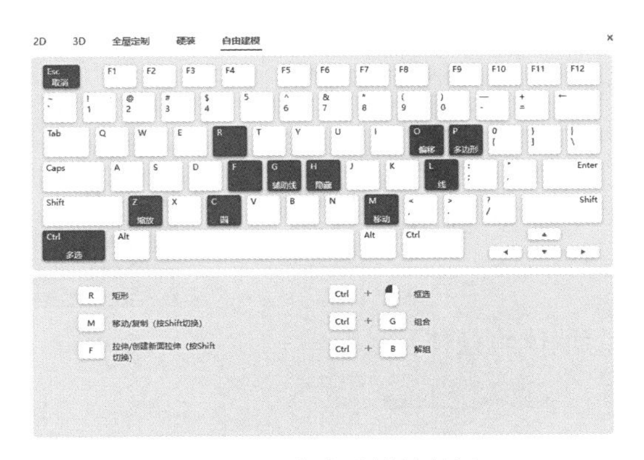

图4-18 自由建模快捷键

5 全屋硬装工具

三维家根据家居行业的不同需求，分别设置了每个定制模块，以及每周更新的素材通用库，方便使用者更加快速DIY制作产品，设计全屋方案。

5.1 户型创建

户型创建

户型创建方式包含CAD文件上传、JPG格式图片上传、调用三维家户型库、自由绘制等几种方式，从多方面考量用户的需求以及创建方式。值得注意的是三维家墙体尺寸显示为内墙尺寸。

5.1.1 户型文件上传和户型库的使用

（1）CAD文件上传

要求DXF格式文件，除墙体线条外，其他线条都不能显示（门窗、家具），且线条闭合，门窗位置都不需要留，如图5-1所示。

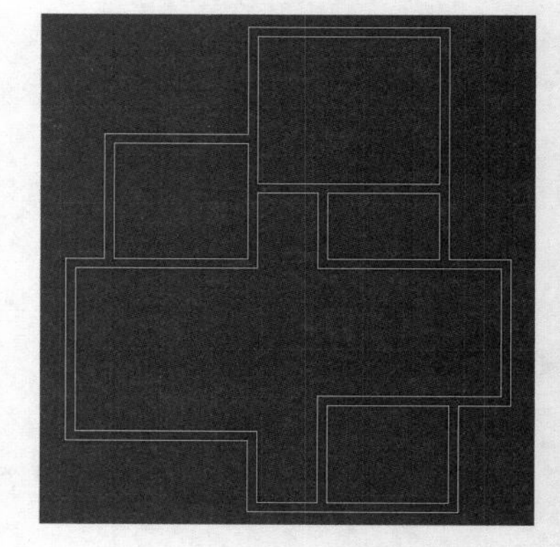
图5-1 CAD户型图示例

选择菜单中“文件”图标，导入户型图，选择CAD文件，打开即可导入成功，如图5-2和图5-3所示。

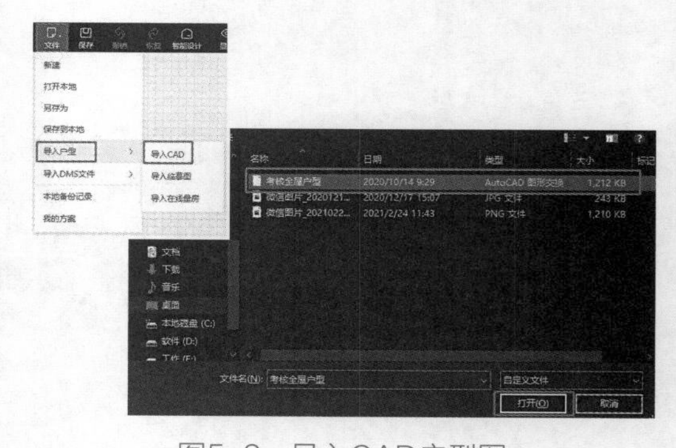
图5-2 导入CAD户型图

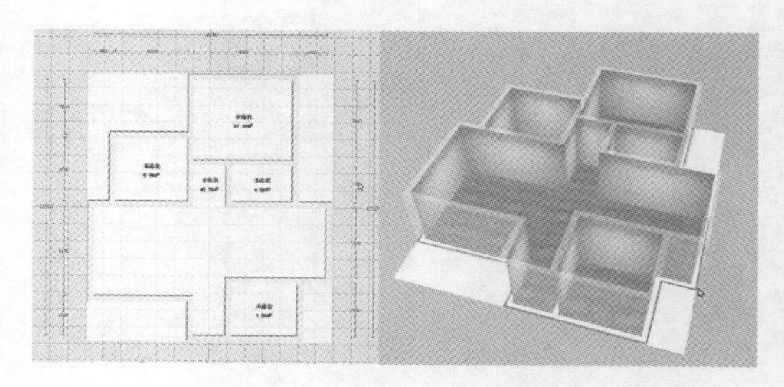
图5-3 导入户型完成

（2）使用户型库

选择户型库，可以通过搜索小区名称的

方式，查找小区户型并使用，其中带“3D”字样的户型无须手动绘制，选择即可直接使用，如图5-4所示。

（3）JPG文件上传

当户型图为CAD导出图纸或平面彩色布置图时，上传即可自动识别墙体、门窗；当户型图为手绘图时，则需手动描绘墙体。

① 智能识别户型：选择菜单中“文件”图标，导入户型图，选择JPG图片，打开，可对户型图进行旋转、裁剪，确定后单击“智能识别”。进入尺寸校正页面，量尺会自动识别图中的一个尺寸数值，可以通过鼠标滚轮放大，检查是否对齐，进行调整，再单击右上角“确定”按钮，即可校正完成，如图5-5所示。

② 手动绘制户型：户型图是手绘图图

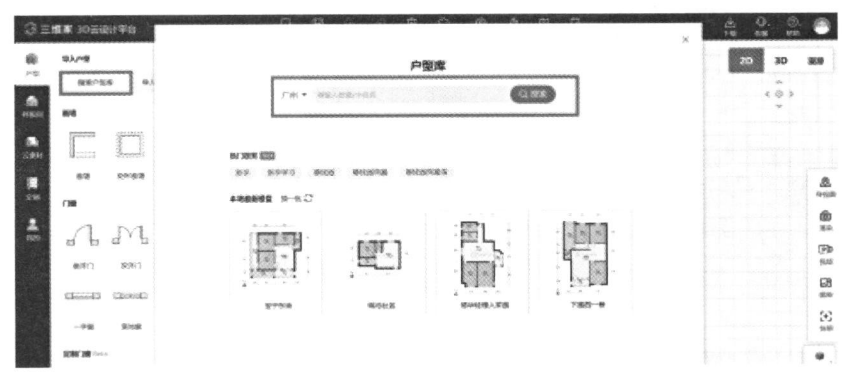

图5-4 户型库的使用

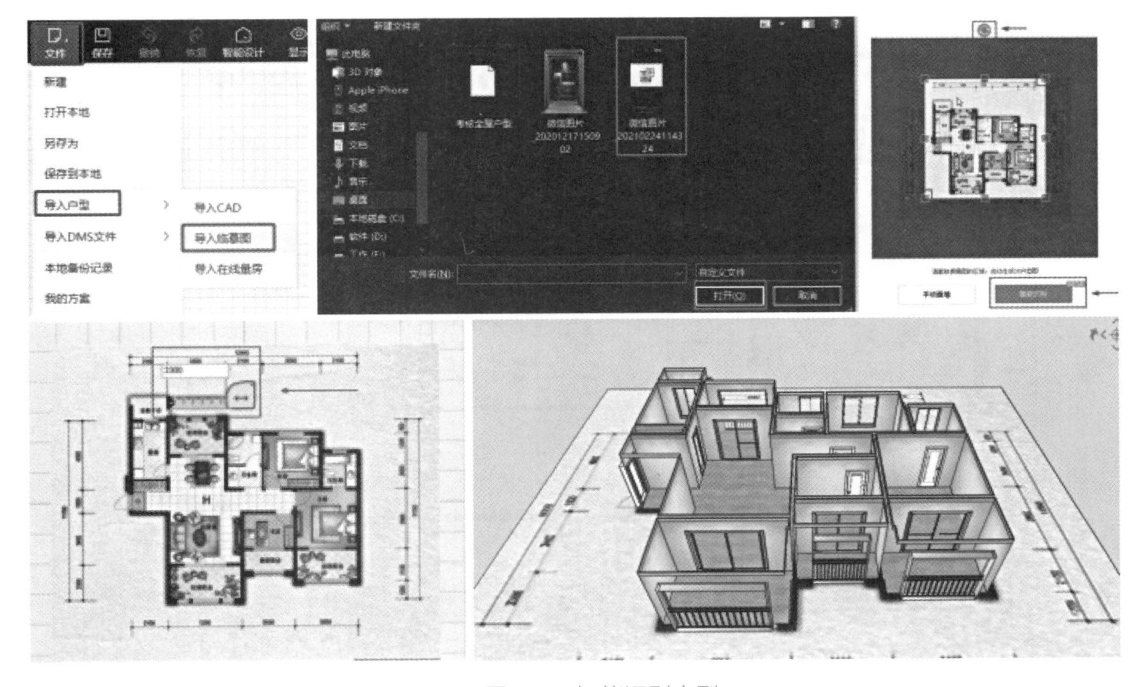

图5-5 智能识别户型

片格式或者拍照把墙体拍歪了时，使用手动画墙。第一步，裁剪或旋转户型后，单击“手动画墙”；第二步，拖动标尺对准其中一个尺寸，输入与图片上一样的墙体数值，按Enter键确定，即可进行比例缩放；第三步，选择“画墙”，跟着图纸墙体一起描绘，需要注意的是要根据垂直光标绘制直墙，如图5-6所示。

（4）更改墙体厚度

单击墙体，可在弹出的编辑窗口修改墙体厚度，如图5-7所示。

（5）更改墙体宽度

第一步，分别单击户型图左上角的两边墙体，勾选“锁定单墙”；第二步，遵守从

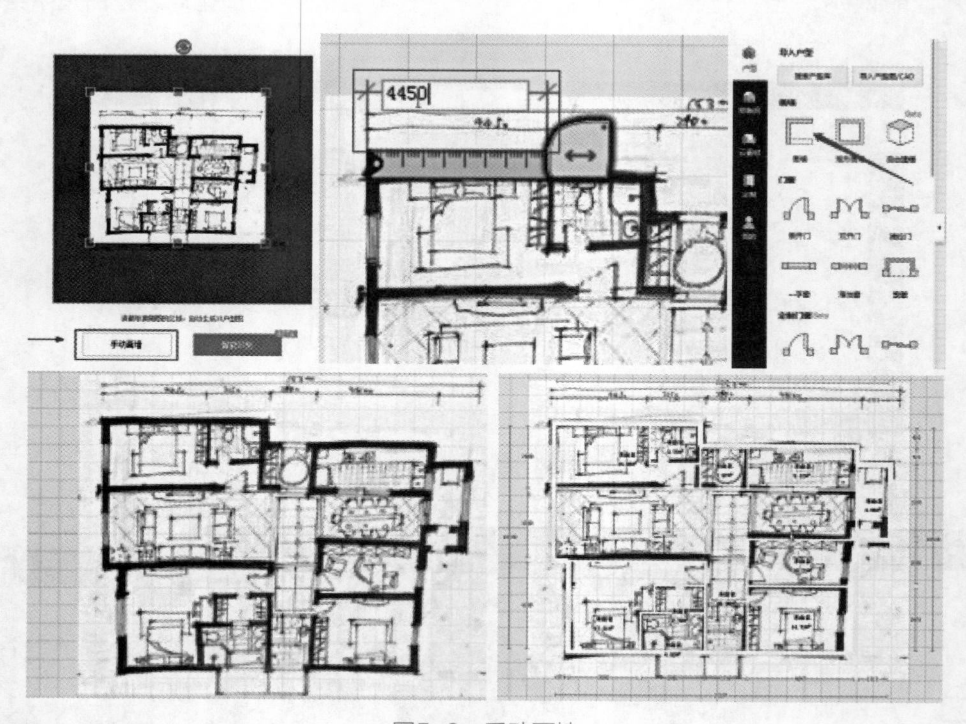

图5-6　手动画墙

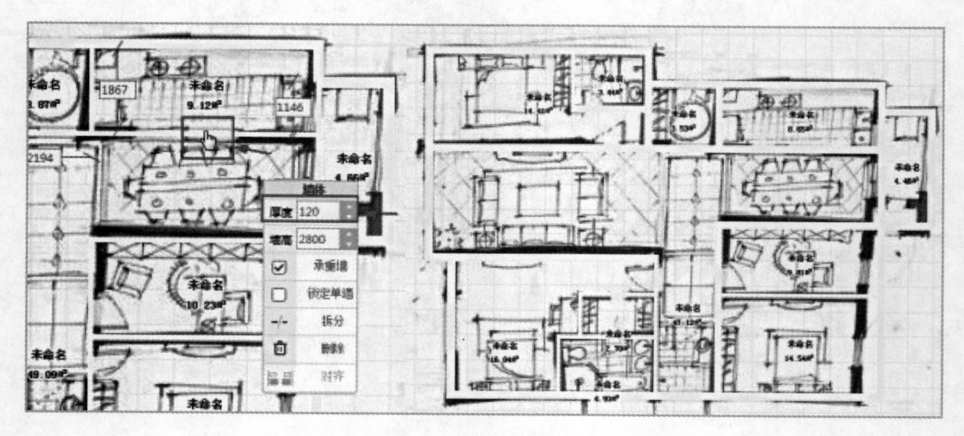

图5-7　墙体厚度设置

左往右、从上往下更改的原则，单击其他墙体，根据实际的尺寸，修改墙体间的距离即可，如图5-8所示。

（6）取消户型底图

不论是导入CAD图还是JPG格式的户型，都有户型底图，那么需要取消显示，即单击设计界面上方的“显示”菜单，选择“临摹图”，取消勾选“显示临摹图”即可，如图5-9所示。

5.1.2 自由绘制户型

（1）画墙

画墙，又称中轴线画墙方式。输入的墙体尺寸为墙体中轴与中轴之间的距离，如当墙体厚度默认为240mm时，绘制一个户型，四边墙体都输入5240。

① 在画布上单击，确定墙体起点，拖动鼠标移动方向，输入“5240”，继续移动方向，输入数值绘制，在绘制中可以观察到画墙线为中轴线，如图5-10所示。

② 绘制完成后，可以观察到因为只显示内墙尺寸，所以减去左右（上下）墙体厚度各一半的数值后，显示尺寸为5000，如图5-11所示。

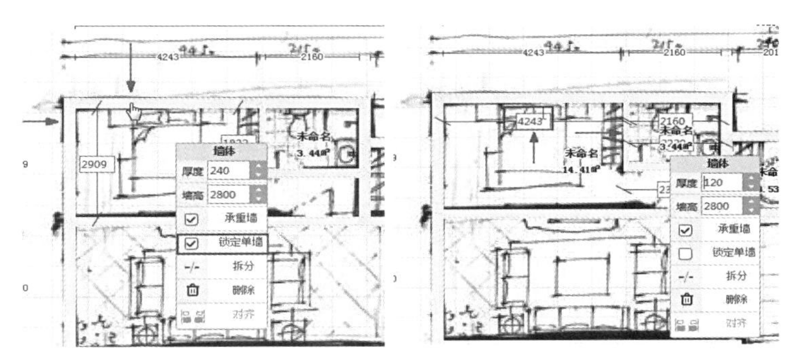

图5-8 墙体宽度设置

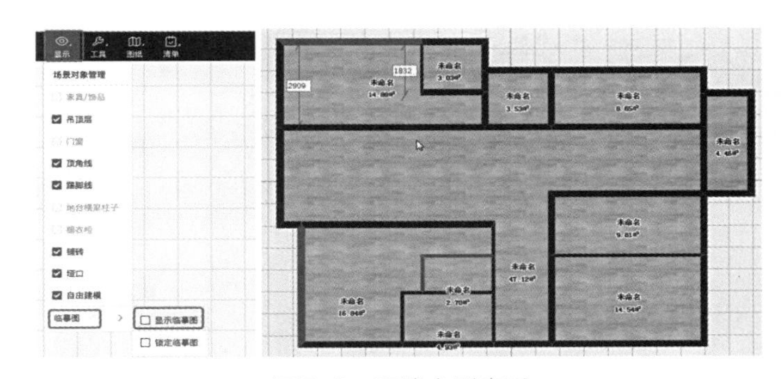

图5-9 取消户型底图

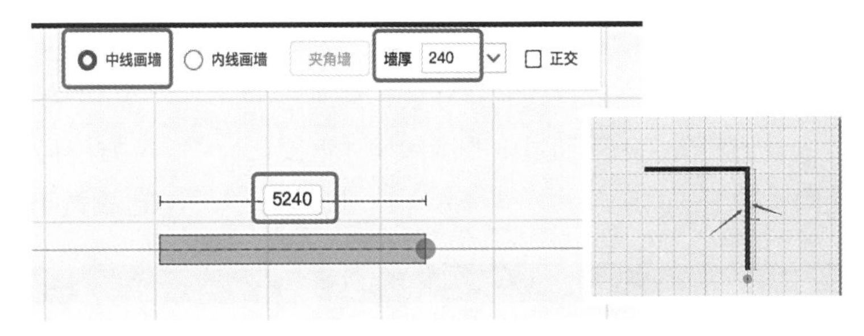

图5-10 画墙方式

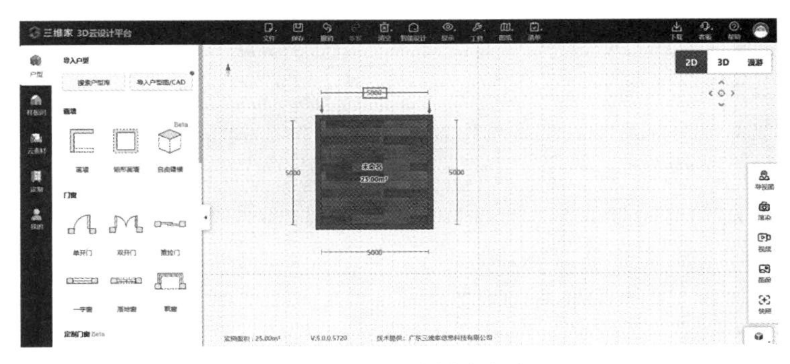

图5-11 墙体创建完成

（2）内线画墙

当测量户型尺寸为内墙时，可采取内线画墙方式。单击“画墙”，在画布上方可选择“内线画墙”。画墙方式除数值输入不同外，操作方式与“画墙”一样，可参考上面画墙方式，如图5-12所示。

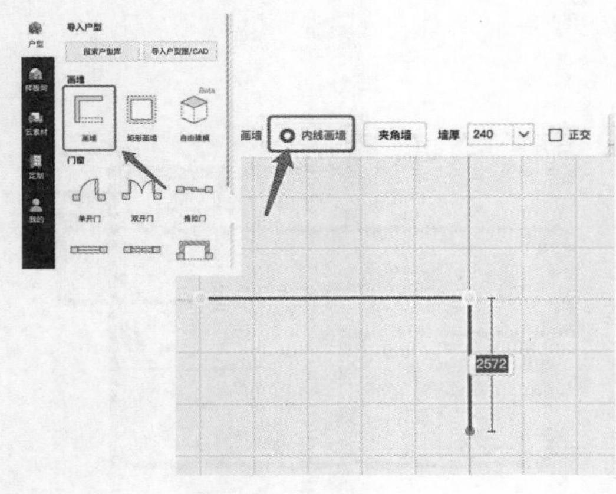

图5-12 内线画墙

（3）从形状绘制

根据常用单空间户型制作样板，直接拖动放置于画布，即可通过修改墙体尺寸直接使用，如图5-13所示。

5.1.3 墙体结构部件的设置

（1）柱子

柱子除了有柱子的属性外，还带有墙体的功能，可以添加门窗。

① 柱子的布置：在2D下拖动柱子，放置于户型中即可。

② 柱子的参数设置：2D下单击柱子，可根据需求设置柱子参数，如长800，宽150，如图5-14所示。

③ 柱子添加门窗：首先将长修改为墙体厚度，宽修改为墙体长度，如墙厚120、长2000，则柱子长120、宽2000，门窗添加方式可查看“门窗设置”的内容，如图5-15所示。

（2）横梁、烟道、包管

横梁、烟道、包管的放置及参数设置操作与柱子相同，但是这些不能进行添加门窗操作。

（3）方形门洞、拱形门洞、空调孔

方形门洞、拱形门洞、空调孔，只需拖动放置于墙体上即可，参数设置操作与

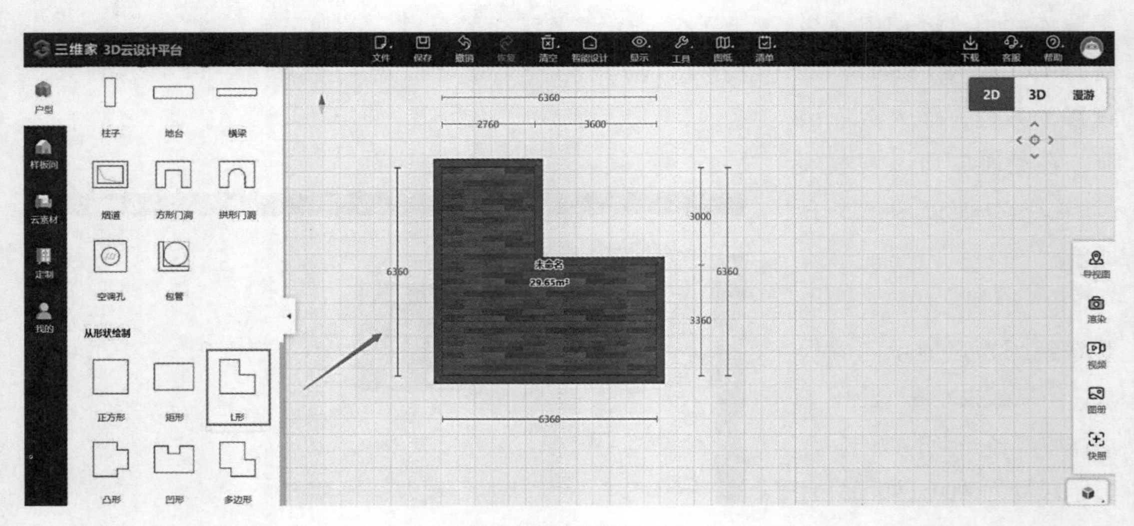

图5-13 从形状绘制

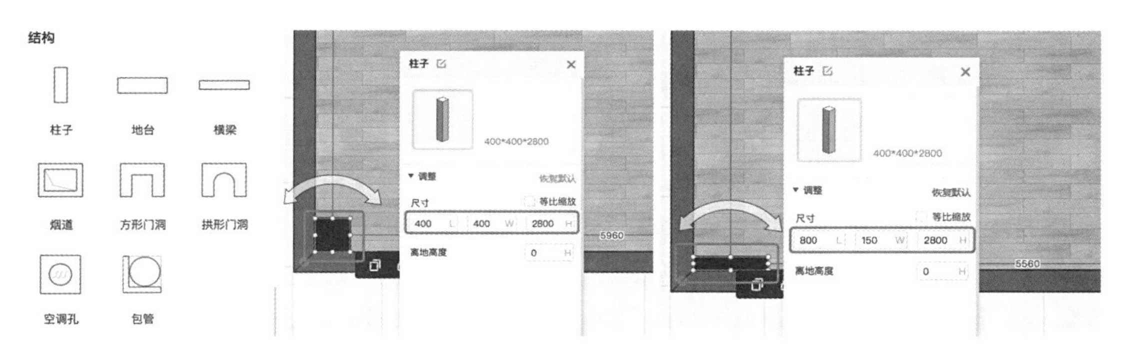

图5-14　柱子参数设置

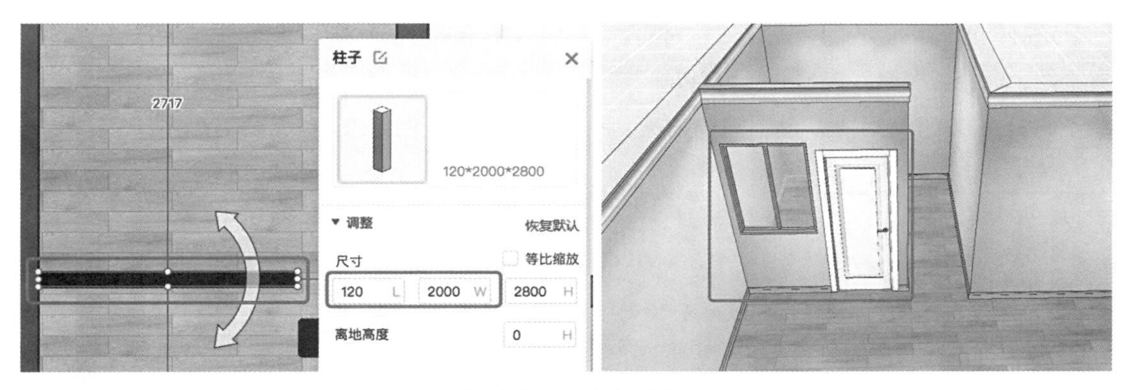

图5-15　柱子添加门窗

柱子相同。

（4）地台

地台放置、参数设置操作与横梁、柱子相同，且地台可以制作别墅跃层地面，只需设置离地高度数值即可，如图5-16所示。

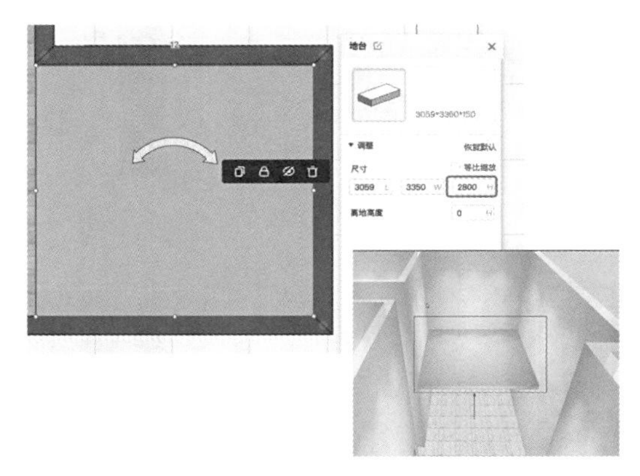

图5-16　设置地台离地高度

5.2　门窗设置

门窗设置，主要讲解关于成品门窗和定制门窗的放置以及相关参数设置，其中成品门窗材质替换只能全部更改，而定制门窗可以根据门线、门套、门芯等进行分别替换，并且可以自由更换五金拉手、猫眼，还有更多相关操作可观看视频“门窗设置”讲解。

5.2.1　成品门窗的设置

门窗设置

成品门窗素材位置在“云素材”—“门窗”，门窗各自有更详细的分类，方便大家根据需要查找款式，如图5-17所示。

在2D视角下，鼠标左键按住门（窗），拖动放置于墙体上。单击墙体上的门窗，可以设置门窗的宽、高、离墙及离地等参数，以及可以进行删除、旋转开门方向、隐藏门窗等操作。单击门窗左右两边的小圆圈，可以更改门窗的宽度值。成品门窗的设置如图5-18所示。

5.2.2　定制门窗的设置

定制门窗可以更改门窗的样式、材质、五金件、门槛或窗台石等，并且可以对门窗给予打开或关闭的指令。定制门窗的素材在云素材—全屋定制—整木或铝门窗，如图5-19所示。

以添加定制门为例进行讲解。与成品门窗一致，2D视角下，拖动门至墙体。3D视角下，单击门，右边会显示对这款门的编辑栏，可调整门的尺寸参数、是否带门顶窗或板、是否带门槛石、开门方向，如图5-20所示。

右键单击门，会出现编辑菜单栏，可以对门的样式、材质、五金进行修改，其他设置都可以根据所需选择，也可以在右侧编辑栏中进行相应修改，如图5-21所示。

图5-17　成品门窗目录

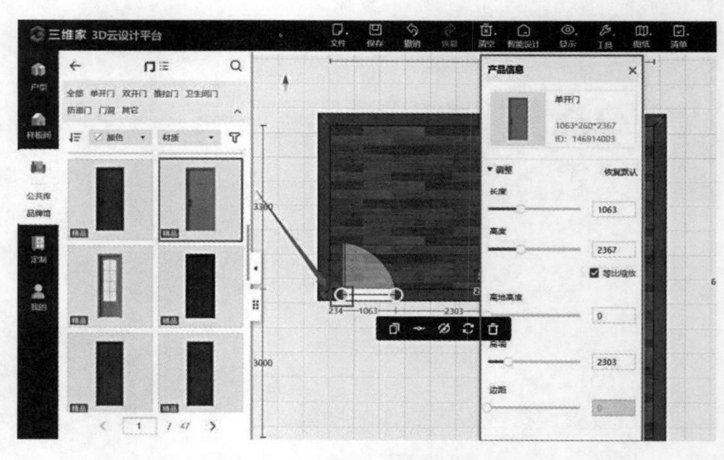

图5-18　成品门窗的设置

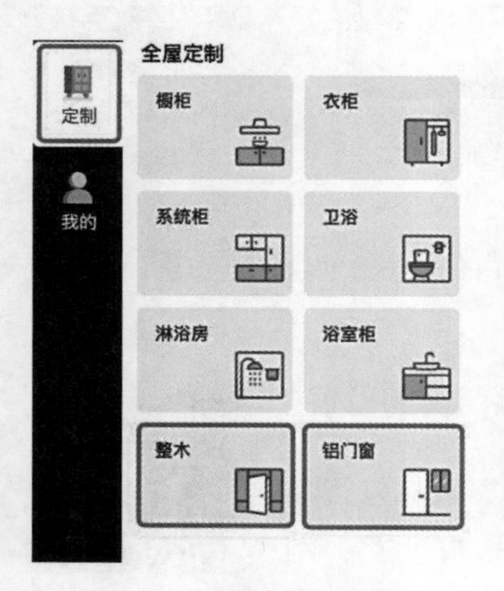

图5-19　定制门窗系统

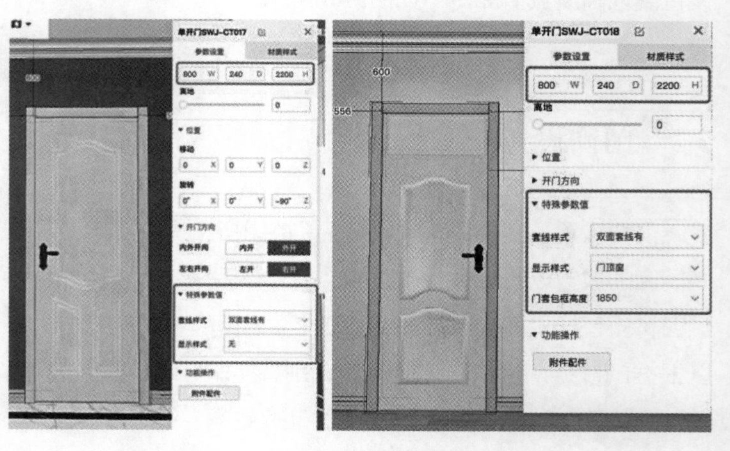

图5-20　定制门窗编辑面板设置

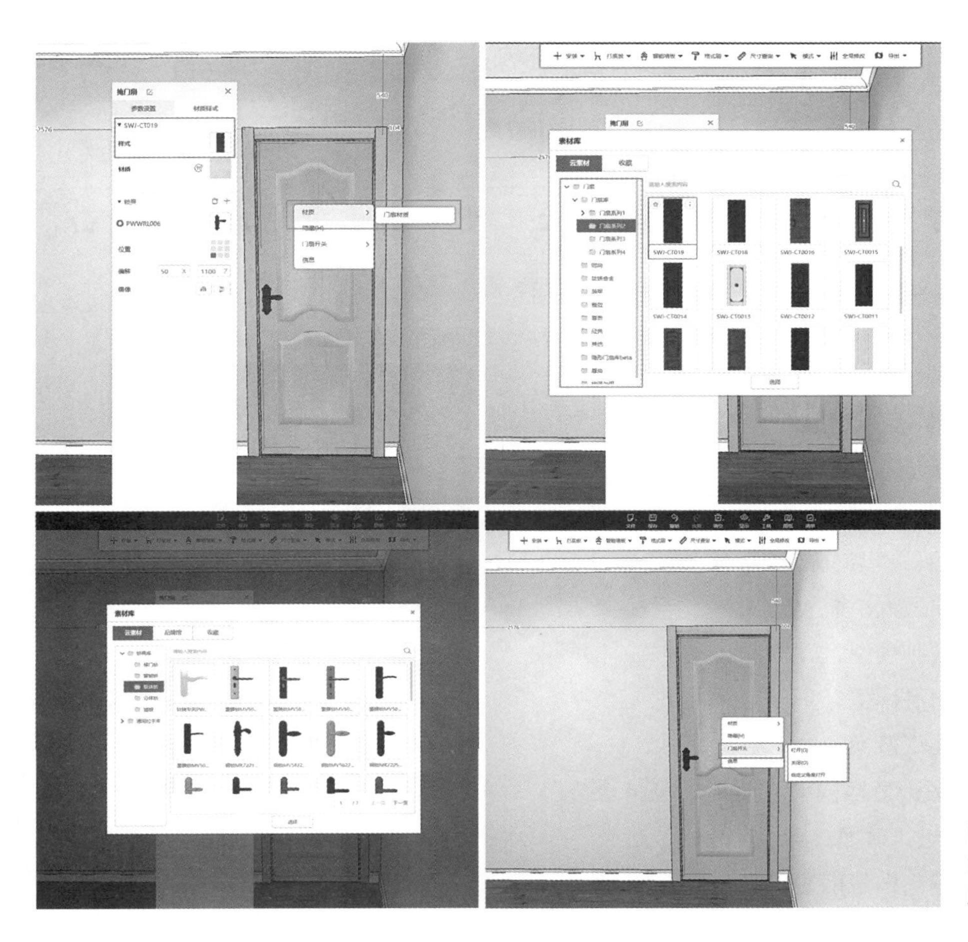

图5-21 定制门窗样式、材质、五金设置

5.3 贴图模型设置

5.3.1 贴图设置

贴图设置如图5-22所示。

① 智能布置：智能布置全屋空间软装饰品。

② 清除材质/颜色：清理墙面、地面贴图材质，进行还原。

③ 旋转贴图：每单击一次，会将贴图进行顺时针旋转45°。

④ 横竖偏移：对贴图位置进行移动调整。

⑤ 显示/隐藏分割线：显示或隐藏分割线条和波打线。

⑥ 竖向分割：将地面、墙面进行竖向切割。

⑦ 横向分割：将地面、墙面进行横向切割。

⑧ 波打线：矩形波打线制作。

⑨ 删除分割线：删除分割线和波打线。

⑩ 查看详细信息：查询贴图大小及进行参数设置。

⑪ 收藏：将贴图进行收藏。

5.3.2 模型设置

模型设置如图5-23所示。

① 尺寸：查询物体间的尺寸距离，并

图5-22　贴图设置

图5-23　模型设置

且可以修改数值。

② 移动：模型移动模式，可以上下、左右移动和原地旋转。

③ 旋转：全面旋转。

④ 左右镜像：模型左右镜像。

⑤ 缩放：模型大小缩放模式。

⑥ 复制：复制模型。

⑦ 隐藏：隐藏模型。

⑧ 替换产品：替换同类产品。

⑨ 替换贴图：替换模型材质，一般可以手动拖拉材质进行替换。

⑩ 智能推荐：推荐相关搭配。

⑪ 删除：删除模型。

⑫ 灯光设置：设置灯光亮度和颜色，仅限灯光模型。

⑬ 查看详情信息：查看模型尺寸大小和型号，可以修改大小。

⑭ 收藏：收藏模型。

5.4　铺砖设计

5.4.1　铺砖功能界面

铺砖设计

铺砖功能界面，分为素材库、我的库、收藏以及操作界面的画布。进入端口，如图5-24所示。

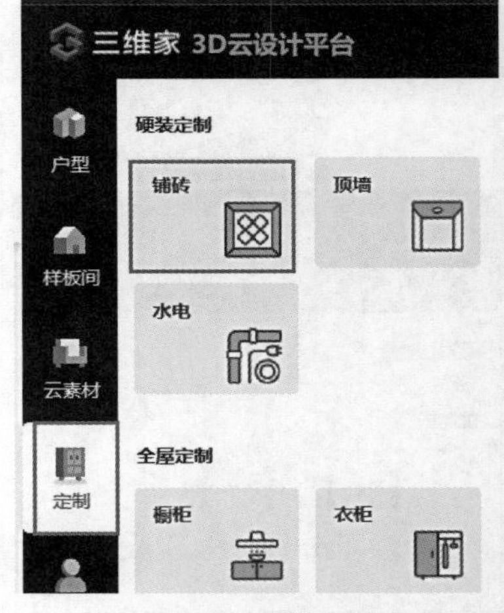

图5-24　定制铺砖端口

（1）素材库

素材库有瓷砖拼花花样通用库、产品素材库以及水刀拼花库。瓷砖拼花花样通用库涵盖了市场上大部分常见常用的拼花花样，可以进行快速更改使用；方案通用库具有丰富的瓷砖产品类型，在这里都可以通过瓷砖分类快速查找需要的产品，如图5-25所示；水刀拼花库，不管是墙面还是地面的花样样式都有。瓷砖素材库、水刀素材库分别如图5-26和图5-27所示。

（2）我的库

“我的库”是自主上传瓷砖产品、水刀以及管理的入口，如图5-28所示。

（3）收藏

在制作过程中可以收藏单个产品或者组

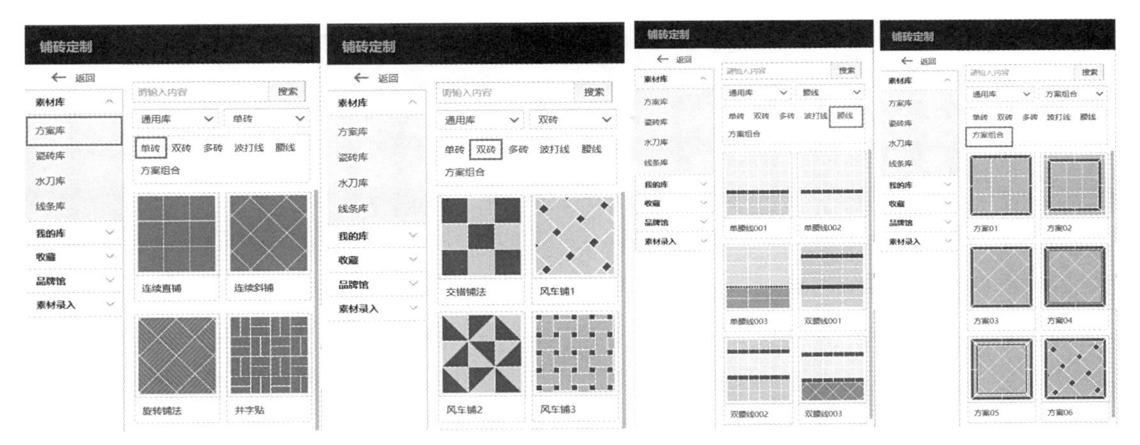

图5-25　方案通用库

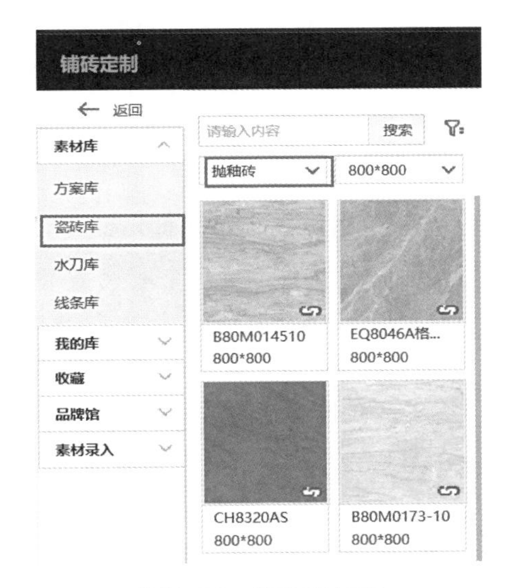

图5-26　瓷砖素材库

图5-27　水刀素材库

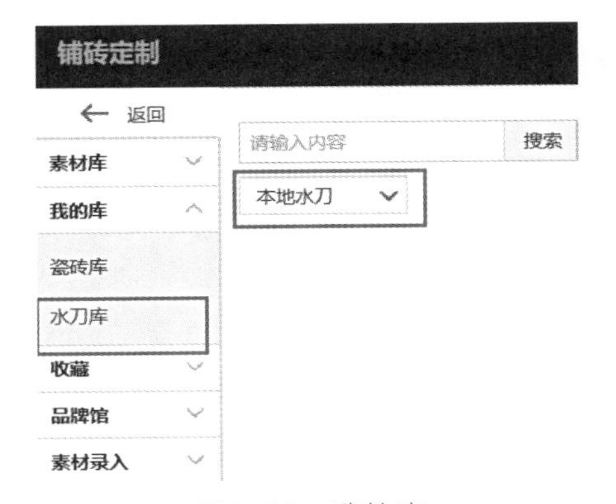

图5-28　我的库

合拼花花样，以便后期可以直接使用，如图5-29所示。

（4）操作界面画布

操作界面画布主要由常见瓷砖设计操作菜单、编辑区域、效果预览窗口组成，如图5-30所示。双击地面即可进入操作界面；上方是操作菜单以及退出操作界面的“返回”按钮，中间是编辑区域，右上角是效果预览窗口，可进行缩放和收起操作。

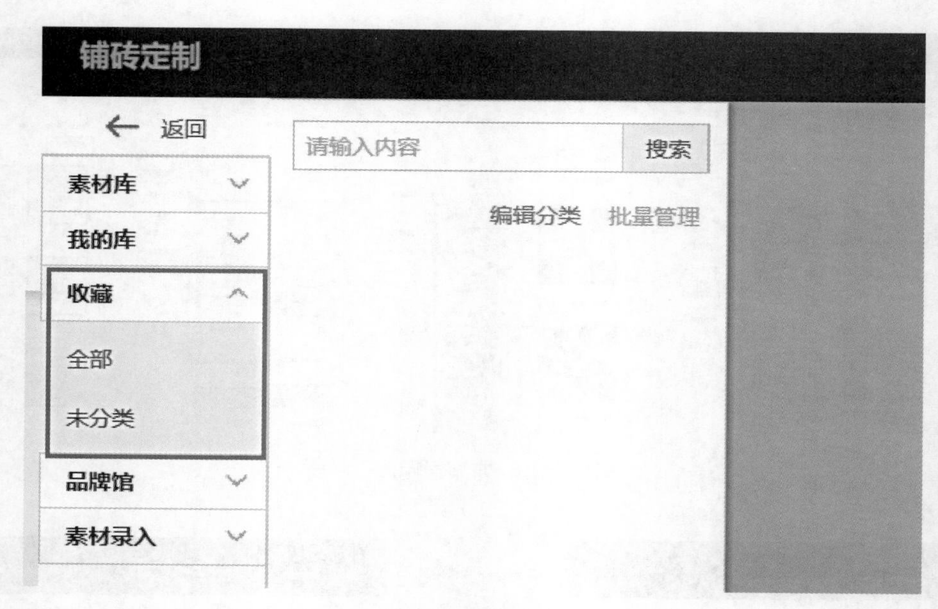

图5-29　收藏夹

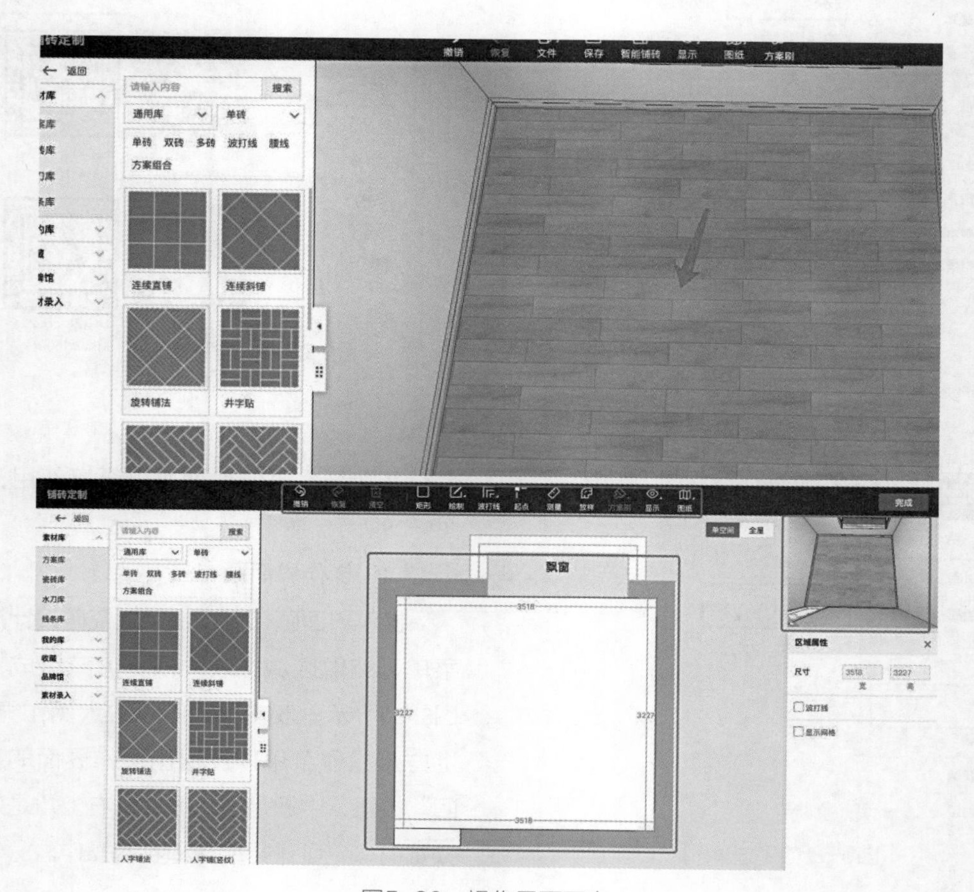

图5-30　操作界面画布

5.4.2 地面设计

学习瓷砖的基础设置，如产品替换、位置更改、角度旋转、大小设置、砖缝大小及材质修改；学习瓷砖拼花制作，如区域划分、波打线设置、去角砖功能。

① 选择瓷砖拼花花样通用库的单砖，拖动至地面画布上；左键单击任意铺贴的瓷砖，在右侧会显示相关编辑栏，如图5-31所示。

② 鼠标移动到编辑栏中瓷砖产品上会出现“替换材质”，可以进行替换瓷砖产品；并且通过下方的替换方式自由设计，“同品替换”即同型号的产品一同替换，“单品替换”即只有被选中的产品才可以被替换，多个替换时，可以按住Ctrl键进行多选。

③ 单击“替换材质”后，选择需要替换的产品，企业素材—大理石，双击“帕斯高灰”，当弹出“砖块尺寸不匹配”窗口时，可以根据实际情况选择，“按目标尺寸”即为原先设置的砖大小，那么新砖会根据原先的尺寸进行铺贴，“按新砖尺寸”即为根据新砖的尺寸进行替换铺贴，选择完成后，则可完成替换，如图5-32所示。

④ 区域划分，可以进行更多拼花花样制作，如图5-33所示。右键单击地面画布，选择划分区域—矩形，左键单击左上角，确定地点，再通过移动鼠标缩放区域，左键单击右下角，即可绘制走廊部分。

⑤ 在区域中可以拖动拼花通用库的花样进行设计，选择方案组合—方案10的样式，放置于区域中。

⑥ 单击拼花波打线，可以在右边编辑栏通过修改瓷砖高度改变波打线的宽度，如图5-34所示，将三圈波打线分别更改为130，70，50。

⑦ 瓷砖大小及位置更改，单击中间瓷砖，将瓷砖宽和高修改为800，并且单击定位为九宫格中心，为更好地提高瓷砖利用率，再拖动下方瓷砖中心点对齐，如图5-35所示。

⑧ 去角砖，为了避免损耗材料，类似以上拼花花样离边缘的角砖都不会切割，直接使用大砖铺贴，那么可以使用“去角砖”功能，一键去除角砖，如图5-36所示。右键单击瓷砖，选择“去角砖”。

⑨ 分别将波打线的瓷砖产品进行“材

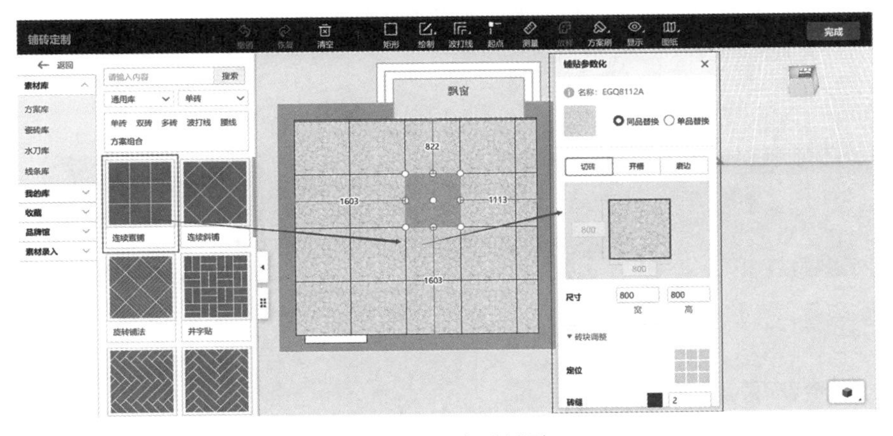

图5-31 瓷砖铺贴

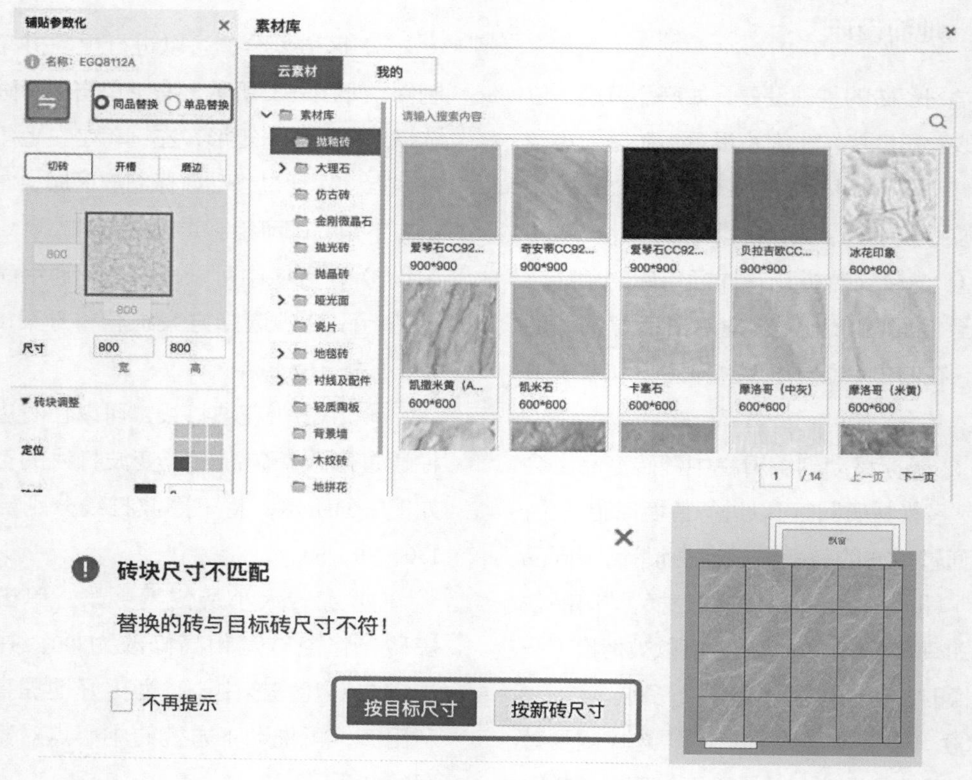

图5-32　瓷砖产品替换

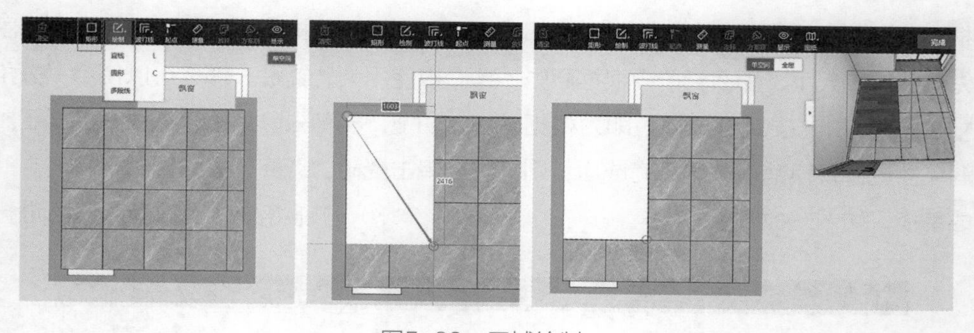

图5-33　区域绘制

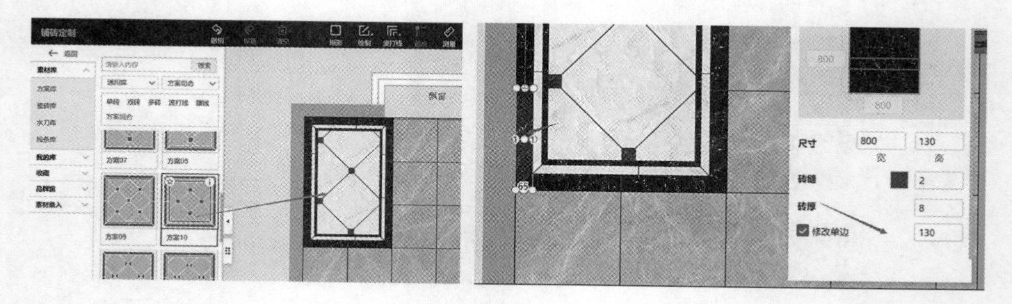

图5-34　方案组合的使用

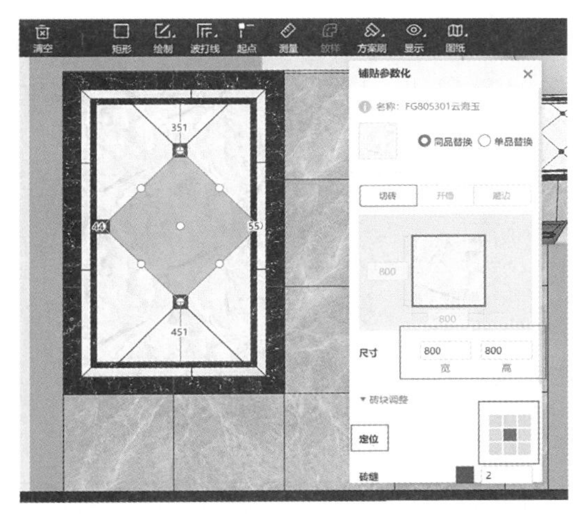

图5-35　瓷砖大小及位置更改

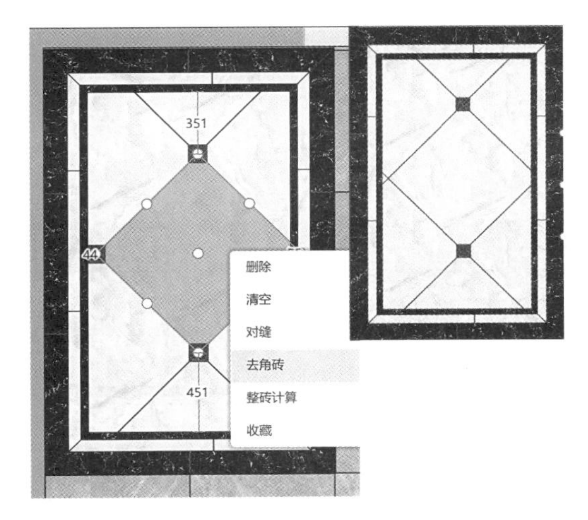

图5-36　去角砖功能

质替换”，可通过搜索名称的方式快速查找需要的产品进行替换，如图5-37所示。第一圈和第三圈为“墨脱黑”材质，第二圈为“卡拉拉白”材质，中间大砖为“帕斯高灰”，小砖材质不变。

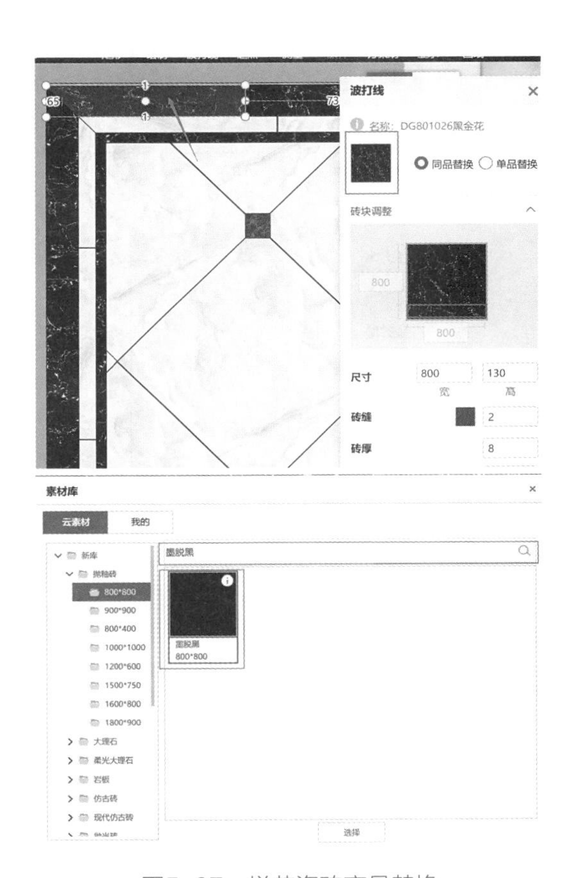

图5-37　拼花瓷砖产品替换

5.4.3　水刀拼花设置

水刀拼花库涵盖了市场上常用的拼花花样，不论是地面还是墙面；也可以自主上传水刀CAD文件，生成水刀拼花；水刀拼花还可以识别地砖的砖缝，自动生成砖缝。

（1）水刀拼花库的使用

选择水刀库，可根据需求选择分类，也可以通过搜索型号的方式快速查找需要的拼花花样，例如型号：16374939，操作设置相同，如图5-38所示，单击水刀可以拖动位置，按“小矩形”拖动，可以缩放大小（3D/漫游下按“C”键进入缩放模式），单击拼花区域，在右侧编辑栏将外圈颜色替换为“墨脱黑”；餐厅空间中，水刀与客厅操作相同。

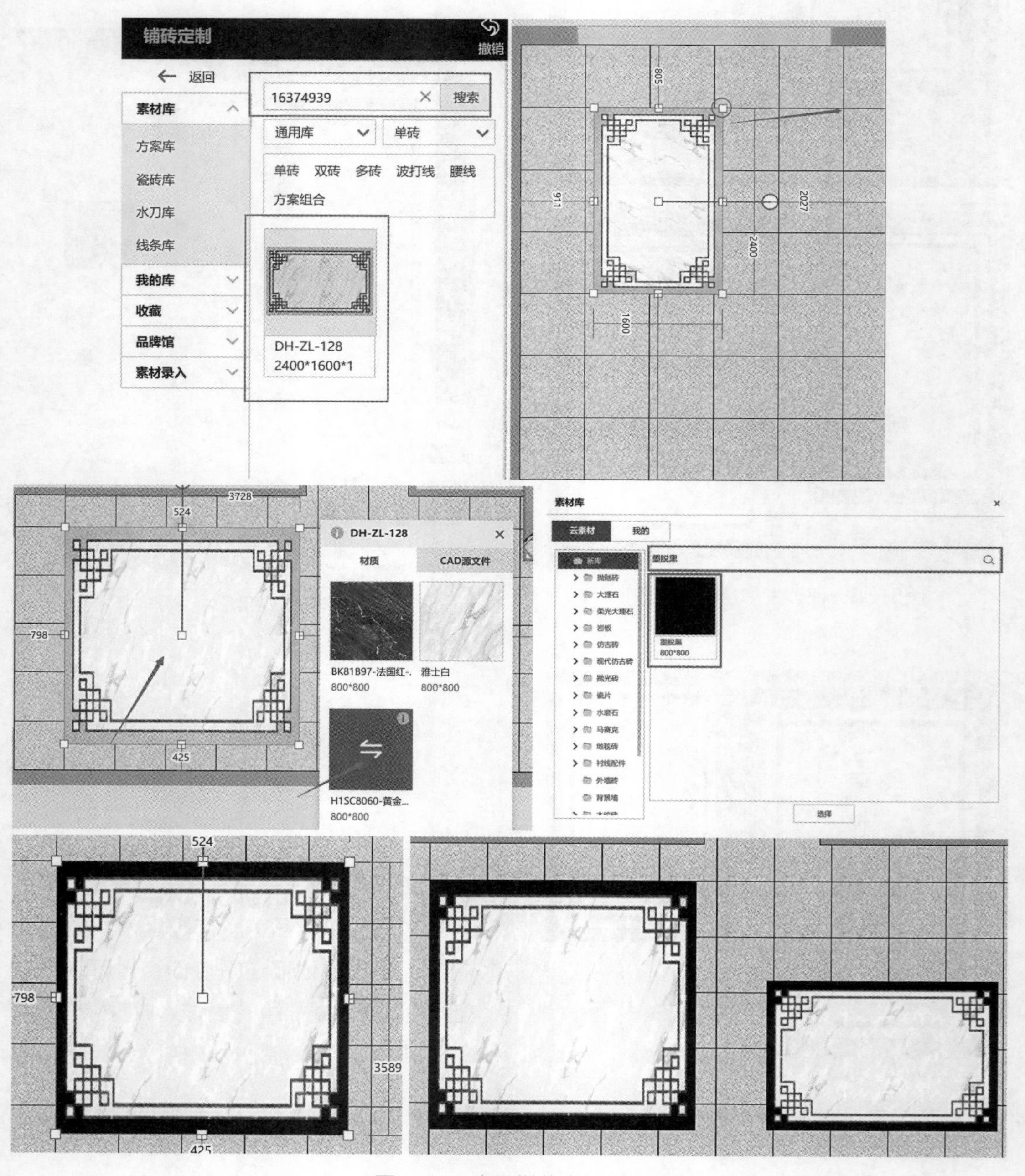

图5-38　水刀拼花库的使用

（2）自主上传水刀

3.0水刀可以支持水刀内斜铺生成砖缝。水刀格式：dwg、dxf都可上传，CAD版本不限；CAD线条属性：直线、多段线、弧形、圆形、矩形、样条曲线，暂时不能识别椭圆形和椭圆弧形。

① 选择“我的库”，单击“素材录入”。

② 选择水刀3.0，单击“导入拼花”。

③ 选择所需要的CAD文件，单击打开，即可等待生成水刀区域。

④ 如果水刀带有斜铺区域，则选择斜铺区域需要生成砖缝的线条，不需要则进行下一步即可。

⑤ 在设计界面左侧瓷砖素材库选择瓷砖产品，当鼠标箭头变成吸管时，即可单击水刀区域，为水刀赋予瓷砖产品。以上操作如图5-39所示。

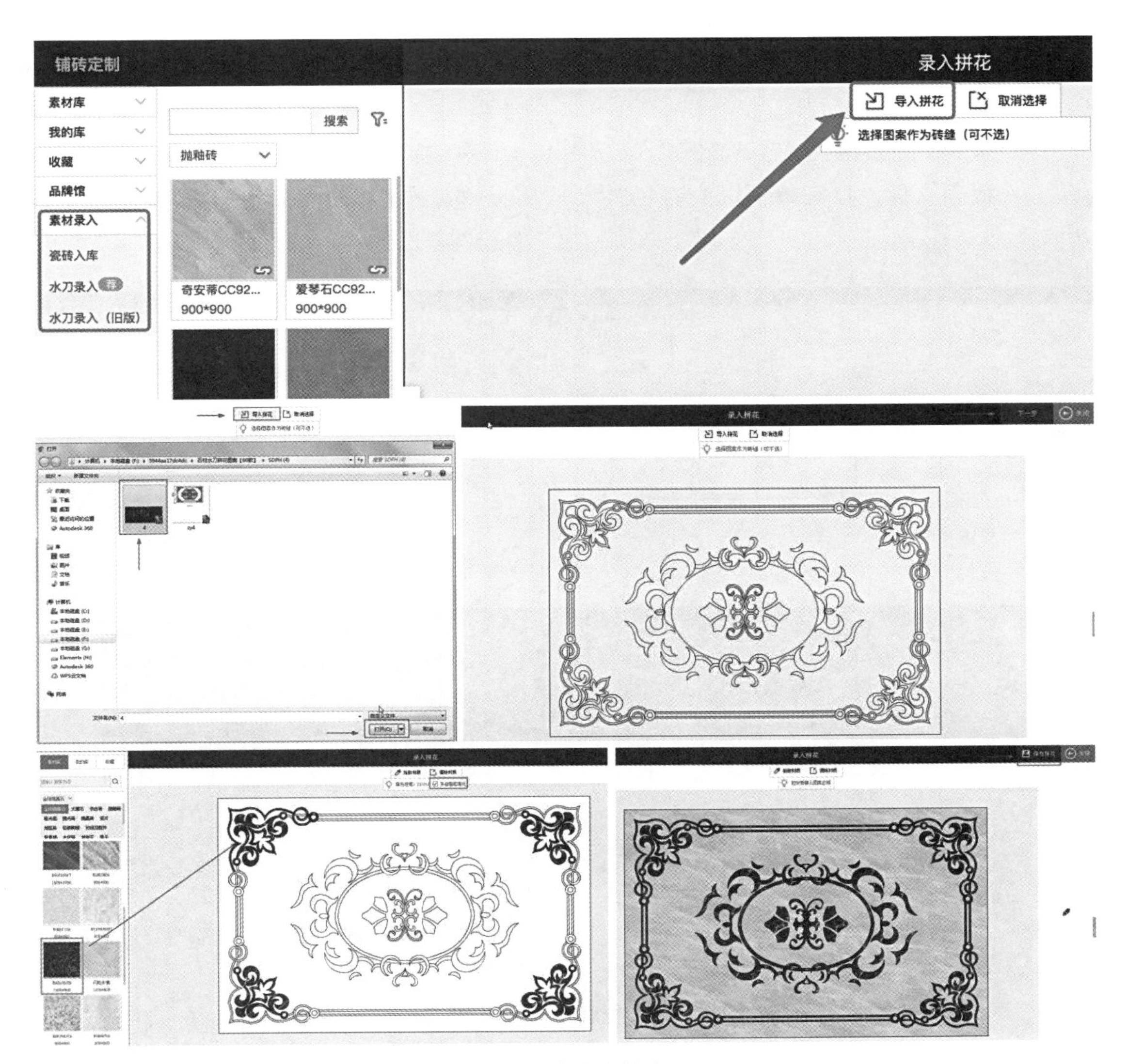

图5-39 自主上传水刀

5.4.4　导出彩色图纸

可以导出瓷砖布置图的平面图、立面图以及瓷砖加工表等，并且可以对图纸进行新建尺寸标注、说明，填写项目信息。

（1）导出加工表

导出加工表如图5-40所示。该功能减少了瓷砖拼花校对环节以及施工环节的大件分类的工作。

① 右键单击画布界面空白区域，选择“工艺图表”。

② 选择需要输出拼花加工表的空间。

③ 单击“导出Excel表”。

④ 选择本地文件夹进行保存即可。

⑤ 找到文件，打开就可以查看相关数据。

（2）导出瓷砖平面图和立面布置图

导出瓷砖平面图和立面布置图如图5-41所示。该功能不仅可以导出布置彩色图，还可以配合加工表导出一起使用。

① 右键单击画布界面空白区域，选择“平面图”。

② 在界面左侧，可选择空间。

③ 在界面上方菜单，可以根据需要，更改界面显示，新增尺寸标注、引线说明、起点标识、文本；图纸设置中可以勾选或取消显示材质表、家具、水刀砖缝、工艺序号等。

④ 在图纸右侧，根据项目信息填写。

⑤ 单击“输出图纸”，即可将图片文件保存至本地。

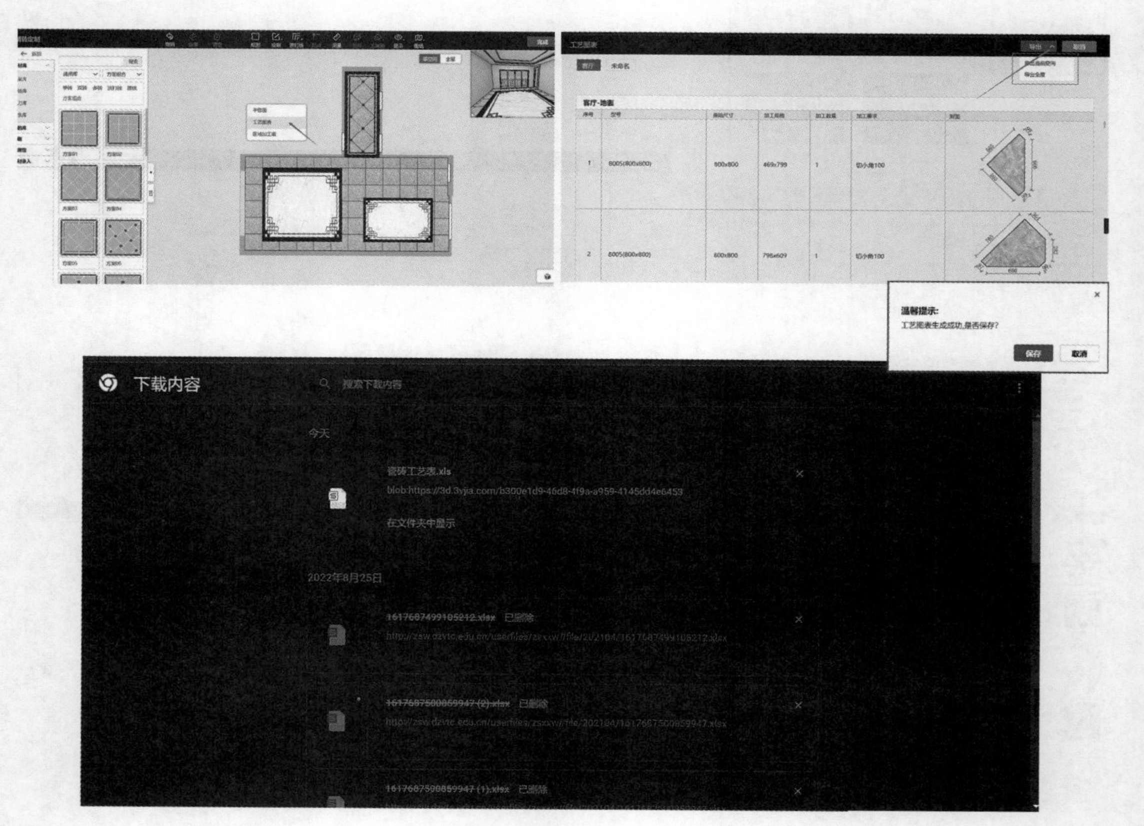

图5-40　导出加工表

D	E	F	G	H	I	K
客厅-地面						
序号	产品型号	原始尺寸	加工规格	加工数量	加工要求	缩略图
1	8005(800x800)	800x800	469x799	1	切小角100	
2	8005(800x800)	800x800	798x609	1	切小角100	
3	8005(800x800)	800x800	349x349	1	切小角100	
4	8005(800x800)	800x800	546x736	1	切小角100	

图5-40 （续）

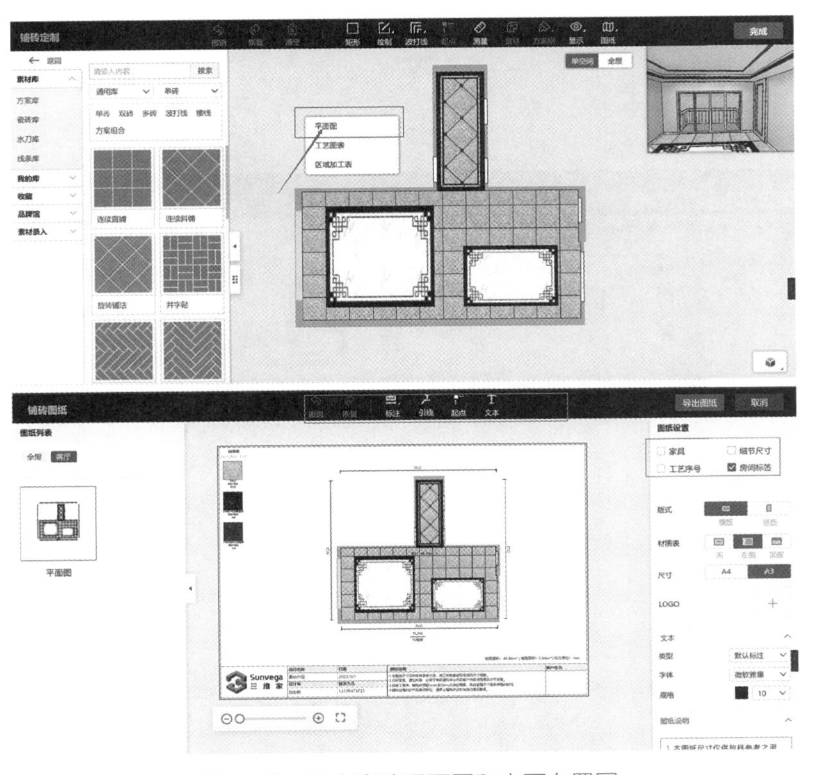

图5-41 导出瓷砖平面图和立面布置图

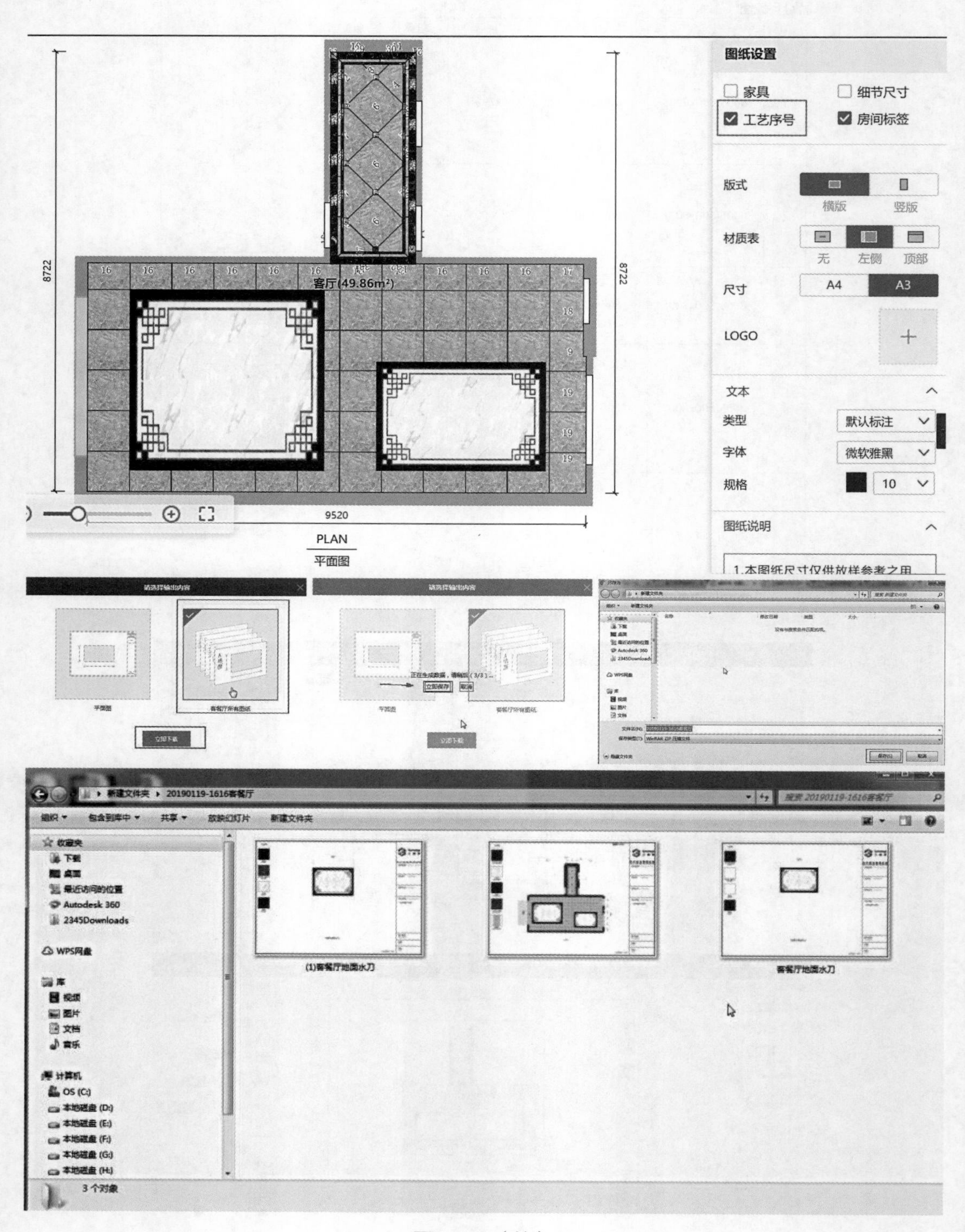
图纸设置
家具
细节尺寸
工艺序号
房间标签
版式
横版
竖版
材质表
无
左侧
顶部
尺寸
A4
A3
LOGO
文本
类型
默认标注
字体
微软雅黑
规格
10
图纸说明
客厅(49.86m²)
8722
9520
PLAN
平面图
3 个对象

图5-41（续）

5.5 顶墙设计

5.5.1 快速顶墙

顶墙设计

顶墙包括天花吊顶和背景墙。

在素材公共库的吊顶项中，直接拖拉合适的吊顶，如图5-42和图5-43所示。

在素材公共库背景墙中拖拉合适的背景墙，如图5-44和图5-45所示。

5.5.2 自定义顶墙

（1）顶墙功能界面

顶墙功能界面分为素材库、组合库、截面库、收藏以及操作界面的画布。进入定制顶墙端口，如图5-46所示。

素材库，根据部件分为扣板、集成墙板、装饰件、功能配件以及贴图，如图5-47所示，可自由组合设计。组合库，主要为组合造型样式，可以直接使用，如图5-48所示。截面库，拥有丰富的线条样式，可以制作脚线、顶线、收边、装饰等，如图5-49所示。收藏，即在设计的过程中可以收藏造型样式、板材等素材，以供后期使用，如图5-50所示。

（2）操作界面画布

操作界面画布，主要由常见顶墙设计操作菜单、编辑区域、效果预览窗口组成，如图5-51所示。单击吊顶或墙面或地面，选择创建结构层，即可进入操作界面；上方是操作菜单以及退出操作界面的“返回”按钮，中间是编辑区域，右下角是效果预览窗口，可进行缩放和收起操作。

图5-42　素材公共库中的吊顶

图5-43　吊顶选择

图5-44　素材公共库中的背景墙

图5-45　背景墙选择

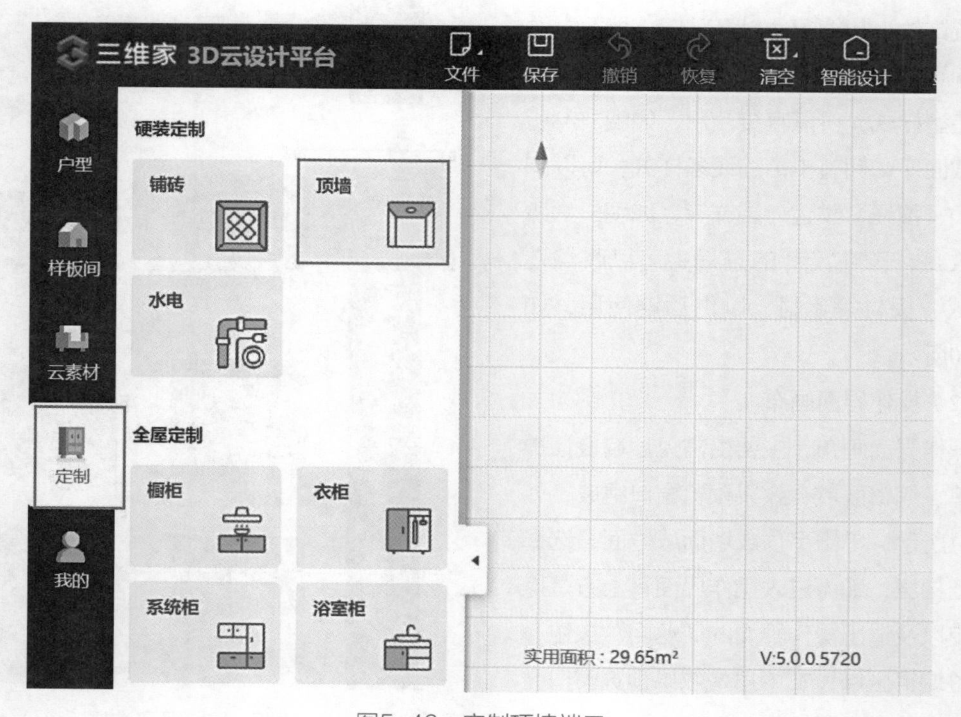

图5-46　定制顶墙端口

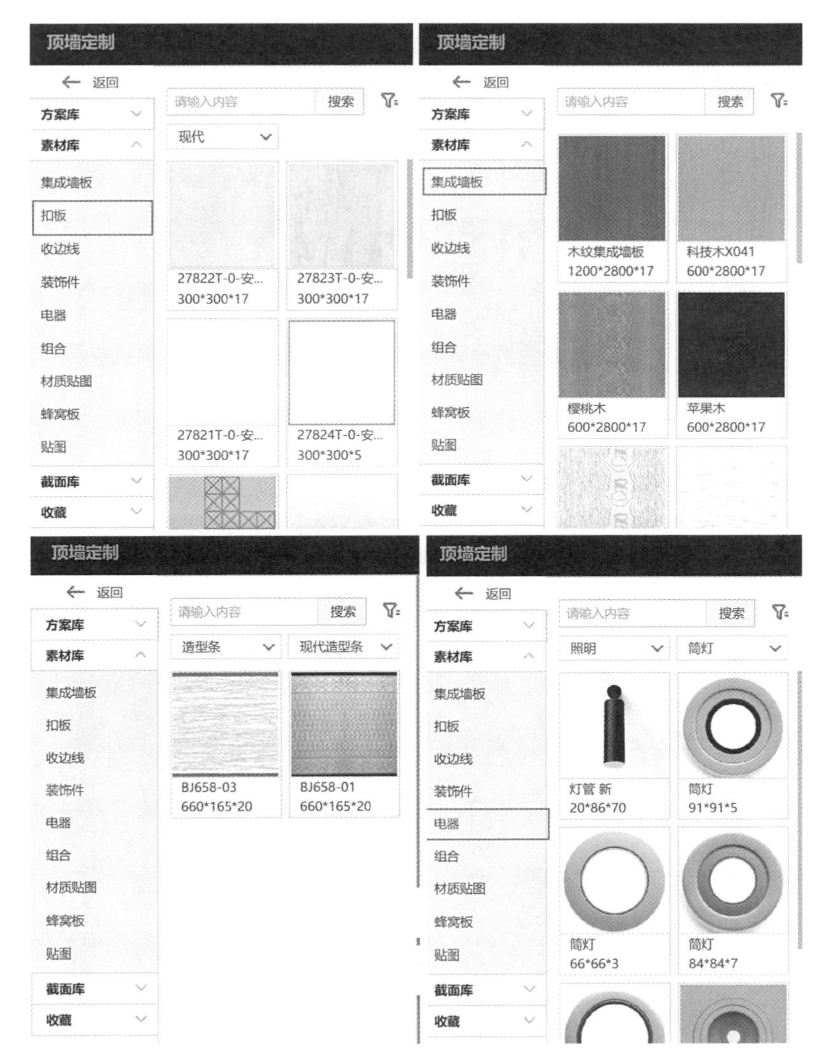

图5-47 素材库

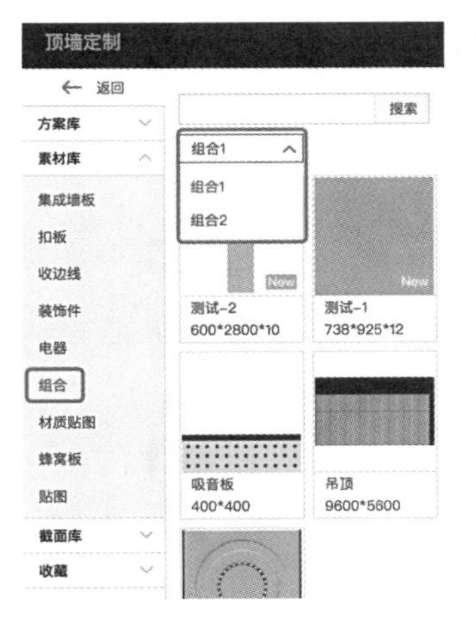

图5-48 组合库

图5-49 截面库

图5-50 收藏

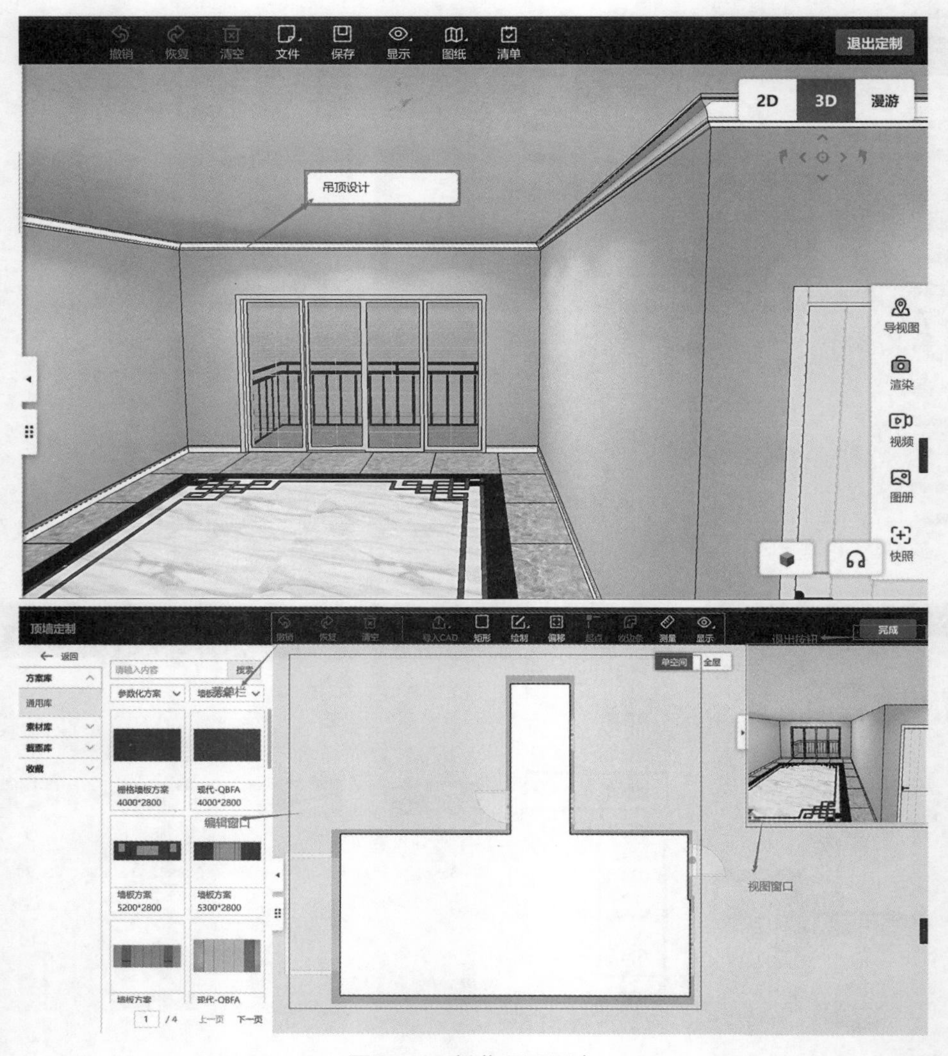

图5-51 操作界面画布

5.5.3 带灯槽石膏顶制作

学习顶墙的基础操作，如绘制图形、区域偏移、一键生成灯槽、截面线条设置等功能。

（1）创建基础层

左键单击吊顶，选择创建结构层；进入画布界面后，单击吊顶结构，在右边编辑栏将离顶高度修改为200，即吊顶下吊200高度，如图5-52所示。

（2）制作一级吊顶

使用绘制功能中的“矩形”，绘制客厅区域；进入绘制操作模式，左键单击左下角，确定起点；移动鼠标，再左键单击客厅的右上角，确定终点，如图5-53所示。

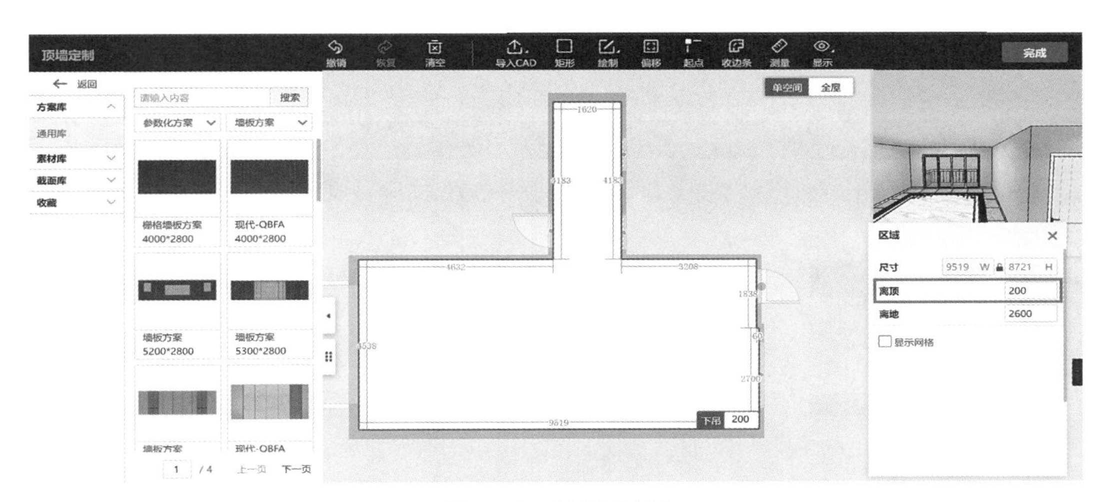

图5-52 创建基础层

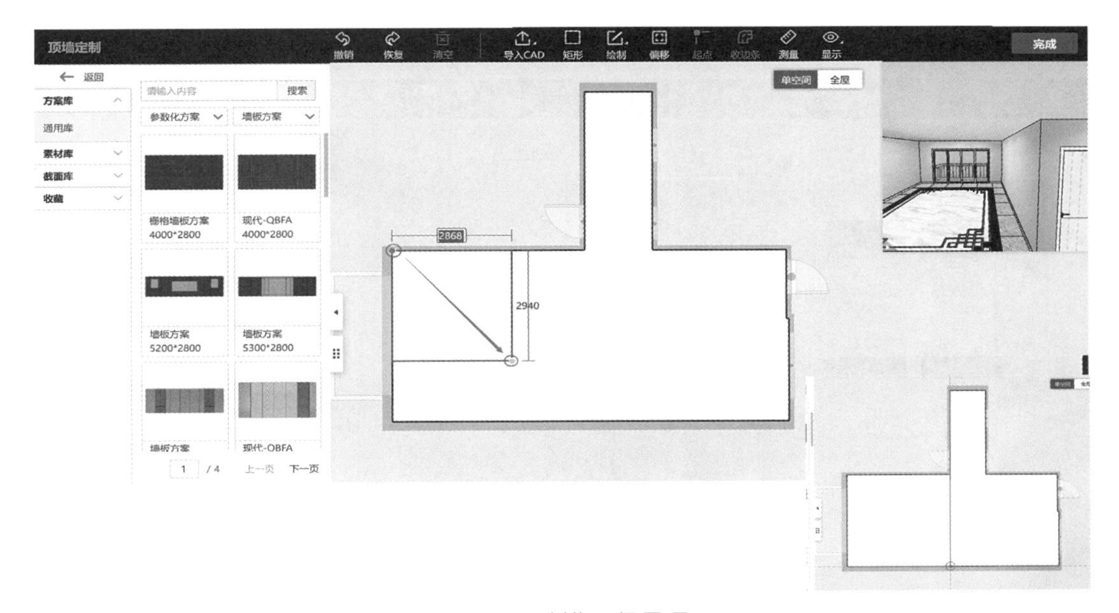

图5-53 制作一级吊顶

（3）制作二级吊顶

选择上方菜单栏中的“偏移”，再单击刚绘制的客厅矩形区域，在左上角有一个偏移的设置菜单，直接输入“500”，即可将矩形区域向内复制并偏移500，并且修改离顶距离为“10”，如图5-54所示。

（4）制作窗帘盒

修改二级吊顶区域大小，左键单击选择，在右边编辑栏中修改宽度为“3540”，再设置离左边“700”，如图5-55所示；再任意绘制一个矩形，在右边编辑栏中修改长度为“4100”，宽为“150”，离顶距离为“10”；最后修改离左边距离为“1”，离上边距离为“200”。

（5）制作二级顶灯槽

左键单击二级顶，在右边编辑栏勾选“生成灯带”，即可一键生成灯槽，如图5-56所示；生成之后还可以进行编辑，添加收边

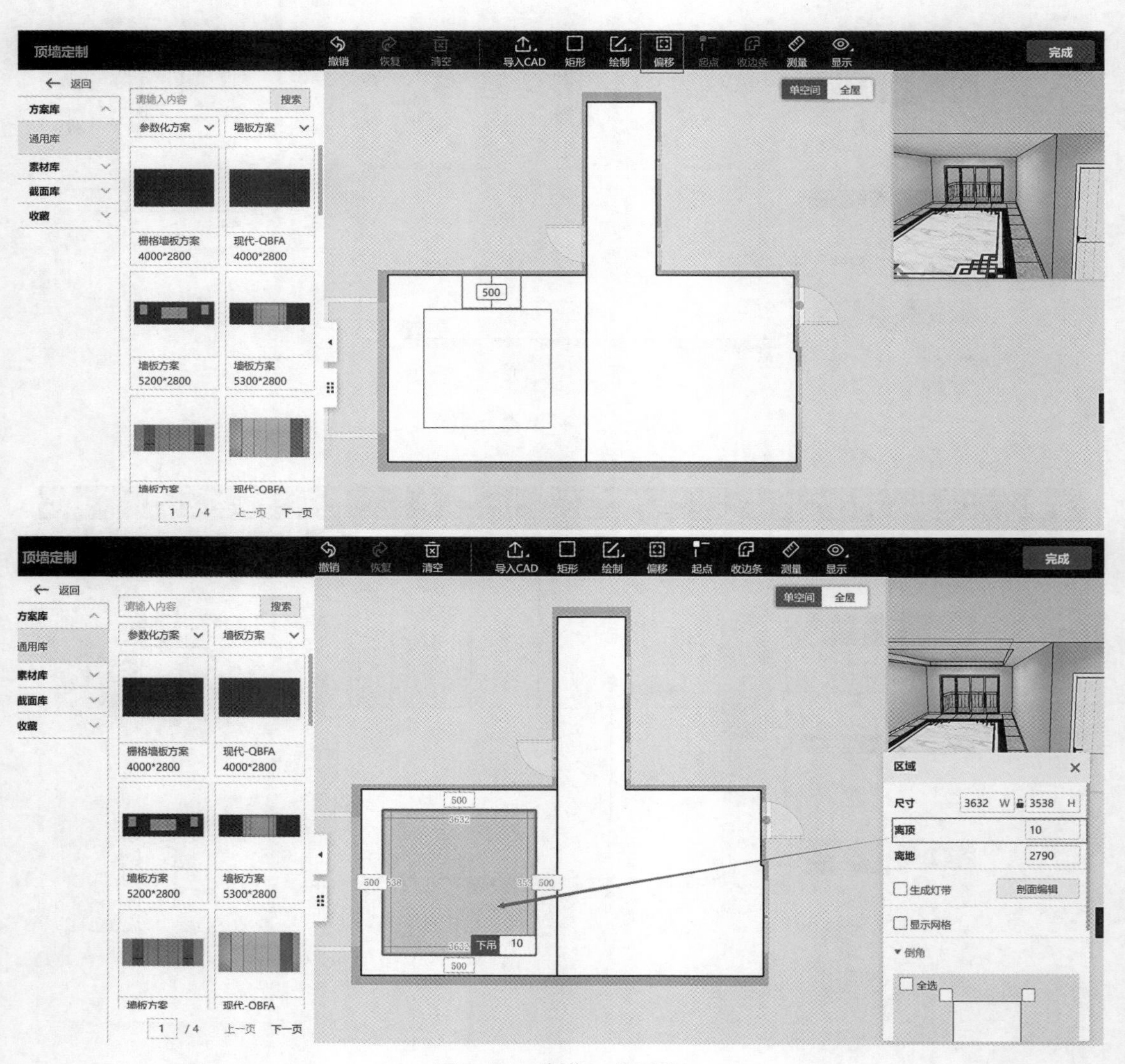

图5-54 制作二级吊顶

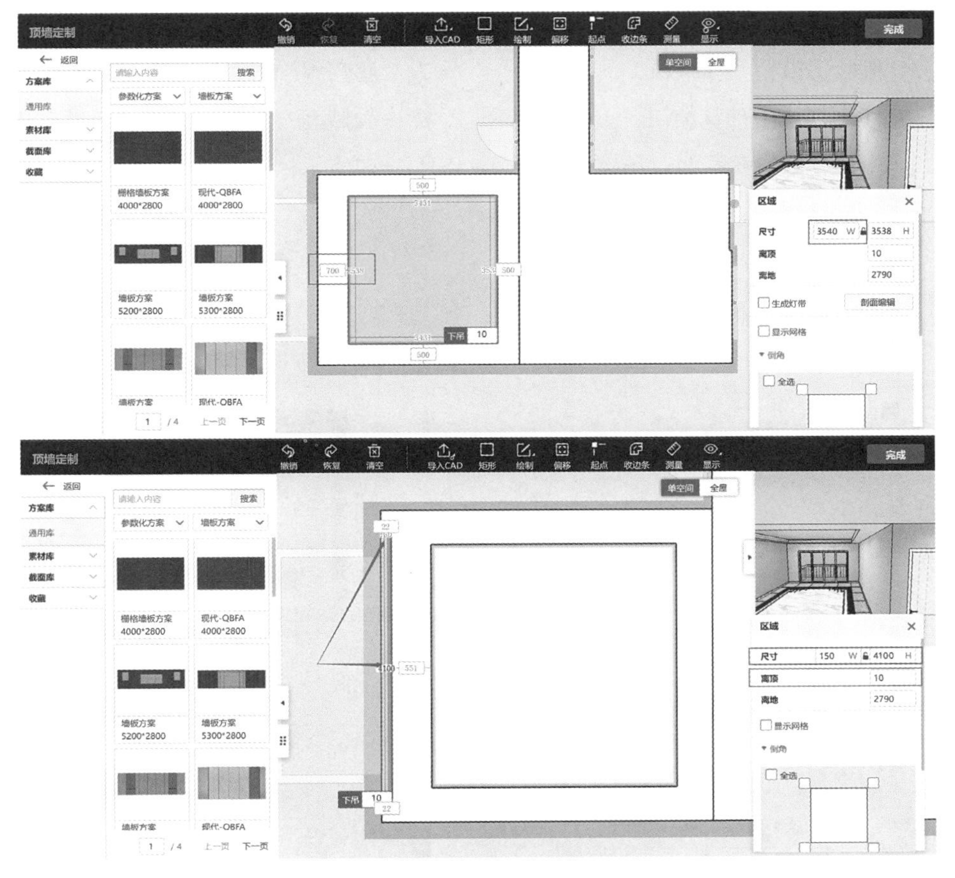

图5-55 制作窗帘盒

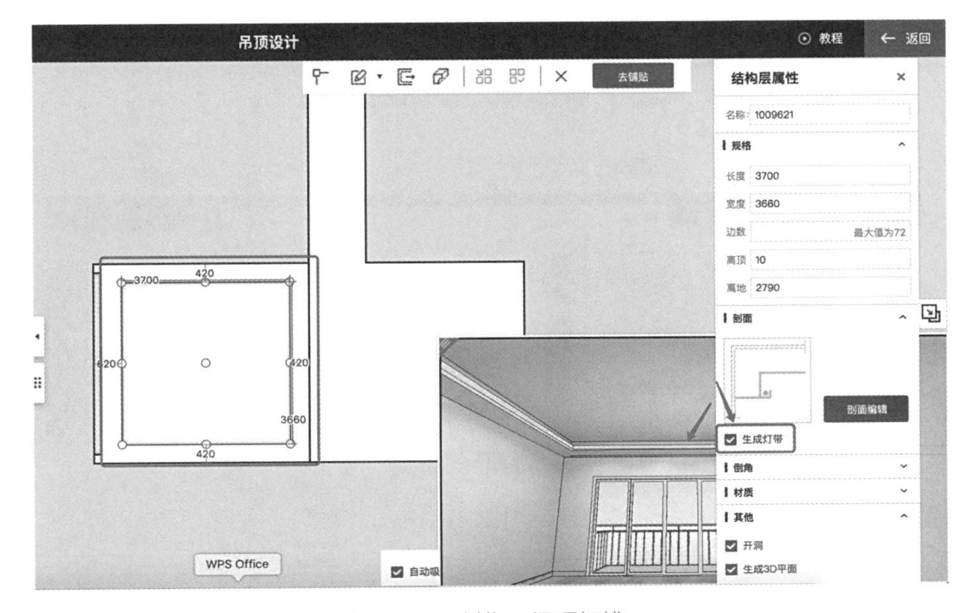

图5-56 制作二级顶灯槽

或者装饰线条。

（6）灯槽收边设置

将光标移动到灯带预览窗口，点击“剖面编辑”，进入剖面编辑界面；左键单击灯槽，可以直接修改灯槽大小，将“50”修改为“80”；接着在左边选择截面库，从中选择一款截面，直接拖动放置于编辑界面，如图5-57所示；鼠标左键按住灯槽、灯带、装

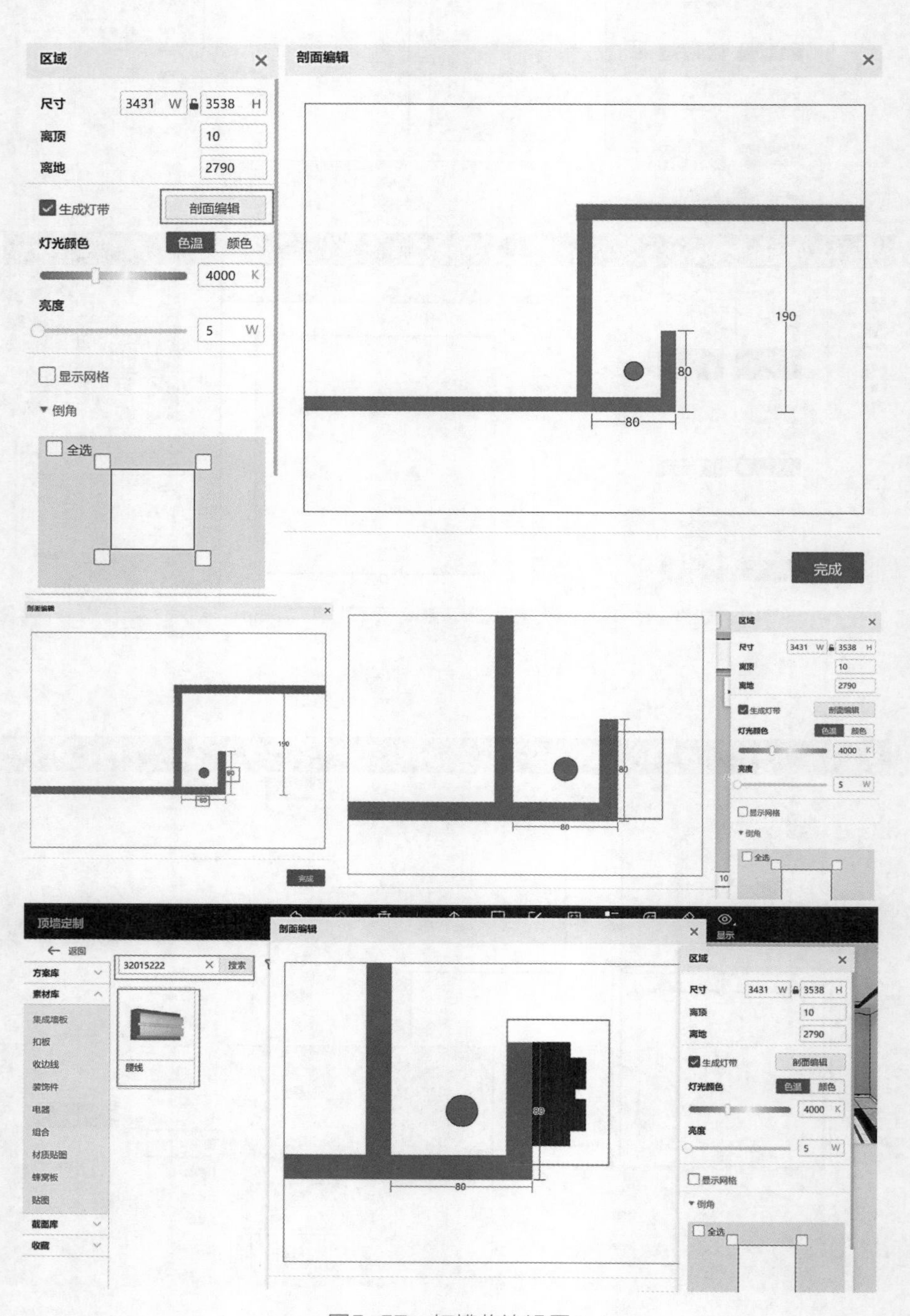

图5-57　灯槽收边设置

饰线条等，可以移动并调整位置。

（7）添加截面

从左边截面库同样拉一款截面放置于编辑界面，再单击左键，在右边编辑栏左键单击旋转，将它旋转至横向，再拖动吸附于结构顶上，并且修改离左边距离为“500”，如图5-58所示。

（8）制作走道吊顶

走道吊顶连着玄关吊顶，如图5-59所示，因此需要对区域的每个端点进行定位，使用绘制中的多线段功能可以定位以及绘制异形区域。

在上方菜单栏选择绘制中的多线段，进入绘制模式，左键单击走道的左上角确定起点，往右下角方向移动，此时不需要左键单击确定终点，直接输入“500”，然后按Enter键确定，右键单击退出线条绘制，即绘制好一条斜线，如图5-60所示。

继续在走道的右边任意位置左键单击，确定另一条线的起点，鼠标向左边垂直移动，直接输入“200”，按Enter键确定，即绘制好一条直线，如图5-61所示。

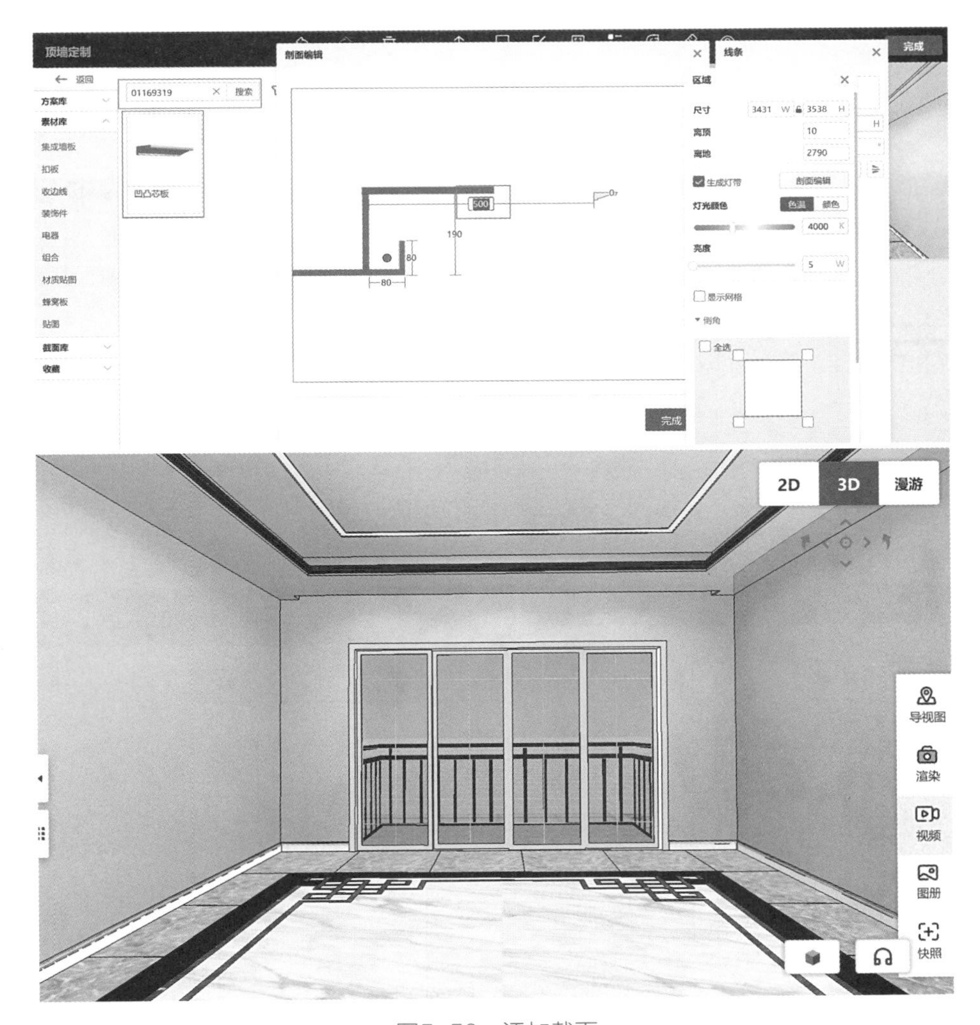

图5-58 添加截面

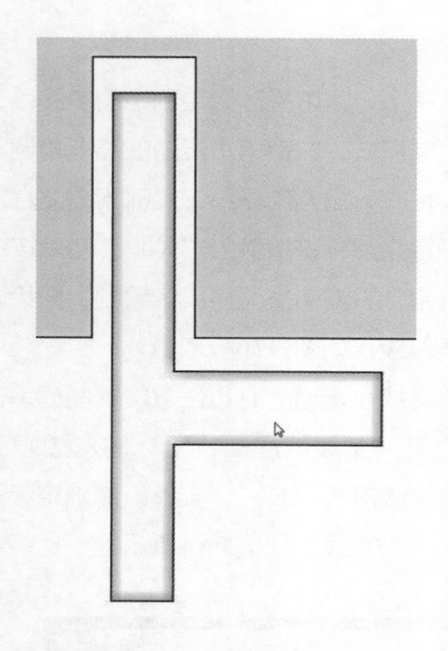

图5-59　走道吊顶样式

按照以上绘制斜线和直线的方法绘制其他端点的定位，如图5-62所示，① 斜线的数据为“500”，② 直线的数据为“1600”，③ 直线的数据为“500”。

同样使用多线段功能，根据定好的点，从左上角开始绘制，每到端点位置都有“十”字光标进行垂直校正，然后左键单击确定每个端点，最后回到起点位置，使终点与起点闭合；再左键单击绘制好的异形多线段，在上方菜单栏选择“转换为区域”，最后修改异形吊顶离顶距离为“10”，如图5-63所示。

勾选“生成灯带”，进入截面编辑界面，修改灯槽大小为“80”，再从左侧截面

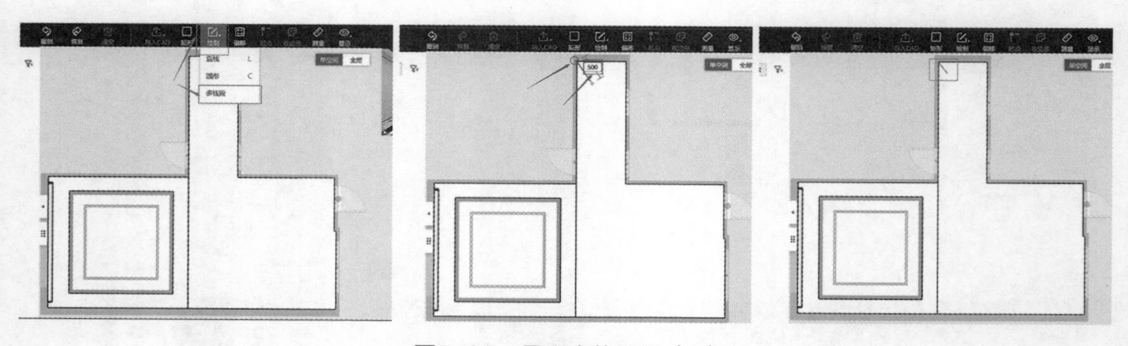

图5-60　吊顶定位设置（1）

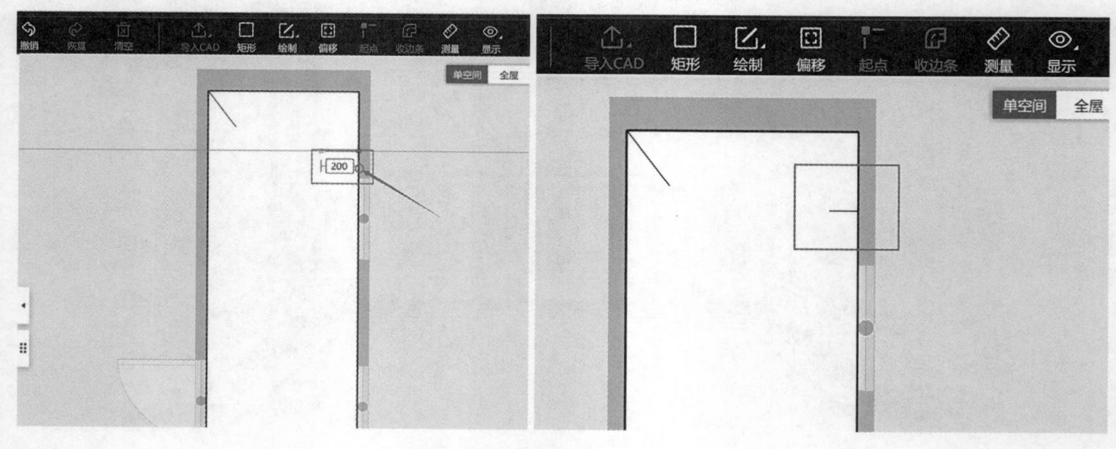

图5-61　吊顶定位设置（2）

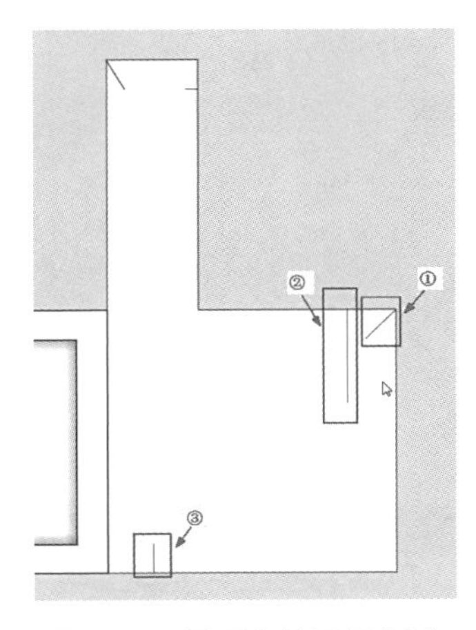

图5-62 吊顶定位设置(3)

库选择与客厅相同的灯槽装饰线，放置于灯槽下方，调整好灯槽、灯带、线条相应的位置，如图5-64所示。

(9)制作餐厅吊顶

与客厅操作方式相同，使用绘制中的矩形功能绘制出餐厅区域，再使用偏移功能向内偏移“500”，修改餐厅的二级顶离顶距离为“10”，并且勾选“生成灯带”，与异形吊顶操作相同，添加装饰线条，如图5-65所示。

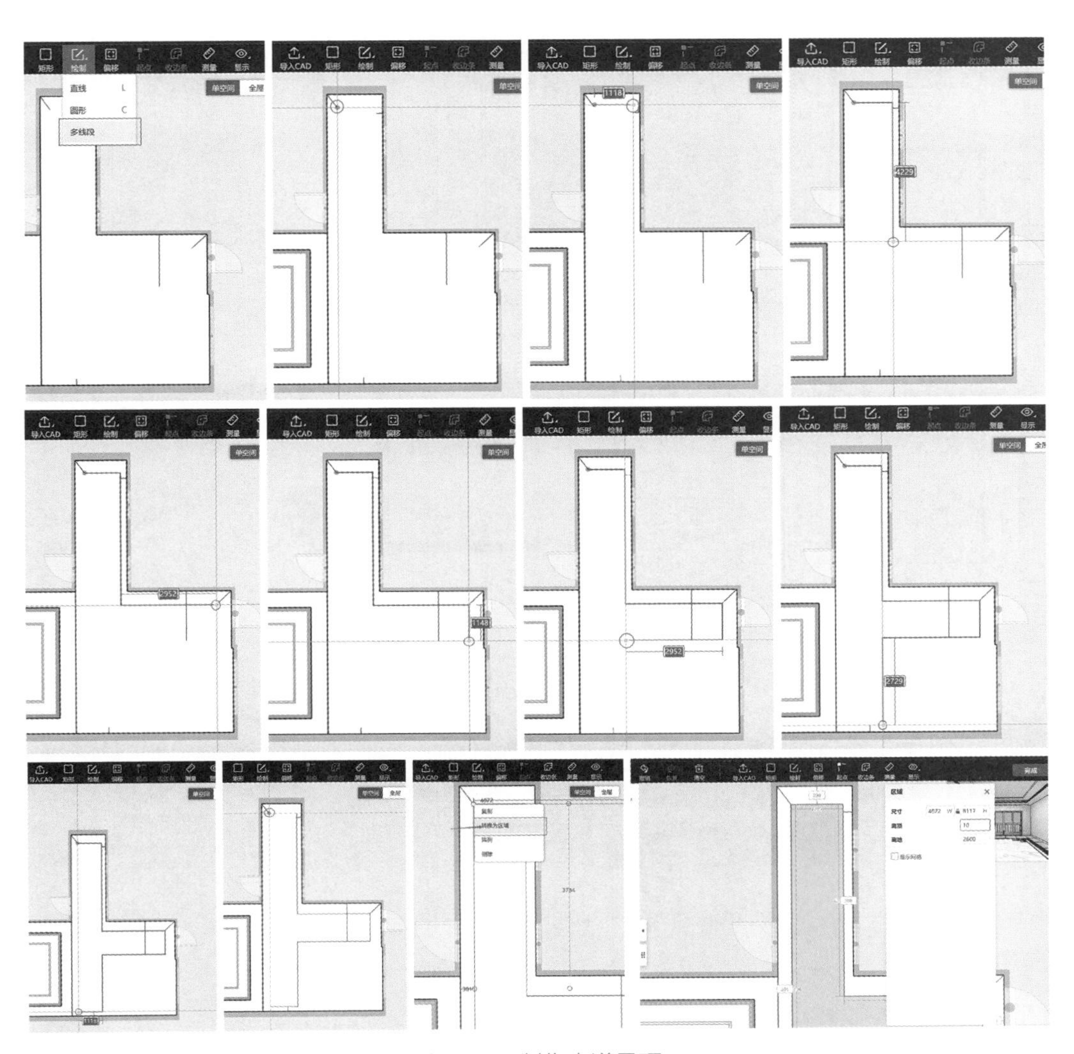
图5-63 制作走道吊顶

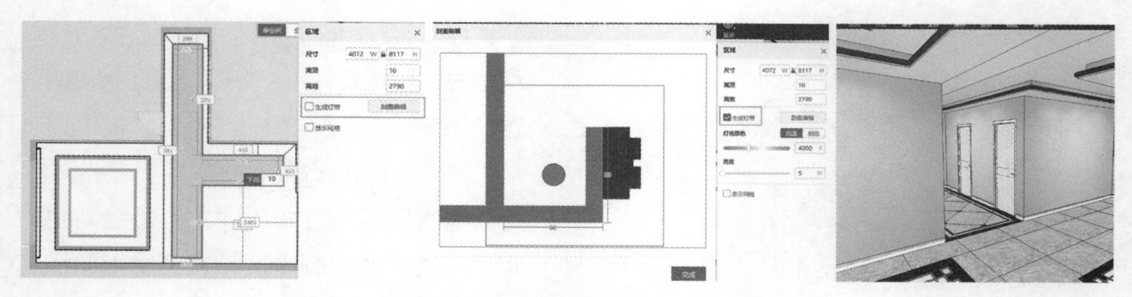

图5-64 走道吊顶灯槽设置

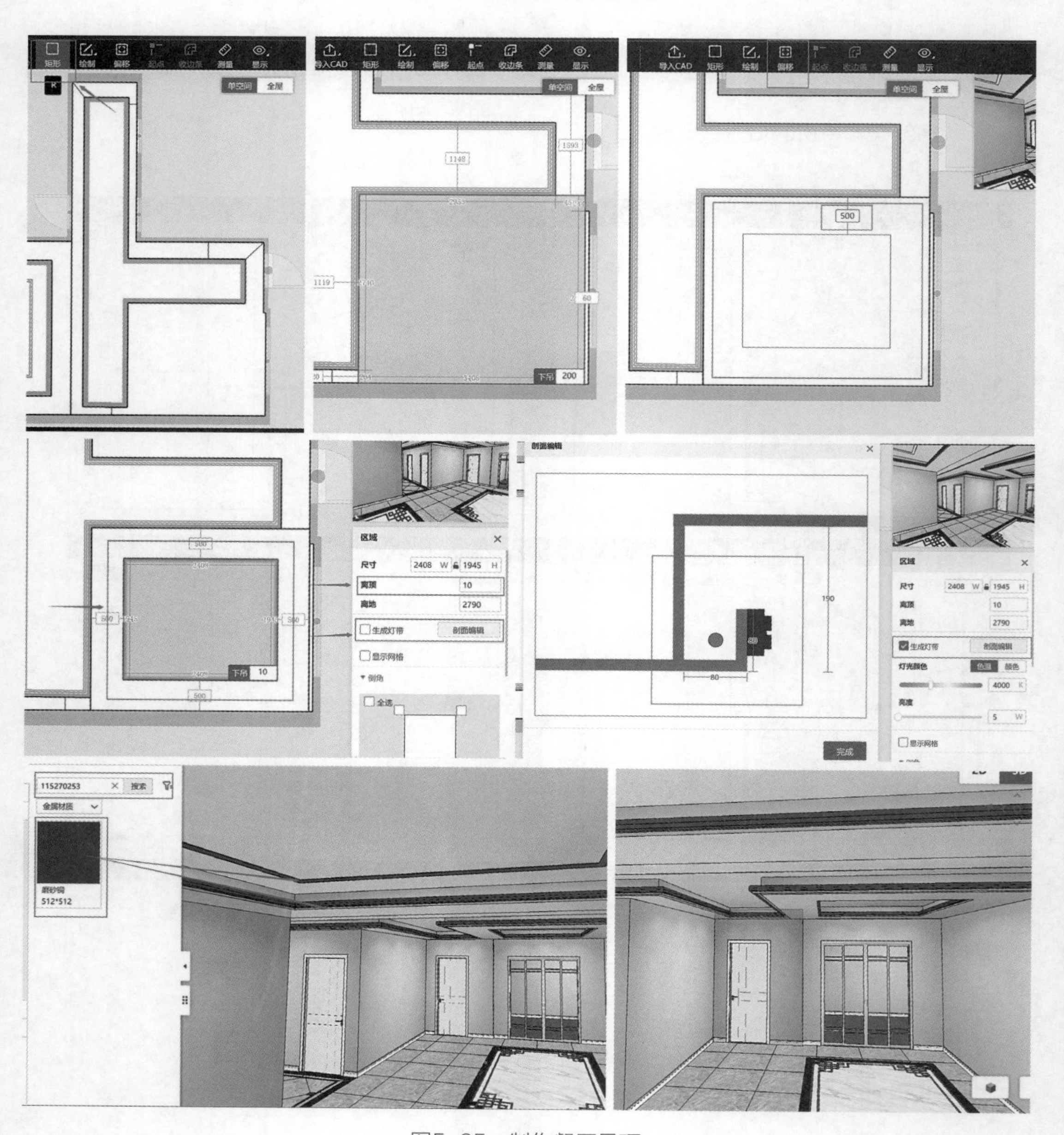

图5-65 制作餐厅吊顶

5.5.4 自定义背景墙制作

背景墙制作分为A、B、C三个面，如图5-66所示。

（1）A面背景墙制作

① 鼠标左键单击A面墙，选择创建结构层，进入画布后，左键单击结构层，在右边编辑栏，将离墙距离修改为“1”；使用绘制中的矩形功能，任意绘制一个矩形区域，再在右边信息栏修改区域长为“2600”，宽为“1000”；鼠标左键按住区域左下角的小圆圈，移动吸附到墙面的左下角，如图5-67所示，并且修改离墙距离为“80”，则制作好背景墙左边造型的一级结构。

② 制作二级结构，在上方菜单栏选择“偏移”，再左键单击刚绘制的一级矩形区域，输入偏移数值为“200”；再修改离墙距离为“10”，如图5-68所示。

③ 左键单击一级结构，在左边编辑栏选择“编辑”，进入剖面编辑界面；从剖面库搜索样式“11781521”，放置于编辑界面，选择“旋转”，更改方向，如图5-69所示；

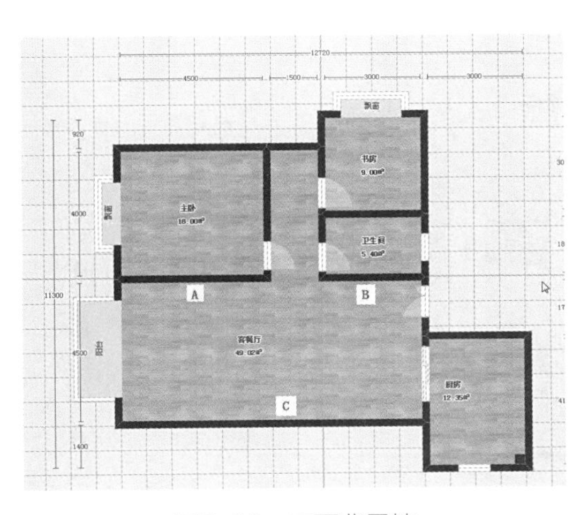

图5-66 三面背景墙

同样，左键单击二级结构，进入编辑界面，修改①样式大小为“15，10”，②样式大小为“20，15”，再根据图中位置放置，最后关闭界面即可。

④ 关闭画布，在左边素材库中的贴图目录查找编号“166207472”贴至立面、“167763578”贴至左边结构正面、“115270253”贴至装饰线、“128201996”贴至背景墙正面，如图5-70所示。

⑤ 制作右边造型设计，右键单击一级矩形区域，选择“复制”，再右键单击墙面的结构，选择“粘贴”，在任意位置左键单击，确定，再拖动右下角小圆圈，吸附在墙面右下角，如图5-71所示。

（2）B面背景墙制作

① 鼠标左键单击B面墙，选择创建结构层，进入画布后，首先使用绘制中的矩形功能，任意绘制一个矩形区域，再将矩形大小修改为长度“500”，宽度“2200”，离墙距离为“1”，最后将矩形设置离左边“200”，离上边“250”。

② 点击刚绘制的矩形区域，再选择右边的编辑栏，进入截面编辑界面，在左边素材栏搜索“00926549”，拖拉至剖面上，修改宽度为“16”，厚度为“9”，并且点击“旋转”2次，如图5-72所示，将左边的造型复制至右边。

③ 右键单击大区域，选择上方绘制中的圆形功能，任意绘制圆区域，再将圆大小修改为长度和宽度为“1200”，边数为“30”，离墙距离为0；然后右键单击圆，选择“中心对齐”，再修改离上边距离为“400”，并且跟左右两边的区域造型添加一样的放样线条如图5-73所示。

图5-67　A面背景墙制作（1）

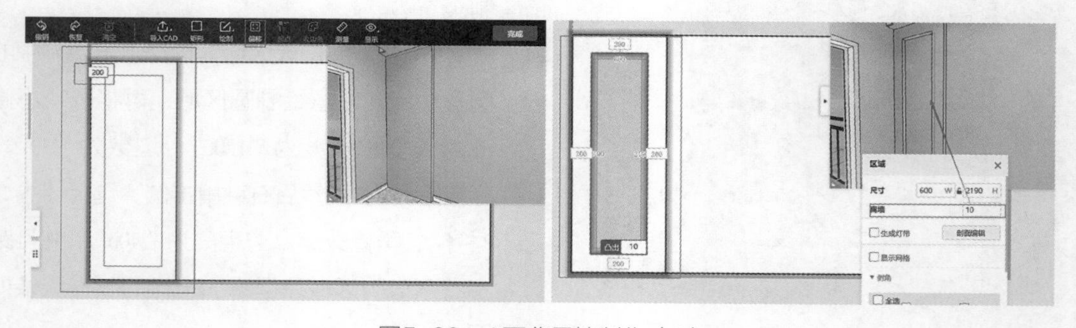

图5-68　A面背景墙制作（2）

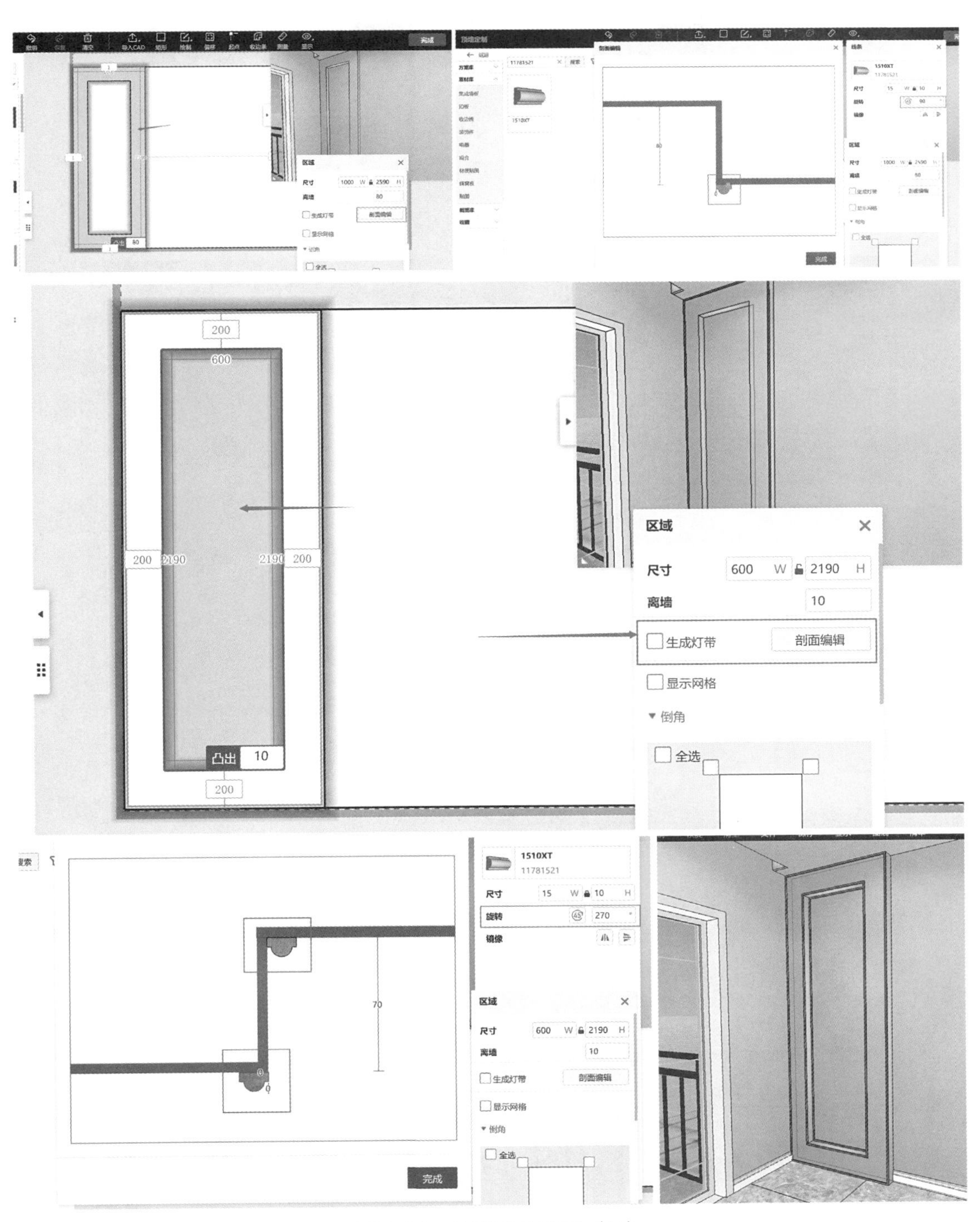

图5-69 A面背景墙制作（3）

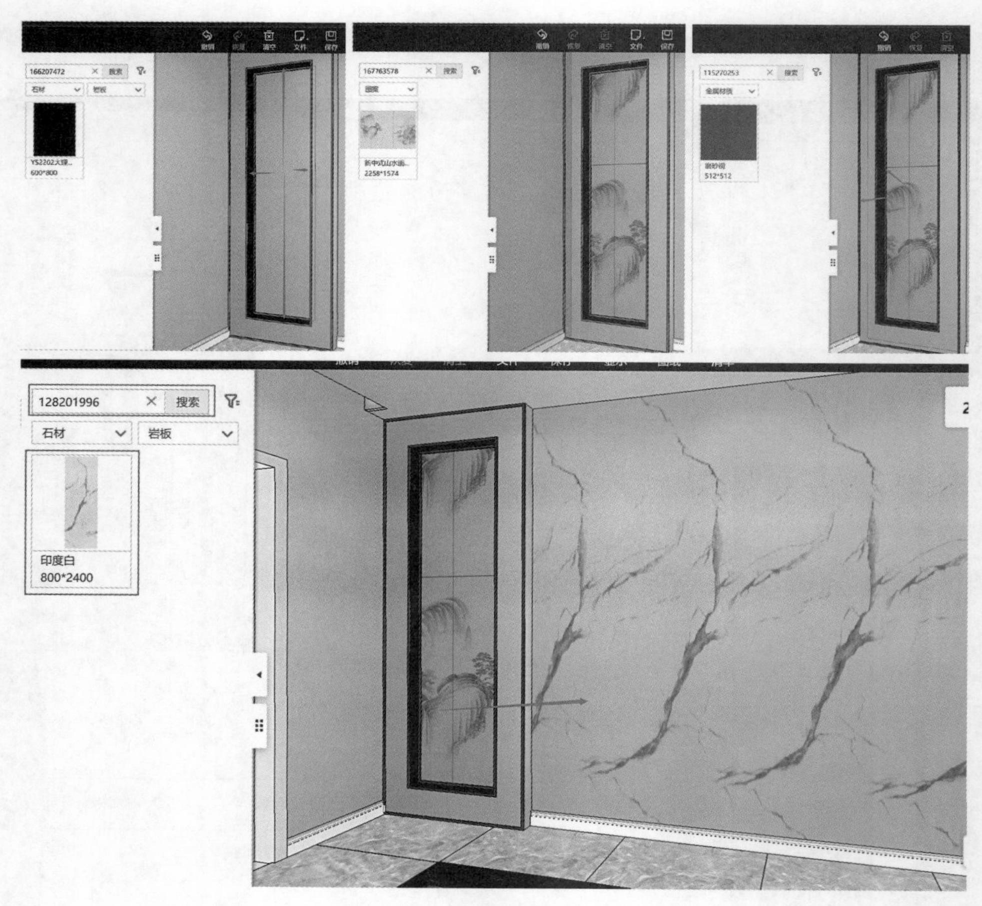

图5-70　A面背景墙制作（4）

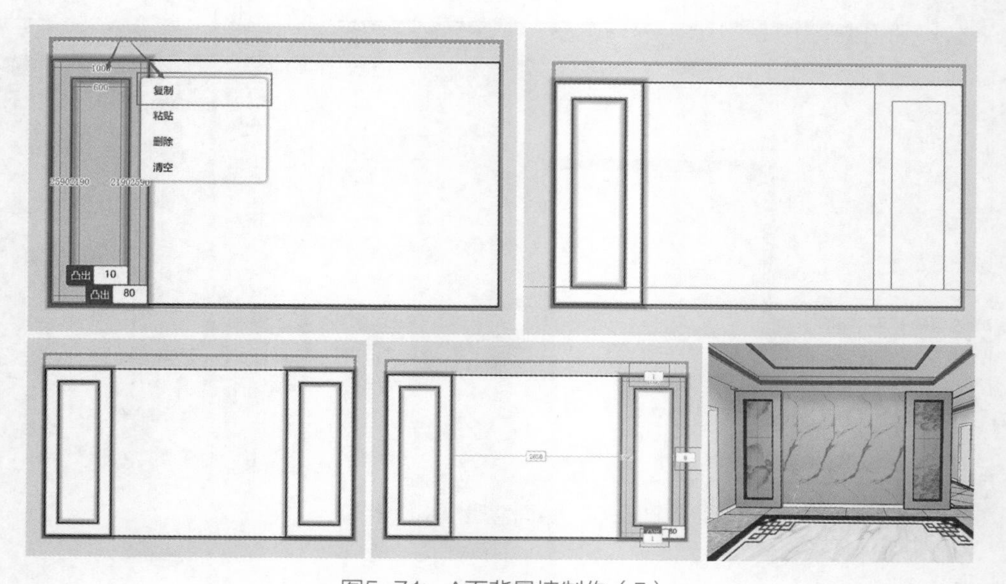

图5-71　A面背景墙制作（5）

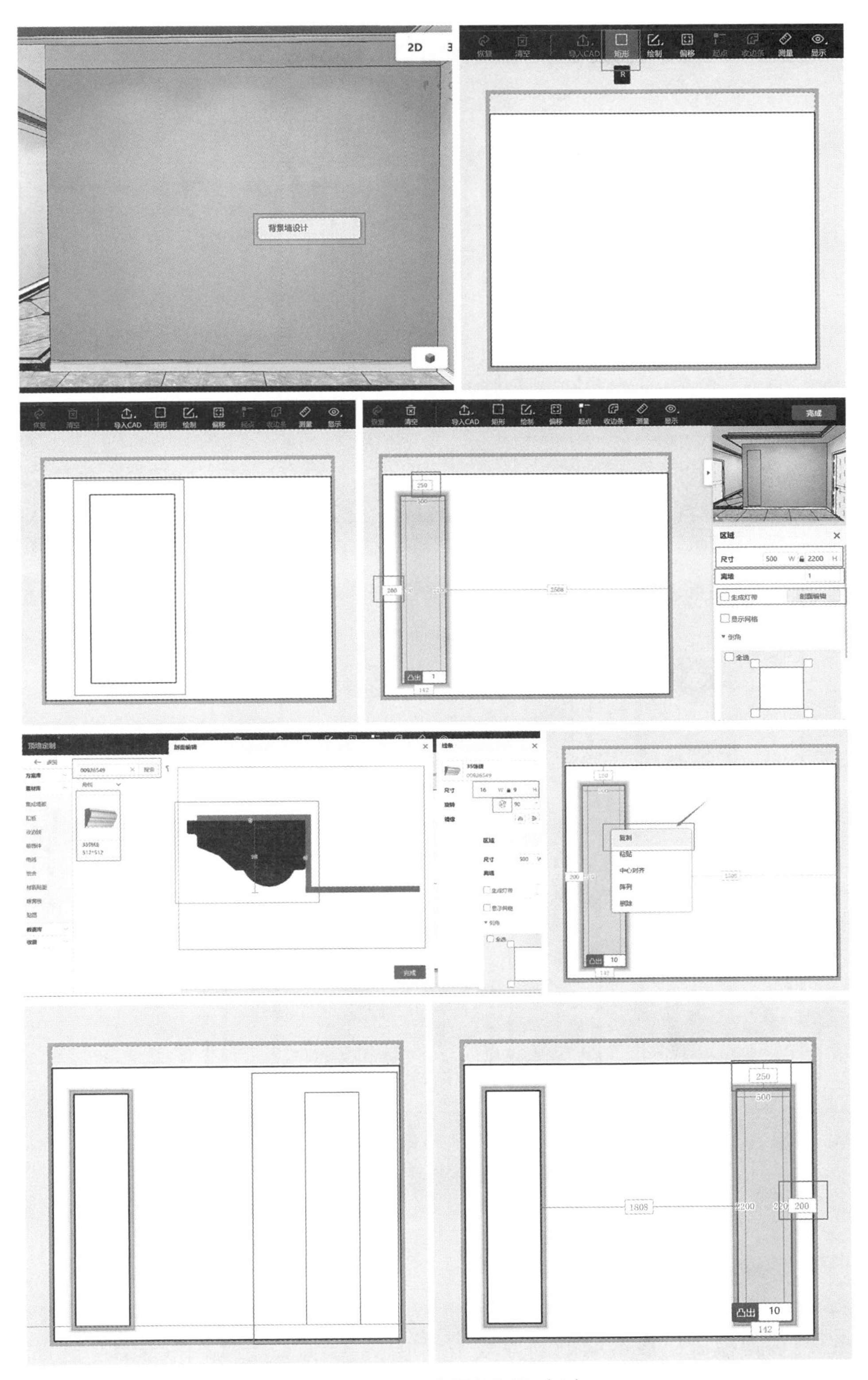

图5-72 B面背景墙制作（1）

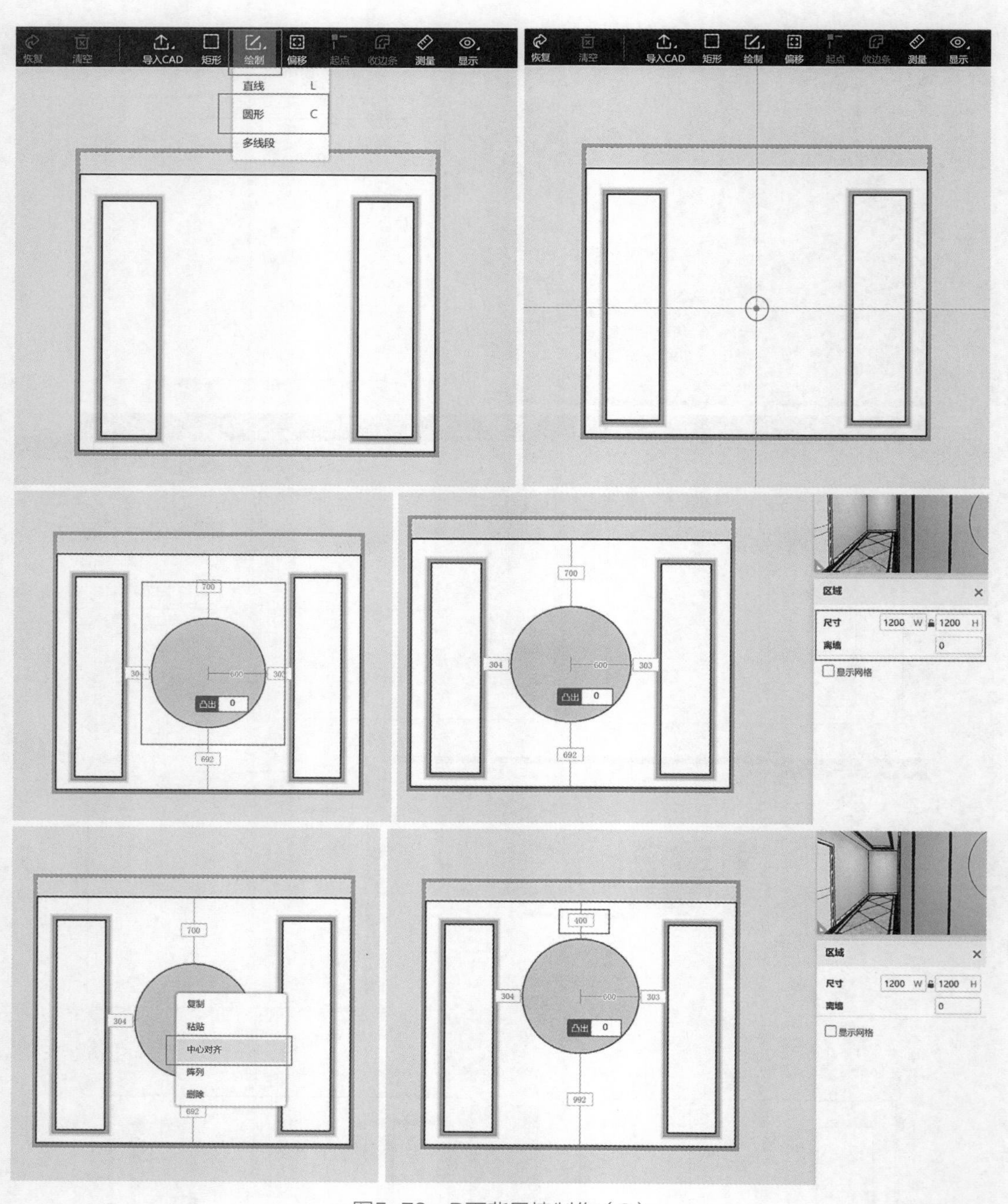

图5-73　B面背景墙制作（2）

④ 在云素材中搜索线条材质"115270253"，材质编号"151592185"，放置于左右两边造型上，搜索壁纸画型号"167768363"，放置于圆形造型上，壁纸大小修改为1250×1250，如图5-74所示。

（3）C面背景墙制作

① 鼠标左键单击C面墙，选择创建结构层，进入画布后，首先使用矩形功能，将

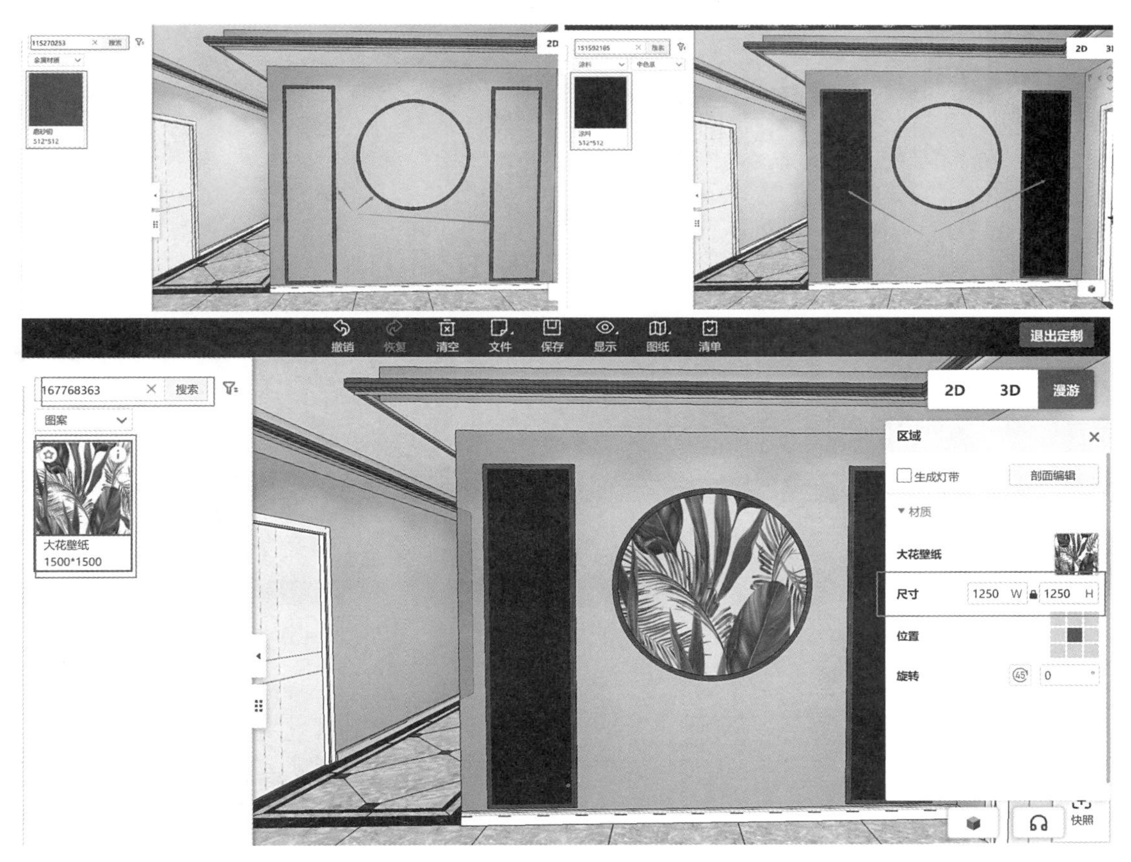

图5-74 B面背景墙制作（3）

C面墙分为两部分，如图5-75所示，左边区域长度为“4760”，宽度为“2592”，离墙距离为“20”；右边区域长度和离墙距离与左边一样，宽度为“2592”。

② 左边区域造型设计，首先左键单击选中，并进入剖面编辑界面，搜索“11781521”，放置于剖面画布中；其次绘制矩形，大小修改为长度“800”，宽度“2200”，离墙距离为“1”，离左边距离为“200”，离上方距离为“150”，如图5-76所示。

③ 选中绘制好的区域，点击上边的收边条，进入编辑界面，搜索编号“11781521”，拖拉放置于截面界面，将宽度修改为“20”，厚度修改为“15”，并且点击“旋转”2次，再拖拉一次，大小也修改为一致，离截面左边距离设置为“100”，关闭剖面编辑；右键单击小矩形造型，选择“复制”，再右键单击左边大区域，选择“粘贴”，如图5-77所示，放置即可。

④ 右键单击左边大区域，选择绘制中的圆形功能，任意绘制一个圆，将长度和宽度修改为“2200”，离墙距离为“1”，边数为“60”，取消勾选“生成3D平面”；绘制完成后，选择进入收边线编辑界面，搜索编号“11859400”，拖拉放置于截面界面，厚度修改为“10”，设置离截面上边距离为“10”，再在左边灯管素材中选择“圆形灯

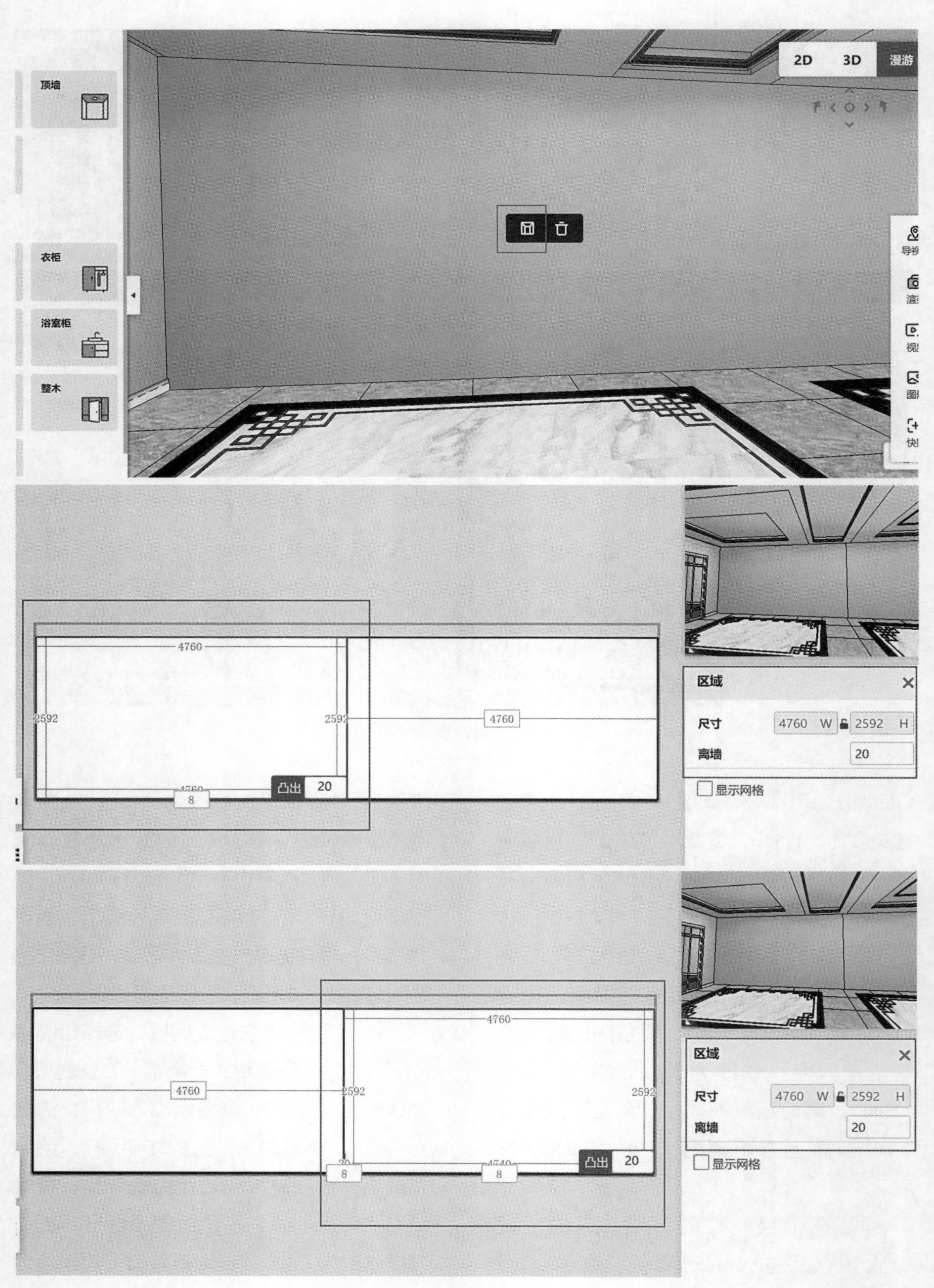

图5-75 C面背景墙制作（1）

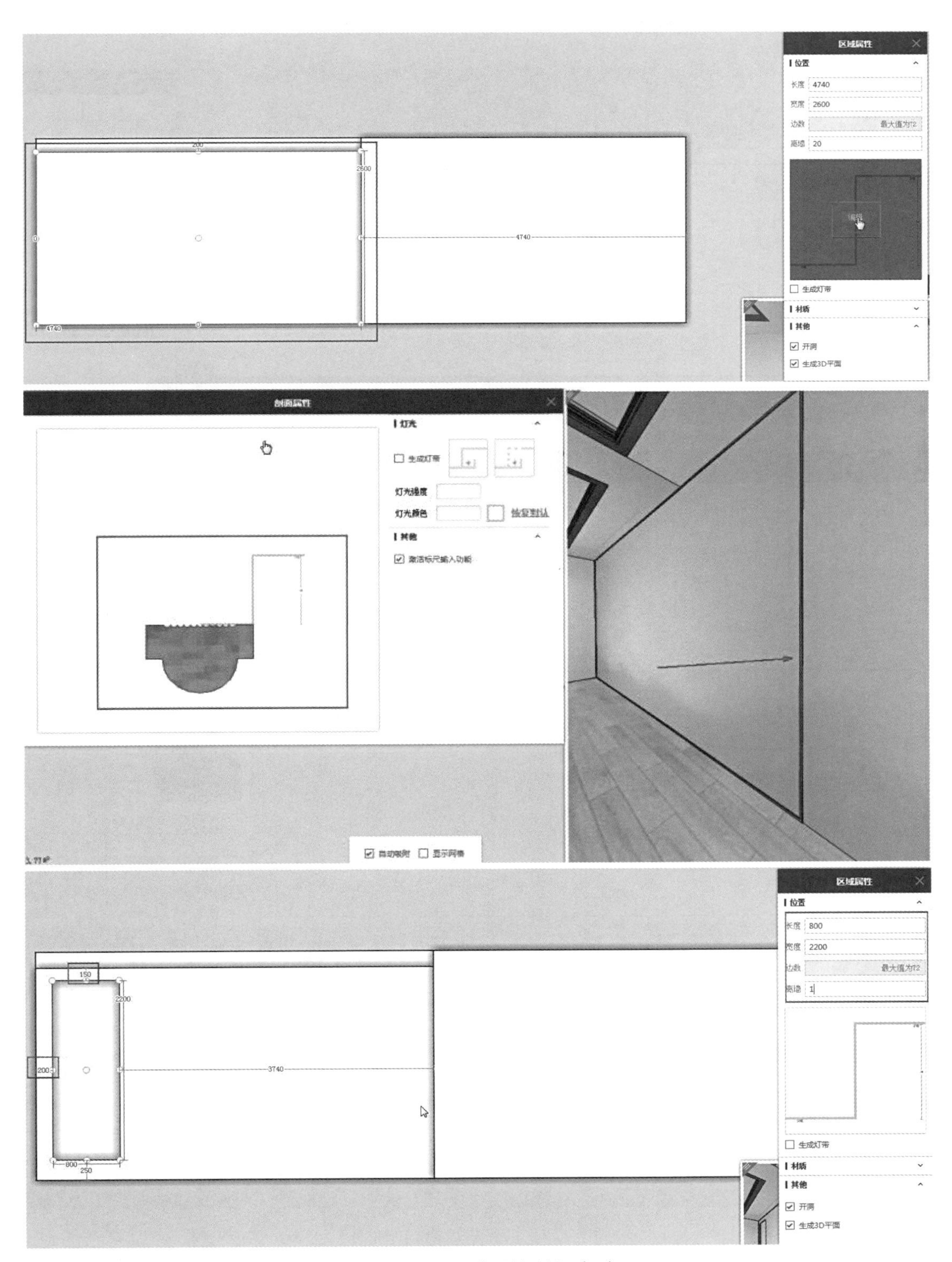

图5-76 C面背景墙制作（2）

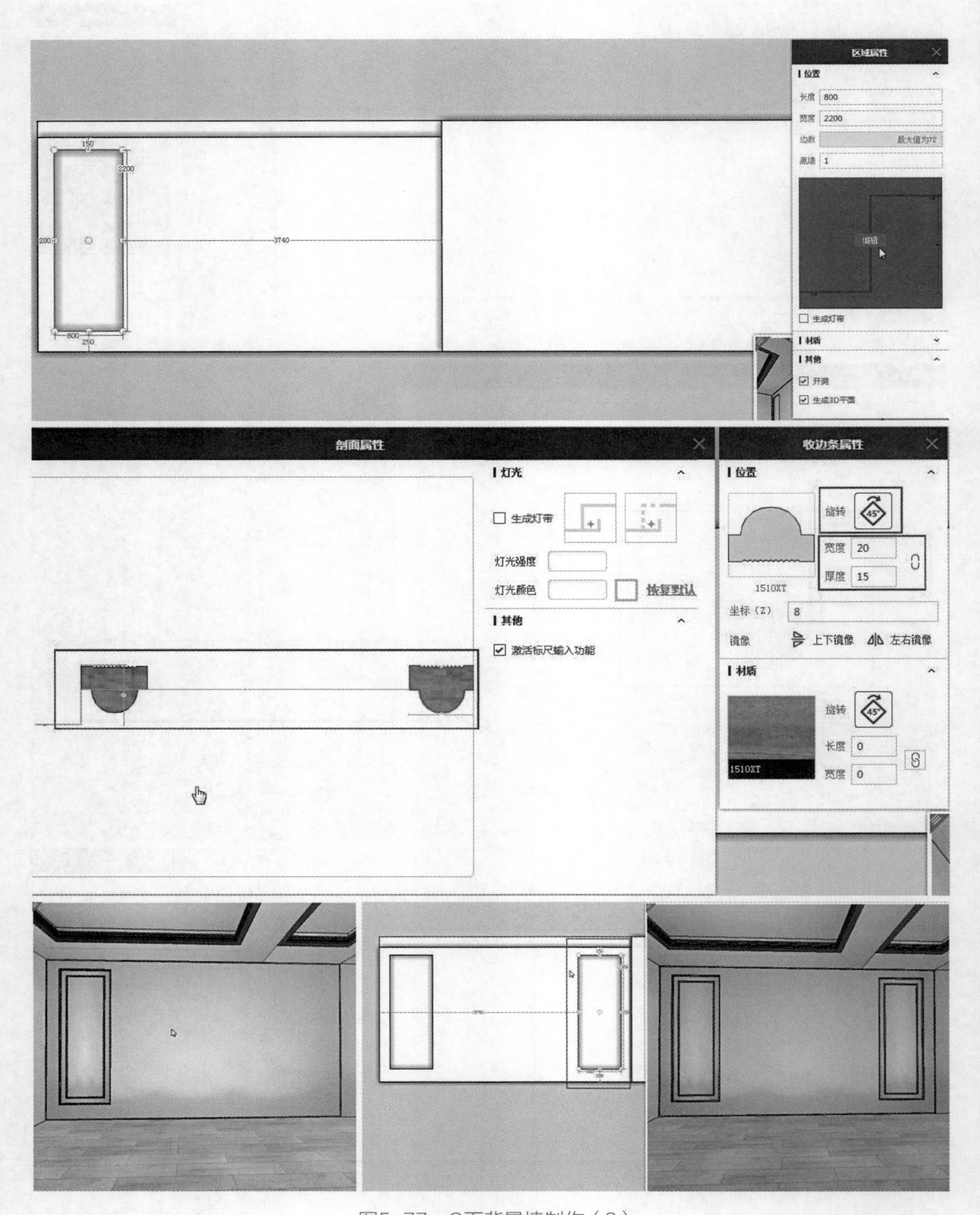

图5-77 C面背景墙制作（3）

管”，放置于线条上方，宽度和厚度均修改为“10”，如图5-78所示。

⑤ 在云素材中搜索菱镜编号“00271383”、线条材质编号“07912548”、圆形

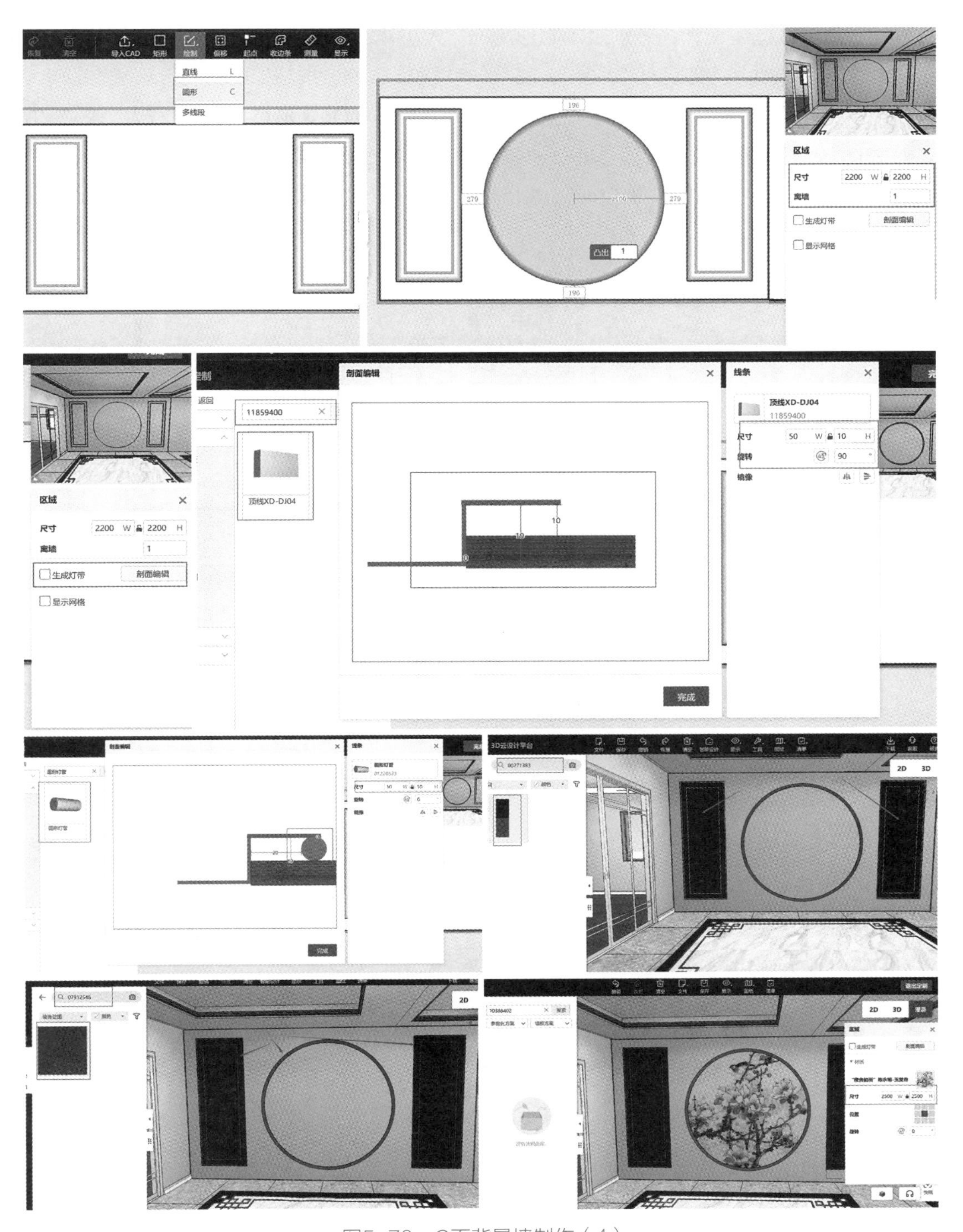

图5-78 C面背景墙制作（4）

区域装饰画编号“10386402”，并且将装饰画大小修改为2500×2500；最后，可以使用偏移功能进行调整。

⑥ 右边区域造型设计，分别绘制矩形区域1（长度为“800”、宽度为“2500”、离墙距离为“1”）和矩形区域2（长度和宽度均为“2500”、离墙距离为“1”），如图5-79所示，设置矩形1离左边距离为“160”，矩形2离左边距离为“1120”。

⑦ 设置区域1装饰线条，进入收边条剖面界面，搜索编号“32015222”（宽度为“10”、厚度为“30”），再拖拉一次，大小修改为一致，设置离左边结构距离为“150”，两者按照如图5-80所示摆放即可。

⑧ 复制矩形1，粘贴至右边，离右边距离为“160”，再给背景墙添加灯槽，搜索编号“01220533”，拖拉放置于剖面界面，厚度修改为“10”，设置离截面上边距离为

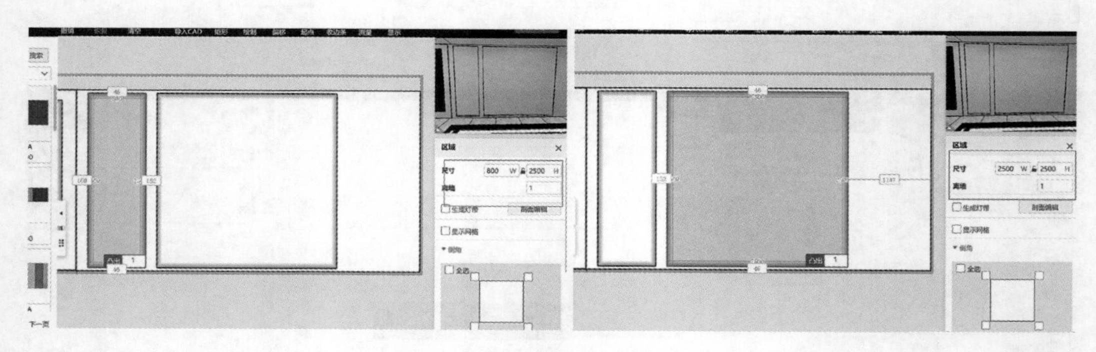

图5-79　C面背景墙制作（5）

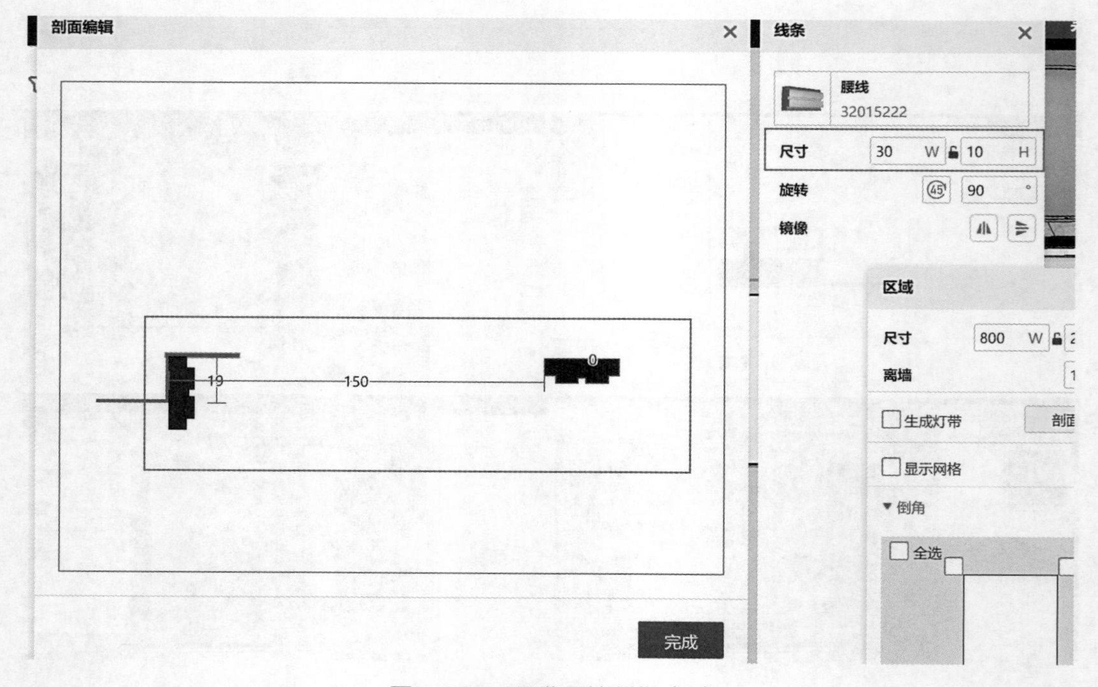

图5-80　C面背景墙制作（6）

“10”，再在左边灯管素材中选择“圆形灯管”放置于线条上方，宽度和厚度均修改为“10”。

⑨搜索菱镜编号“00271383”、线条材质编号“07912548”、大理石编号“02700597”，如图5-81所示摆放。

5.5.5 拓展——护墙板背景制作

① 进入定制整木，在产品布置目录中选择护墙板，搜索KZY00301，拖拉至如图5-82所示位置，入户门左侧放置平板护墙板。

② 分别对每块护墙板的尺寸进行更改，宽度根据旁边所提示数值，相应“+”或“-”，高度和离地高分别为“960”和“100”，如图5-83所示，相应加“465”，即宽度修改为“500+465”，高度设置为“960”，离地高设置为“100”。

③ 右键单击墙面，选择全部线条，腰线安装，选择型号“腰线YQX002搭YQX003

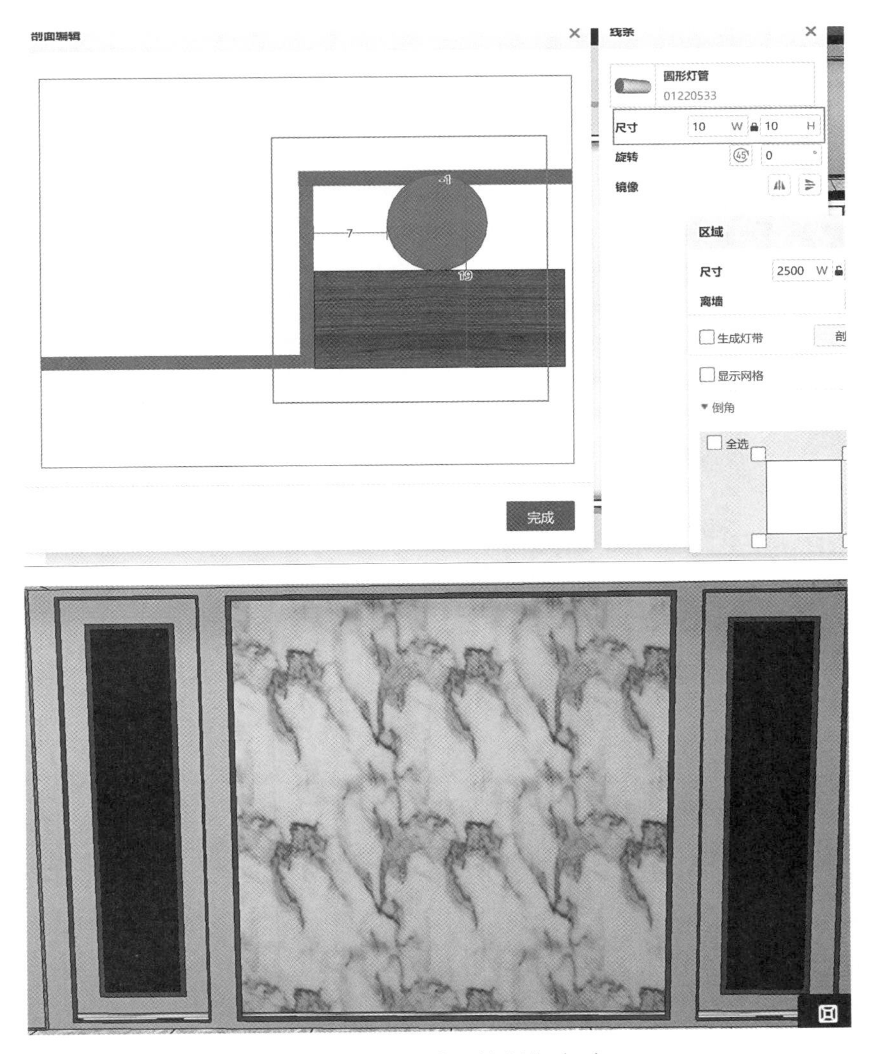

图5-81 C面背景墙制作（7）

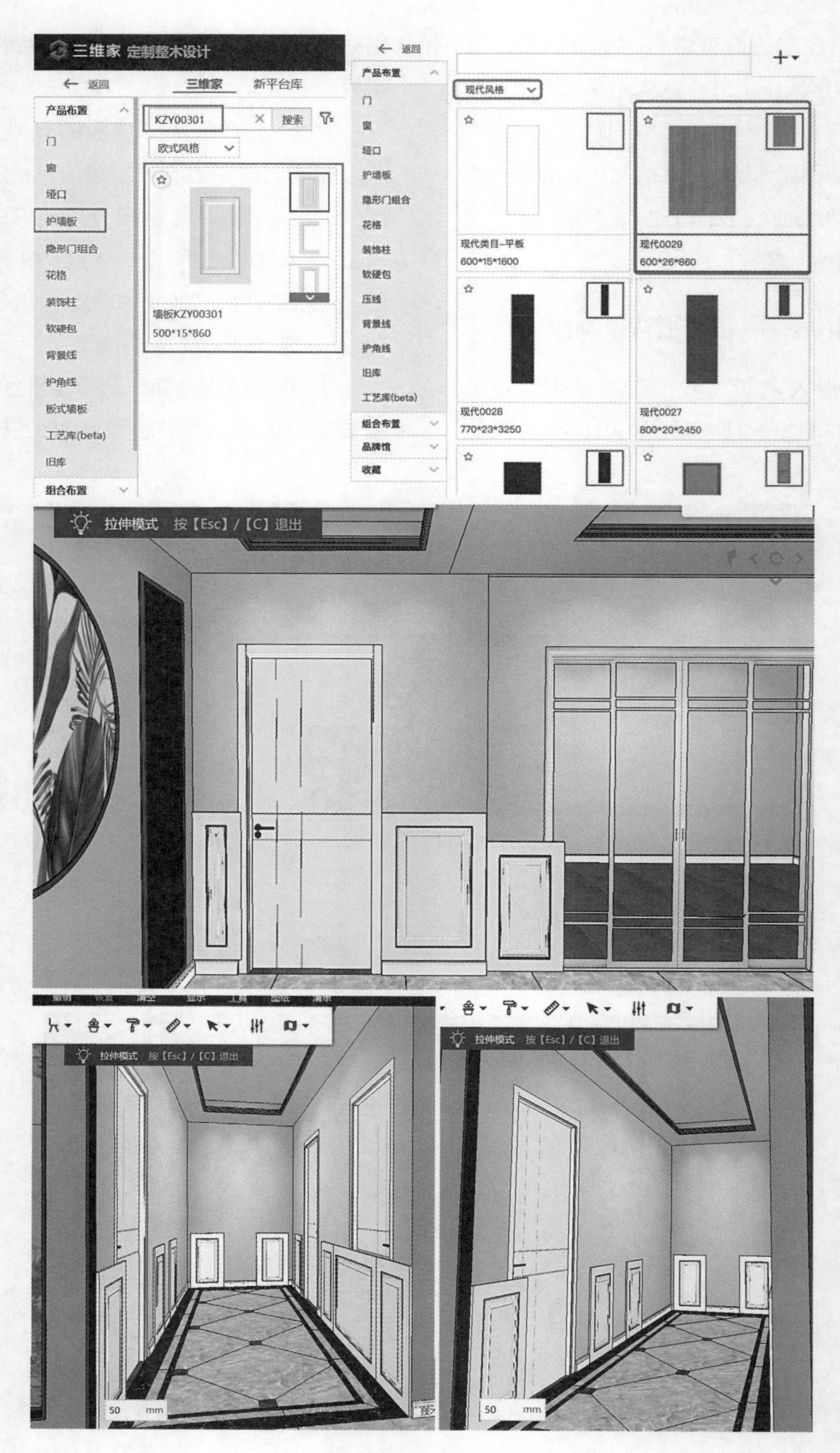
三维家 定制整木设计
返回
三维家
新平台库
产品布置
门
窗
垭口
护墙板
隐形门组合
花格
装饰柱
软硬包
背景线
护角线
板式墙板
工艺库(beta)
旧库
组合布置
KZY00301
搜索
欧式风格
墙板KZY00301
500*15*860
现代风格
压线
品牌馆
收藏
现代类目-平板
600*15*1800
现代0029
600*26*860
现代0028
770*23*3250
现代0027
800*20*2450
拉伸模式 按【Esc】/【C】退出
50 mm

图5-82 布置护墙板

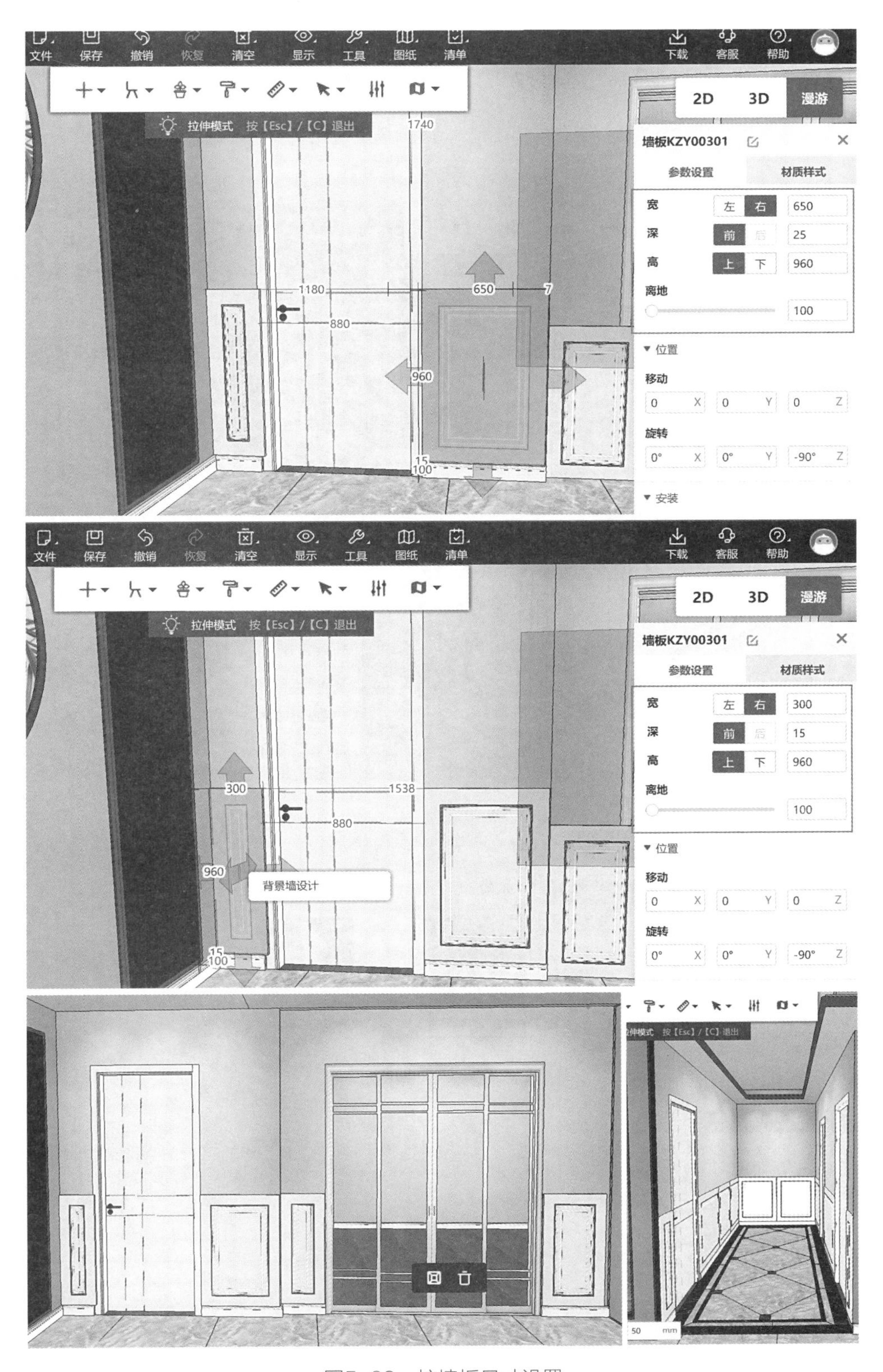

图5-83　护墙板尺寸设置

收口”，在实木材质中搜索“红橡黄橡色开放漆”；脚线安装，选择型号“多层板踢脚线YFJD08”，材质与腰线一致。

④ 右键单击墙面，选择全部材质中的护墙板材质，在实木材质中搜索“红橡黄橡色开放漆”，如图5-84所示。

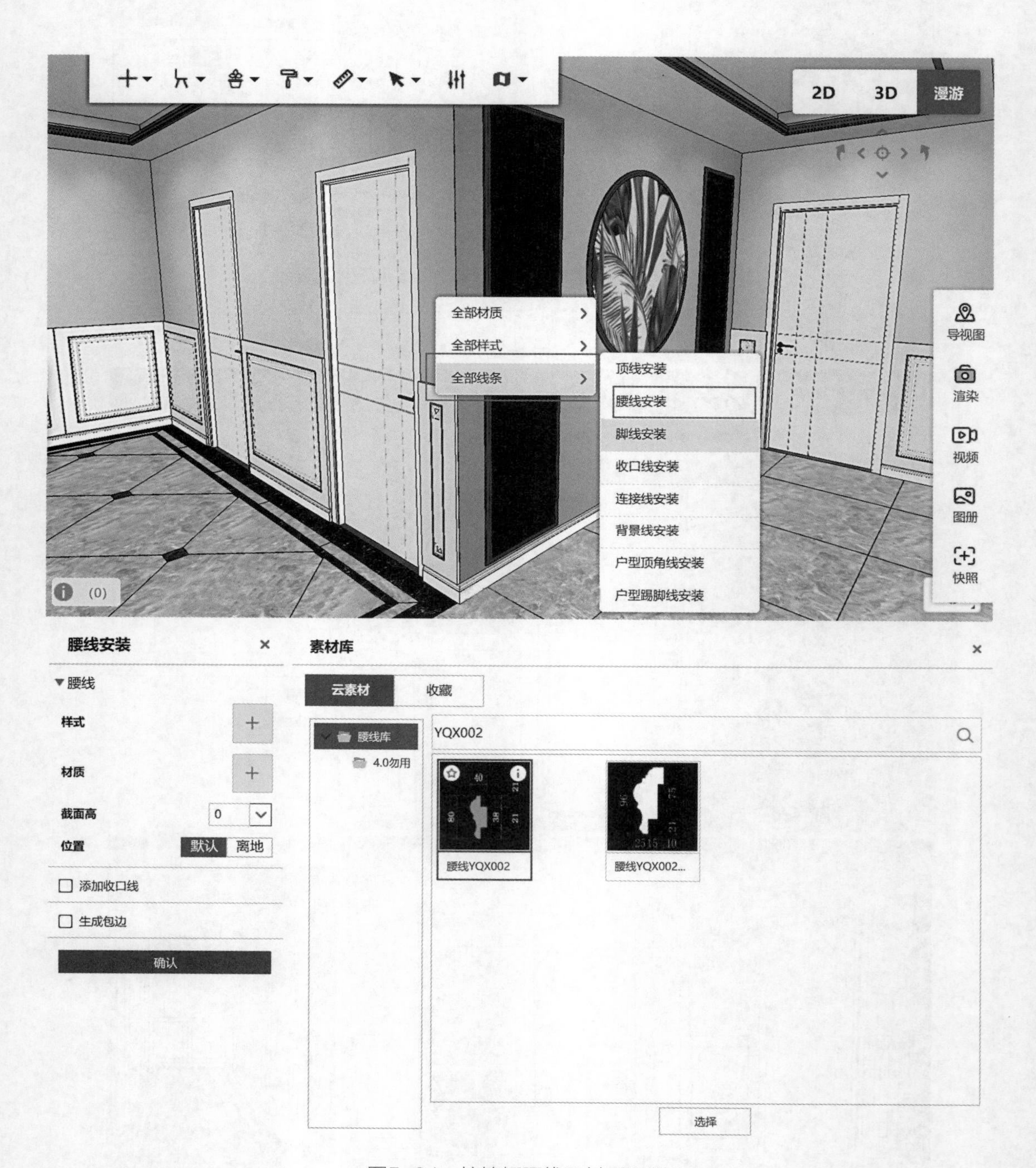

图5-84 护墙板腰线及材质设置

素材库
云素材
我的
收藏
通用材质库
实木材质
双饰面材质
吸塑材质
烤漆材质
石材
金属材质
玻璃材质
腰线材质
亚克力材质
皮革材质
布纹材质
涂料
图案
镂空材质
红橡黄橡色开放漆
红橡黄橡色开...
524*697
红橡黄橡色开...
524*697
红橡黄橡色开...
333*451
选择
腰线安装
腰线
样式
材质
截面高
80
位置
默认
离地
添加收口线
生成包边
确认
2D
3D

图5-84（续）

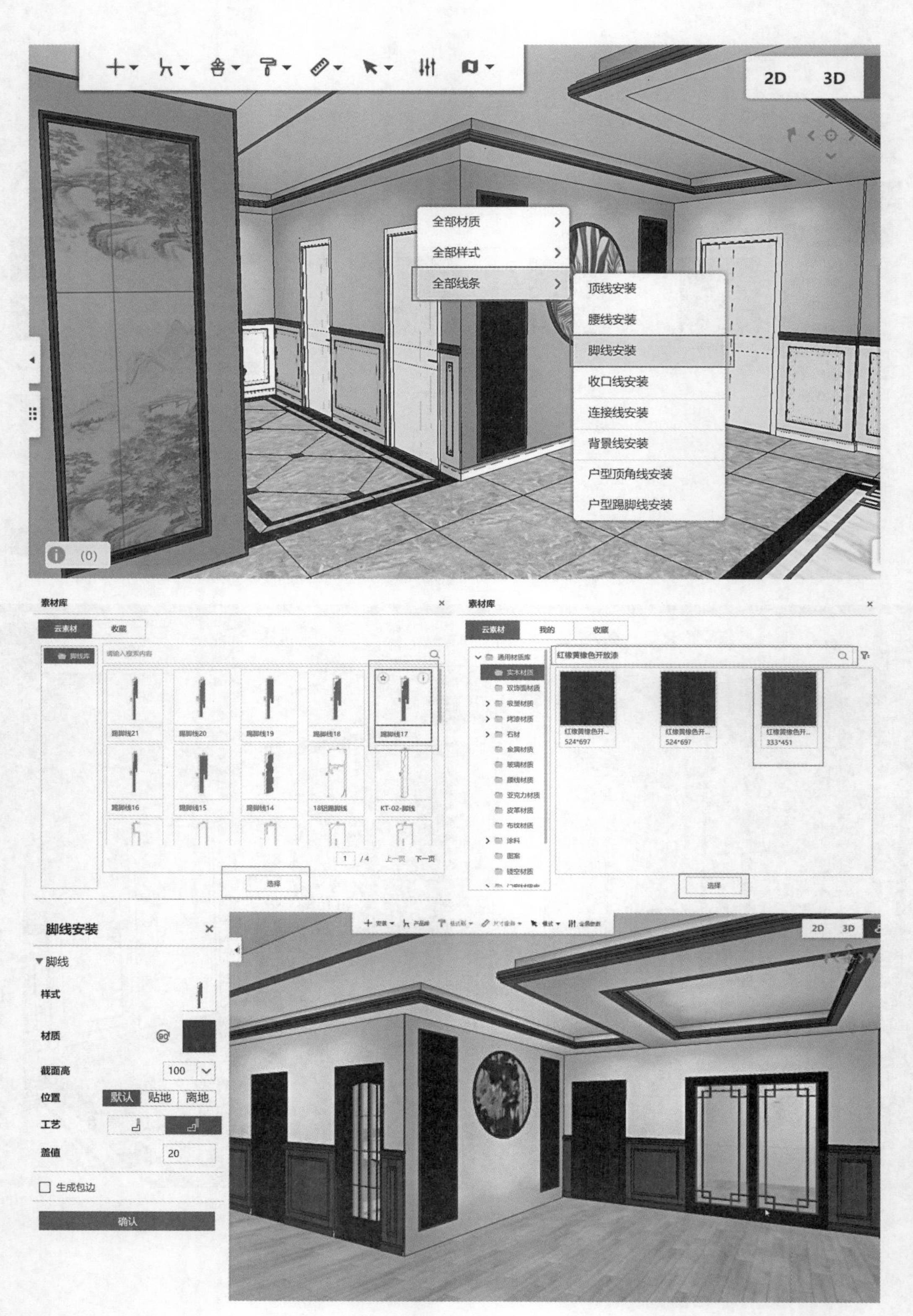
2D
3D
全部材质
全部样式
全部线条
顶线安装
腰线安装
脚线安装
收口线安装
连接线安装
背景线安装
户型顶角线安装
户型踢脚线安装
(0)
素材库
云素材
收藏
我的
红橡黄橡色开放漆
选择
脚线安装
脚线
样式
材质
截面高
100
位置
默认
贴地
离地
工艺
盖值
20
生成包边
确认

图5-84 （续）

图5-84（续）

【课堂练习】

学习顶墙设计后，根据所学，将厨房空间和卫浴空间进行顶面设计，如图5-85所示。

图5-85 厨房和卫浴空间

6 全屋家居定制工具

本章为三维家软件应用教程的中阶系列，集合了定制家具、瓷砖、卫浴、吊顶、墙面、门窗装饰、水电施工等多个设计软件模块。通过学习，可以快速掌握硬装定制中顶、墙、地面制作，全屋定制中衣柜、橱柜、酒柜、电视柜、鞋柜、浴室柜等制作以及成品软装搭配。

6.1 厨房设计

厨房设计

厨房设计，主要讲解DIY制作定制橱柜。定制橱柜根据柜体工艺、功能配置以及人体工程学进行了目录分类和参数设置，模块化和智能化设计大大提高了设计效率。本节主要以生产库进行讲解。

6.1.1 橱柜功能界面介绍

定制橱柜设计界面，分为产品布置、组合布置和收藏等几大类。产品布置主要按照柜体工艺分为设计库、4.0橱柜和专家库；组合布置按照组合类型及尺寸进行分类；收藏是指日常设计中收藏常用组合柜体，以便后期使用，快速设计。橱柜设计界面如图6-1所示。

产品布置中的设计库、4.0橱柜和专家库的主要区别在于柜子工艺的不同，设计库中的柜体尺寸限制小，适用于制作超出常用尺寸范围的柜子；专家库和4.0橱柜中的柜

图6-1　橱柜设计界面

体尺寸是根据现实生产工艺设置的，因此尺寸限制性大。

6.1.2 柜体布置

（1）地柜放置

地柜主要以4.0橱柜库的素材来进行布置，地柜按照工艺类型分为普通开门柜、抽屉地柜、安置五金的功能柜、安置在转角位置的转角柜和无门地柜。下面以设计一个带有中岛台的L形橱柜为例讲解。

① 转角柜布置，选择转角地柜中的左切角假门柜，放置于该空间靠窗的转角处，并在右侧信息编辑栏修改宽度为“1100”，特殊参数值中“避梁避柱”参数中调整切角宽度、深度为“300”，如图6-2所示。

② 水盆柜布置，选择功能地柜中的水槽地柜，放置于转角柜的右侧。

③ 米箱柜布置，选择功能地柜中的单门拉篮框架地柜，放置于水盆柜的右侧。

④ 双开门柜布置，选择开门地柜中的双开门地柜，放置于米箱柜的右侧，在右侧信息编辑栏将宽度更改为“650”。

⑤ 装饰柱布置，在搜索栏输入“罗马柱”进行搜索，选择一款合适的罗马柱，并将其拖至双开门柜右侧。

以上柜体布置如图6-3所示。

⑥ 再次拖动罗马柱并放置于转角柜左侧，罗马柱柱深由于是不见光面，这里直接使用默认尺寸300即可。

⑦ 单门柜布置，选择开门地柜中的右单开门柜，放置于装饰柱的左侧。

⑧ 炉灶柜布置，在三级目录栏中选择炉灶地柜，选择一款双开门炉灶柜放置于右单开门柜的左侧。

⑨ 消毒地柜布置，选择功能地柜中的消毒地柜，放置于炉灶柜的左侧。

⑩ 三抽地柜布置，选择抽屉地柜中的三等分抽屉地柜，放置于消毒柜左侧，在右侧信息编辑栏将宽度修改为“600”。

以上柜体布置如图6-4所示。

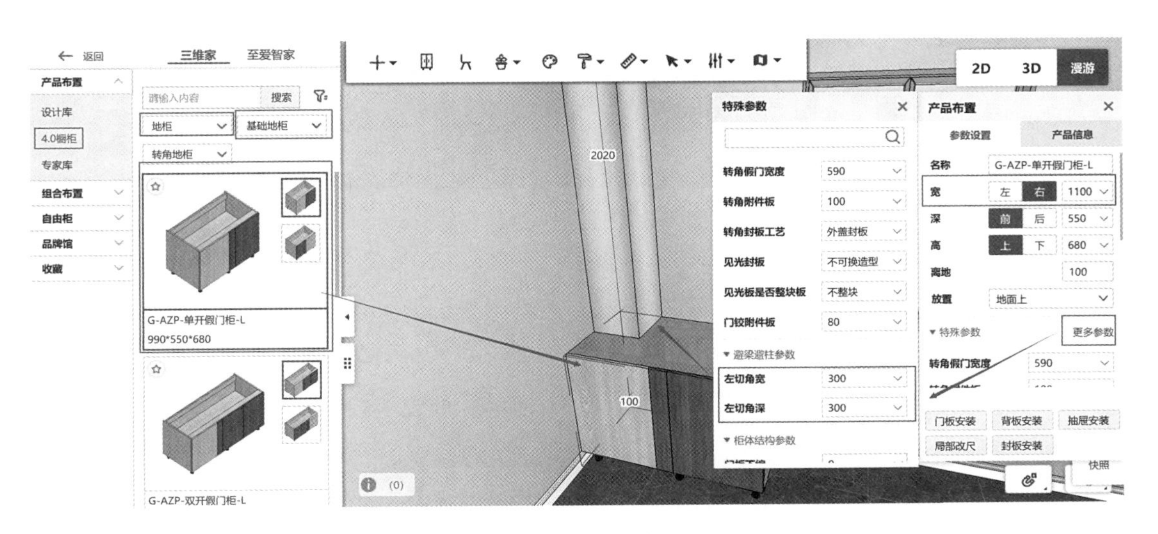

图6-2 转角柜布置

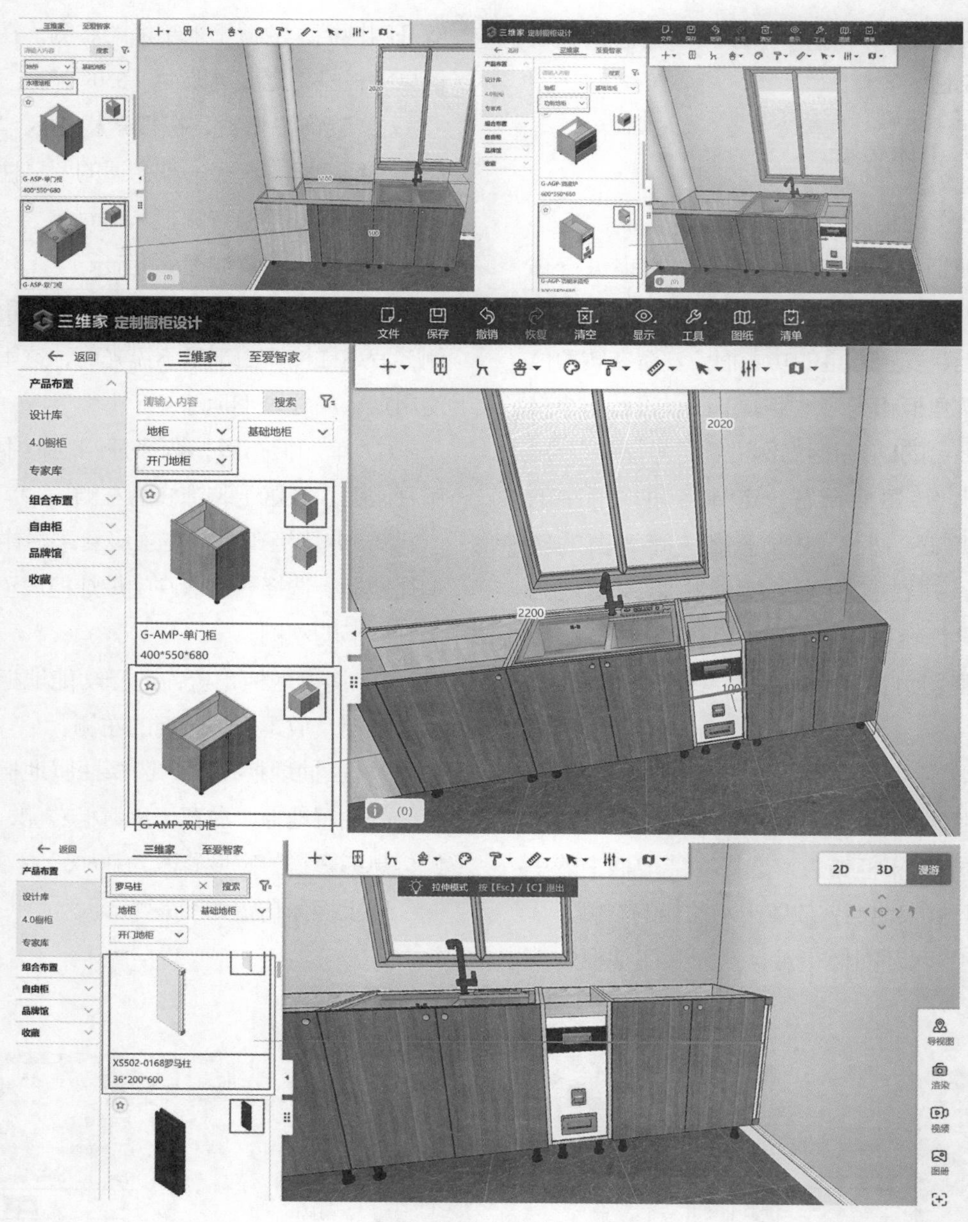

图6-3　L形左侧地柜布置

（2）高柜放置

高柜分开门高柜、功能高柜、抽屉高柜，可以根据设计进行自由组合使用。

① 装饰柱布置，在搜索栏中搜索“罗马柱”，拖动罗马柱放置于三抽地柜左侧，在右侧信息编辑栏将高度修改为“2200”，柱身深为“550”。

② 微波炉消毒柜高柜布置，选择功能高柜，放置于装饰柱左侧。

③ 上下门高柜布置，选择上下开门高柜—左开柜，放置于微波炉消毒柜高柜左侧。

④ 左键单击高柜右侧的装饰柱，同时

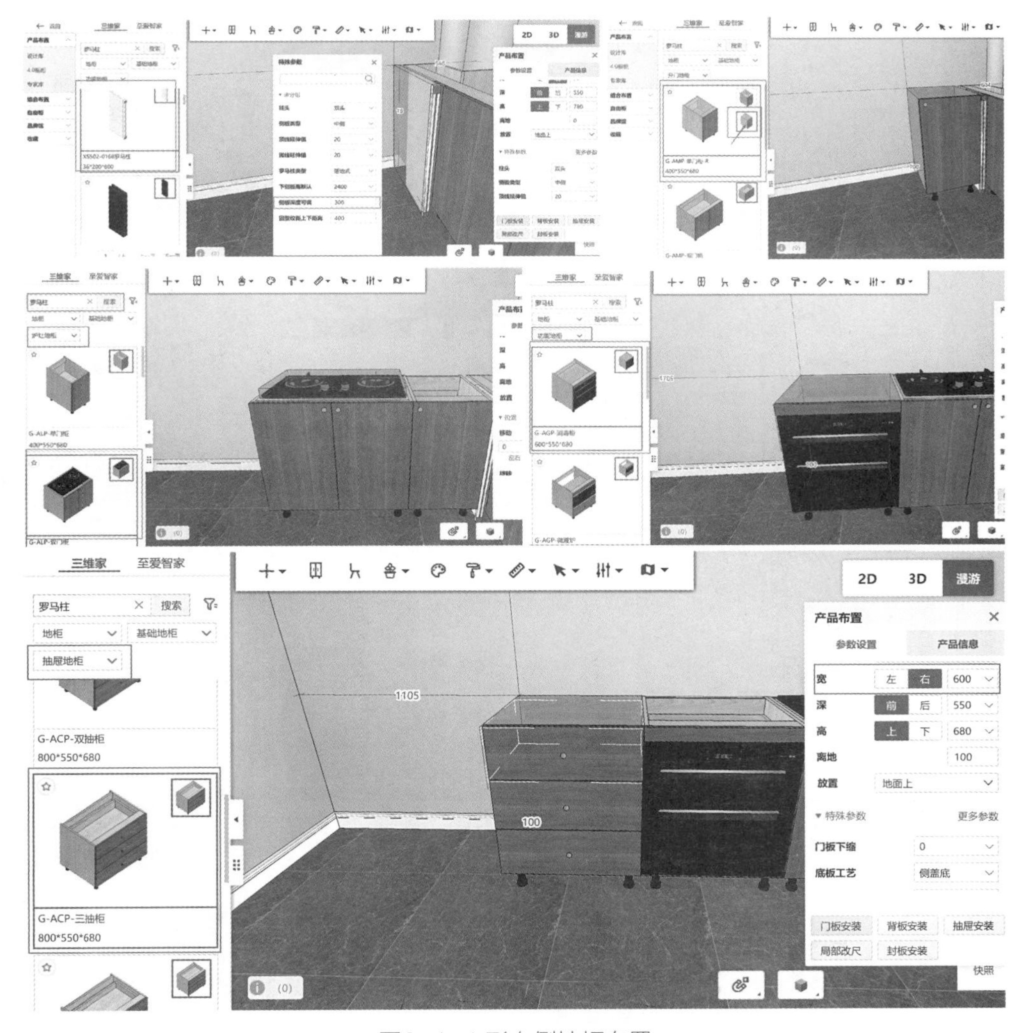

图6-4 L形右侧地柜布置

按住Ctrl和V键，复制出新的装饰柱，将该装饰柱放置在上下开门高柜左侧即可。

以上柜体布置如图6-5所示。

（3）吊柜放置

吊柜分为开门吊柜、功能吊柜、翻门吊柜、转角吊柜、开放吊柜、烟机罩等，与地柜相同，可根据需求自由组合使用。

① 装饰柱布置，在搜索栏中搜索“罗马柱”，拖动罗马柱放置于柱子左侧，在右边信息编辑栏将深度修改为“330”，高度为“680”，离地高为“1620”，柱身深为“330”，罗马柱类型改为吊式。

② 双开门吊柜布置，选择双开门吊柜，放置于装饰柱左侧，在右边信息编辑栏将宽度修改为“600”。

③ 烟机吊柜布置，选择烟机吊柜，放置于双开门吊柜的左侧，在右边信息编辑栏将宽度修改为“950”，高度为“580”。

④ 无门吊柜布置，选择开放吊柜，放置于烟机吊柜的左侧，在右边信息编辑栏

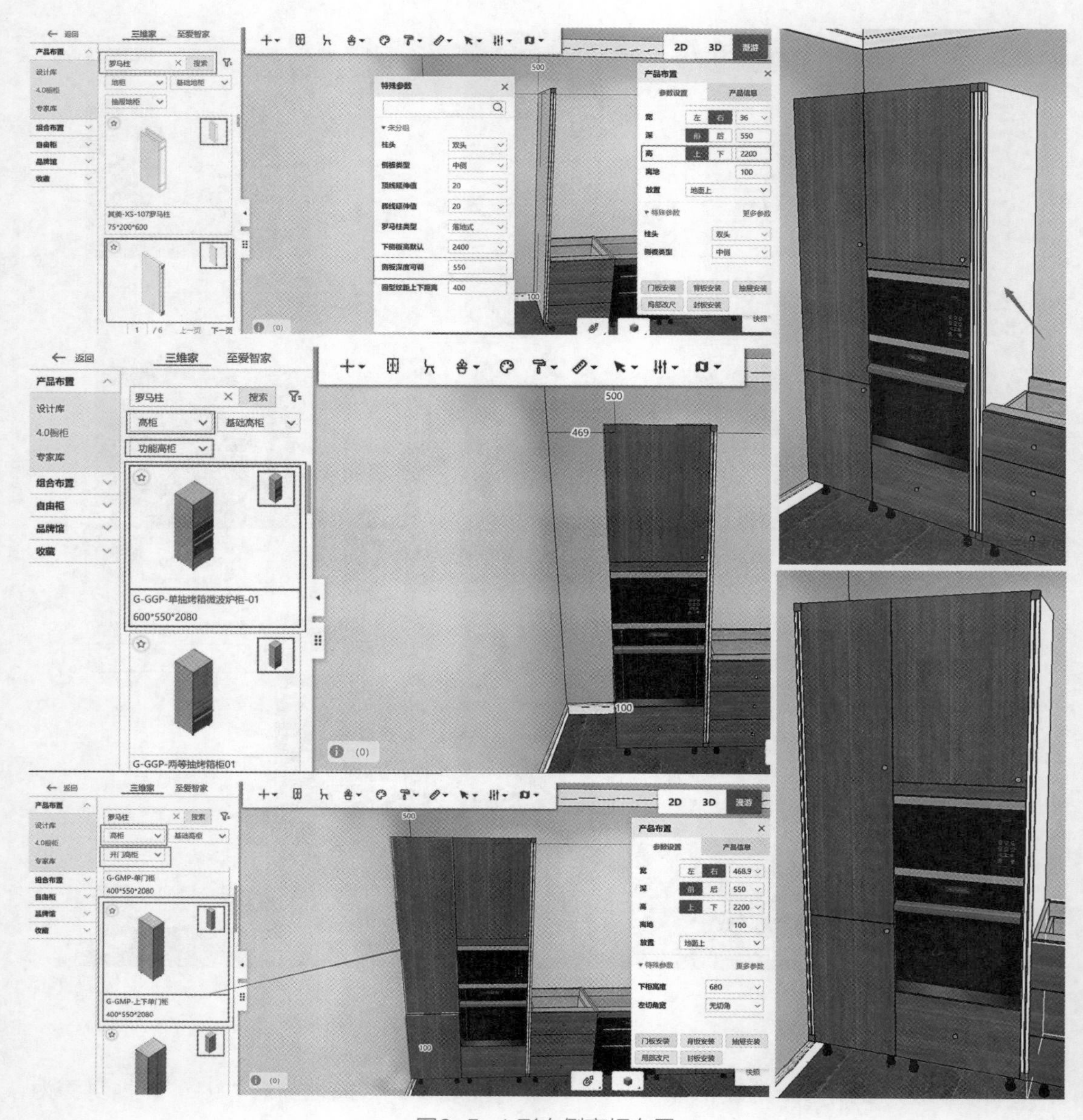

图6-5　L形右侧高柜布置

将宽度修改为“400”，高度为“680”，离地高“1620”。

⑤ 双开门吊柜布置，选择双开门吊柜，放置于无门吊柜的左侧。

以上柜体布置如图6-6所示。

（4）中岛台放置

中岛台，可以使用地柜素材进行组合摆放，也可以使用组合库中组合好的素材进行。选择组合布置目录，在地柜组合中查找中式高低岛台组合，放置于厨房门口前的位置，如图6-7所示。

（5）线条安装

橱柜中的顶线、灯线、脚线都可以分别进行快速安装，全部、多个、单个柜子，根

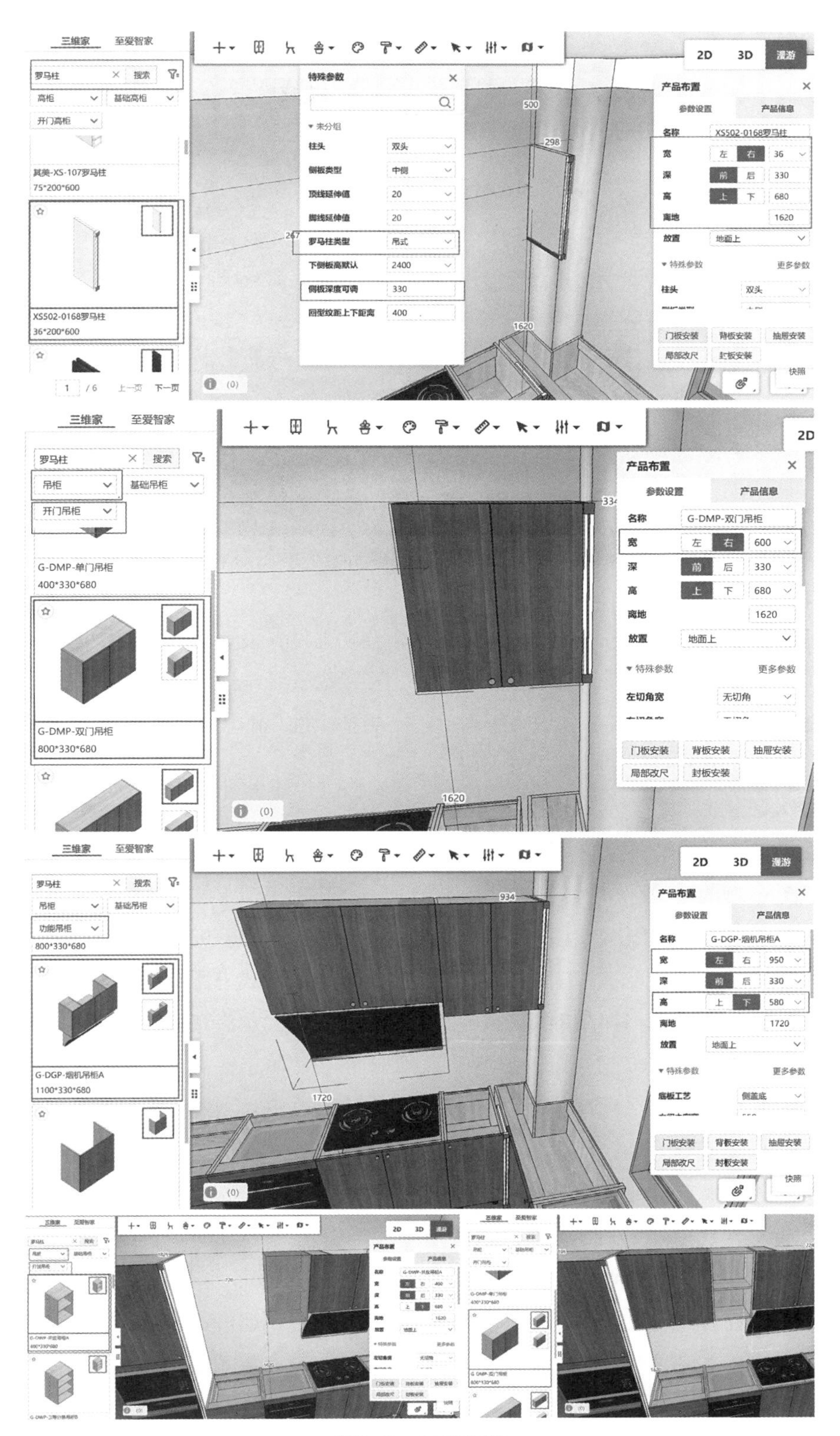
三维家
至爱智家
罗马柱
搜索
高柜
基础高柜
开门高柜
其美-XS-107罗马柱
75*200*600
XS502-0168罗马柱
36*200*600
特殊参数
未分组
柱头
双头
侧板类型
中侧
顶线延伸值
20
脚线延伸值
20
罗马柱类型
吊式
下侧板高默认
2400
侧板深度可调
330
回型纹距上下距离
400
2D
3D
漫游
产品布置
参数设置
产品信息
名称
宽
左
右
36
深
前
后
330
高
上
下
680
离地
1620
放置
地面上
特殊参数
更多参数
门板安装
背板安装
抽屉安装
局部改尺
封板安装
快照
吊柜
基础吊柜
开门吊柜
G-DMP-单门吊柜
400*330*680
G-DMP-双门吊柜
800*330*680
600
左切角宽
无切角
功能吊柜
G-DGP-烟机吊柜A
1100*330*680
950
580
1720
底板工艺
侧盖底

图6-6　吊柜布置

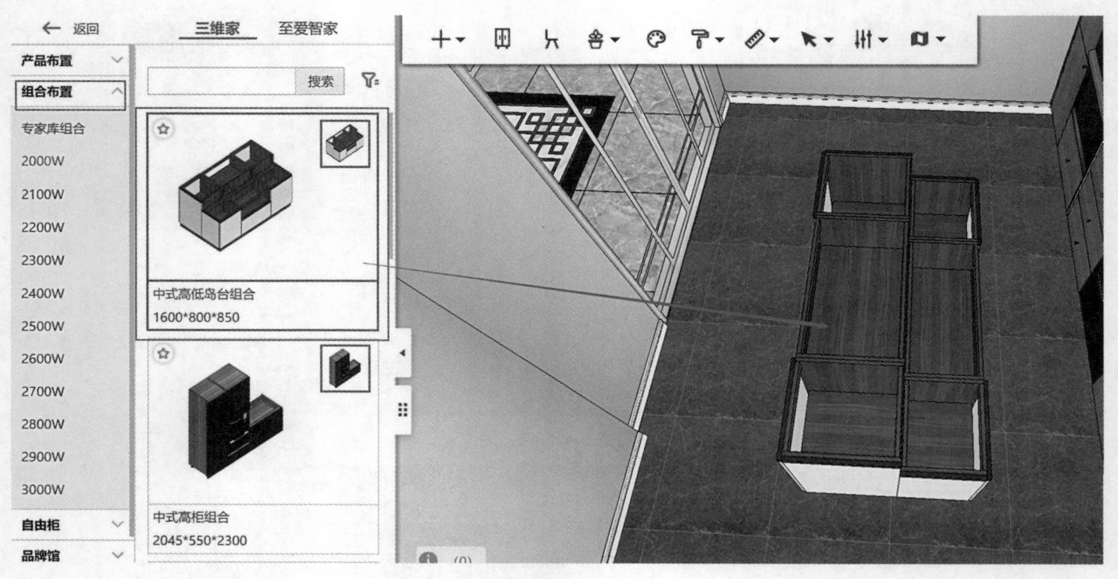

图6-7　中岛台布置

据需要进行设置即可。

① 顶线安装，右键单击墙面任意地方，选择全部线条中的顶线安装，进入编辑菜单后，鼠标分别单击型号、材质。进入型号和材质后，双击鼠标即可选择所需的样式材质，最后单击编辑菜单面板的“确定”按钮即可，如图6-8所示。

② 灯线安装，同时按住Ctrl和Shift键，单击选中除烟机柜外的吊柜，再右键单击其中一个柜子，选择全部线条中的灯线安装。进入编辑菜单后，操作方式与顶线的型号和材质选择一样，最后单击编辑菜单面板的“确定”按钮即可，如图6-9所示。

③ 脚线安装，右键单击墙面任意地方，选择全部线条中的脚线安装，进入编辑菜单后的操作方式与以上两种线条安装操作相同，如图6-10所示。

6.1.3　五金功能件和台面设置

4.0橱柜库中的柜体自带相应电器、五金功能件，设计更加方便快捷；同时，保留了手动安装电器、五金功能件的功能，方便更多个性化的设计。

6.1.3.1　星盆和水龙头安装

（1）星盆安装

右键单击水盆双开门柜，选择五金安装中的星盆安装，进入星盆素材库后，双击需要的星盆样式进行安装即可。

（2）水龙头安装

右键单击星盆，选择五金安装中的水龙头安装，进入水龙头素材库后，双击需要的水龙头样式进行安装即可。

以上操作如图6-11所示。

6.1.3.2　灶台和烟机安装

灶台和烟机安装，在之前布置的灶台柜上面进行安装即可。

（1）灶台安装

右键单击灶台双开门柜，选择五金安装

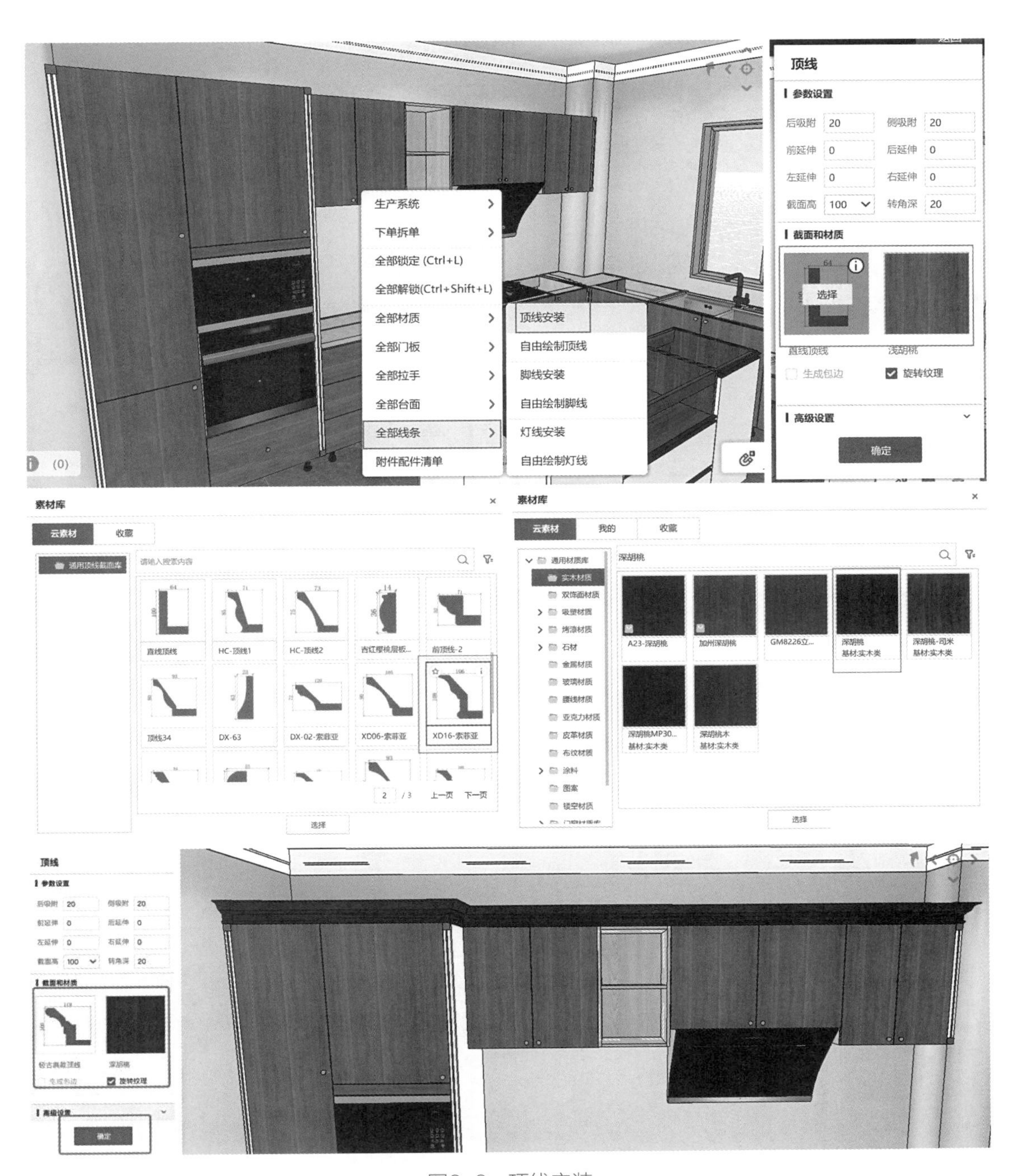
顶线
参数设置
后吸附 20
侧吸附 20
前延伸 0
后延伸 0
左延伸 0
右延伸 0
截面高 100
转角深 20
截面和材质
选择
直线顶线
浅胡桃
生成包边
旋转纹理
高级设置
确定
生产系统
下单拆单
全部锁定 (Ctrl+L)
全部解锁(Ctrl+Shift+L)
全部材质
全部门板
全部拉手
全部台面
全部线条
附件配件清单
顶线安装
自由绘制顶线
脚线安装
自由绘制脚线
灯线安装
自由绘制灯线
素材库
云素材
收藏
直线顶线
HC-顶线1
HC-顶线2
顶线34
DX-63
DX-02-索菲亚
XD06-索菲亚
XD16-索菲亚
上一页
下一页
选择
我的
深胡桃
实木材质
双饰面材质
石材
A23-深胡桃
加州深胡桃
深胡桃
基材:实木类
深胡桃木
基材:实木类
深胡桃

图6-8 顶线安装

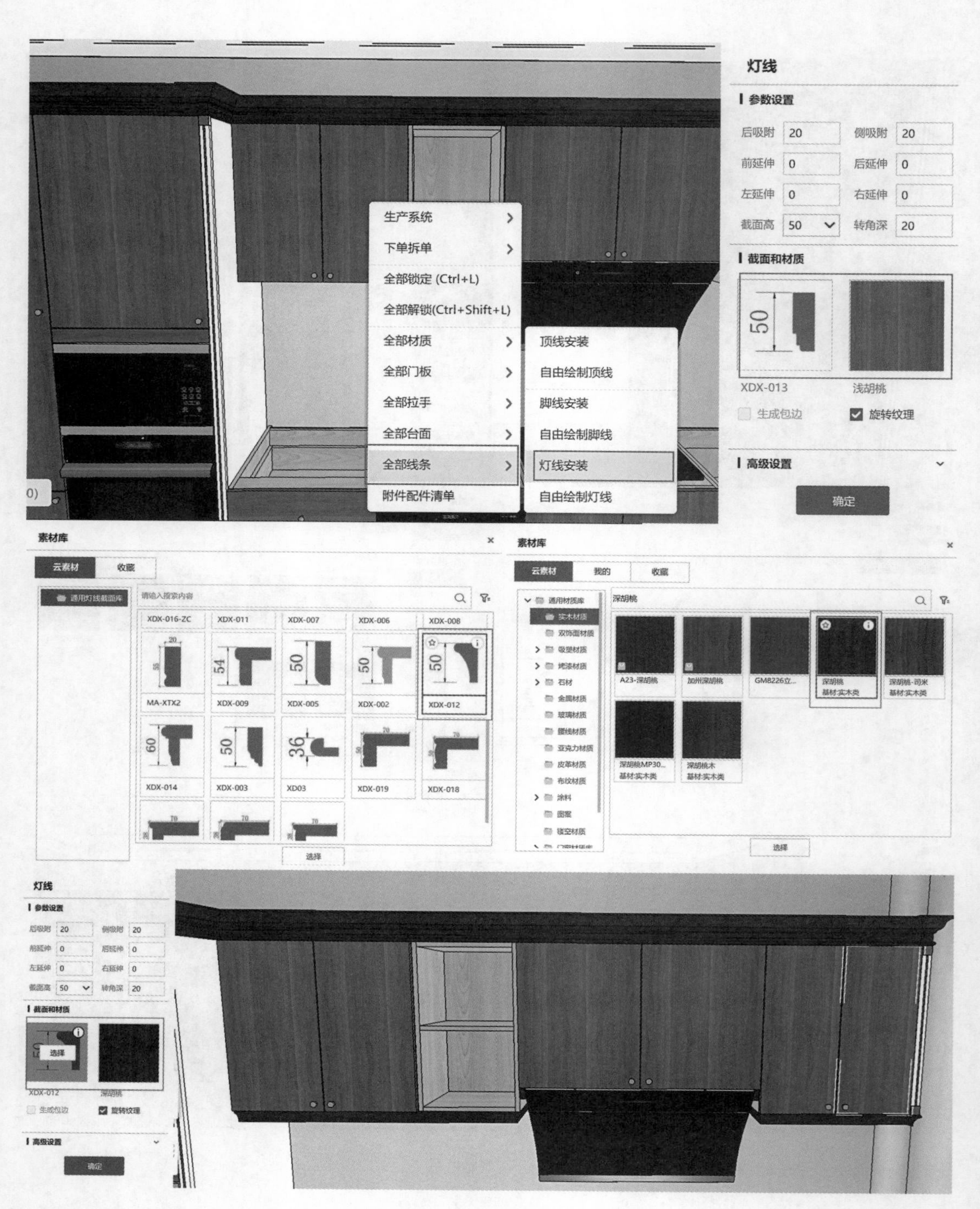
灯线
参数设置
后吸附 20
侧吸附 20
前延伸 0
后延伸 0
左延伸 0
右延伸 0
截面高 50
转角深 20
截面和材质
XDX-013
浅胡桃
生成包边
旋转纹理
高级设置
确定
生产系统
下单拆单
全部锁定 (Ctrl+L)
全部解锁(Ctrl+Shift+L)
全部材质
全部门板
全部拉手
全部台面
全部线条
附件配件清单
顶线安装
自由绘制顶线
脚线安装
自由绘制脚线
灯线安装
自由绘制灯线
素材库
云素材
收藏
我的
XDX-016-ZC
XDX-011
XDX-007
XDX-006
XDX-008
MA-XTX2
XDX-009
XDX-005
XDX-002
XDX-012
XDX-014
XDX-003
XD03
XDX-019
XDX-018
深胡桃
A23-深胡桃
加州深胡桃
选择

图6-9　灯线安装

生产系统
下单拆单
全部锁定 (Ctrl+L)
全部解锁(Ctrl+Shift+L)
全部材质
全部门板
全部拉手
全部台面
全部线条
附件配件清单
顶线安装
自由绘制顶线
脚线安装
自由绘制脚线
灯线安装
自由绘制灯线
脚线
参数设置
后吸附 20
侧吸附 20
前延伸 0
后延伸 0
左延伸 0
右延伸 0
截面高 100
转角深 20
截面和材质
选择
DJX-01
浅胡桃
生成包边
旋转纹理
高级设置
确定
素材库
云素材
收藏
通用脚线截面库
请输入搜索内容
BJX-04-索菲亚
BJX-03-索菲亚
TJX006-90-...
普通底线10...
TJX001-75-...
BJX-02-索菲亚
DJX003-索菲亚
TJX005-80-...
TJX002-75-...
TJX007-90-...
80地脚A-索...
古典做旧-索...
空灵-索菲亚
前地脚线-1-...
BJX-05-索菲亚
2 / 2
上一页
下一页
选择

图6-10 脚线安装

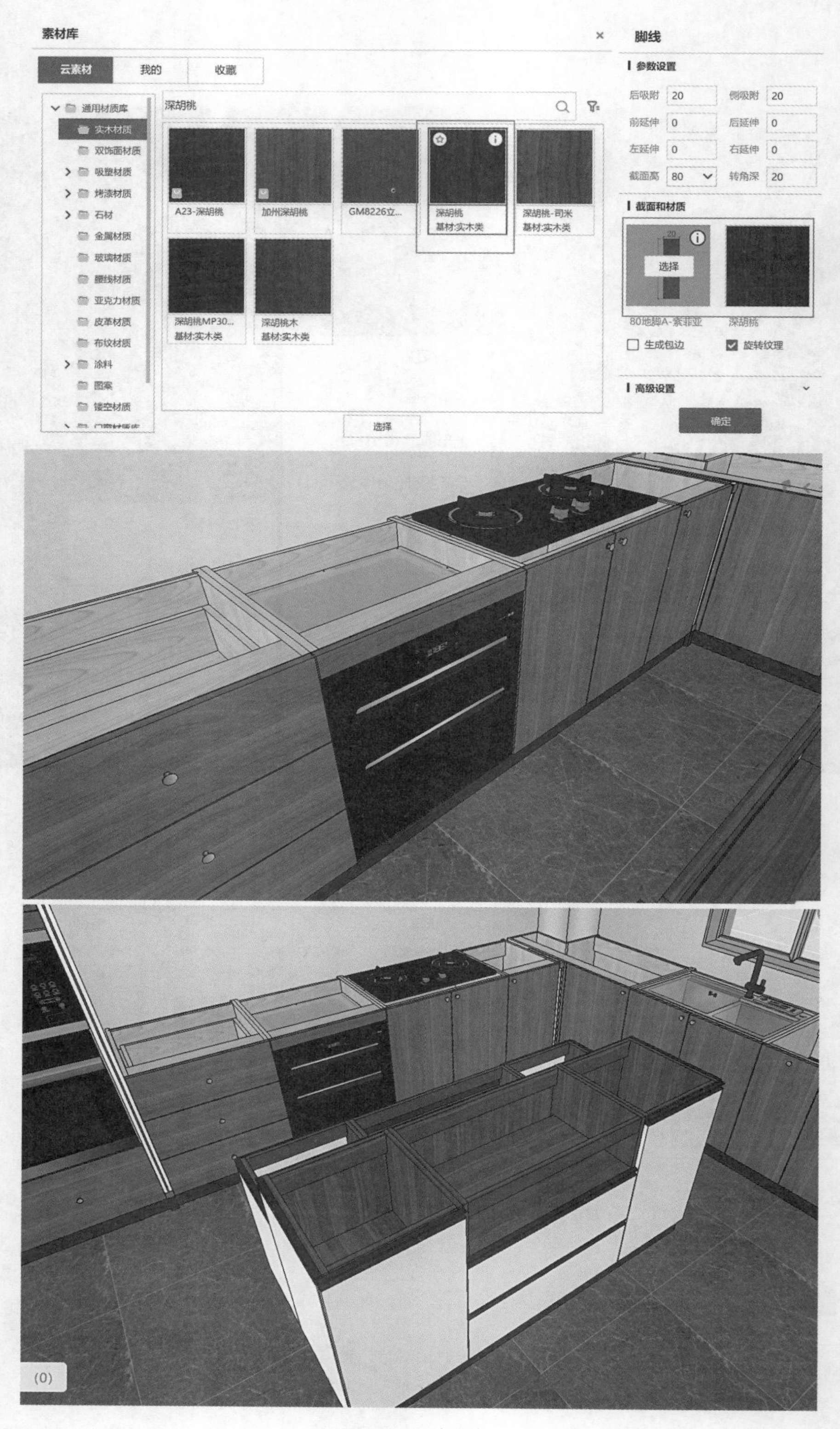
素材库
云素材
我的
收藏
深胡桃
通用材质库
实木材质
双饰面材质
吸塑材质
烤漆材质
石材
金属材质
玻璃材质
腰线材质
亚克力材质
皮革材质
布纹材质
涂料
图案
镂空材质
A23-深胡桃
加州深胡桃
GM8226立...
深胡桃
基材:实木类
深胡桃-司米
基材:实木类
深胡桃MP30...
基材:实木类
深胡桃木
基材:实木类
选择
脚线
参数设置
后吸附 20
侧吸附 20
前延伸 0
后延伸 0
左延伸 0
右延伸 0
截面高 80
转角深 20
截面和材质
选择
80地脚A-索菲亚
深胡桃
生成包边
旋转纹理
高级设置
确定

图6-10（续）

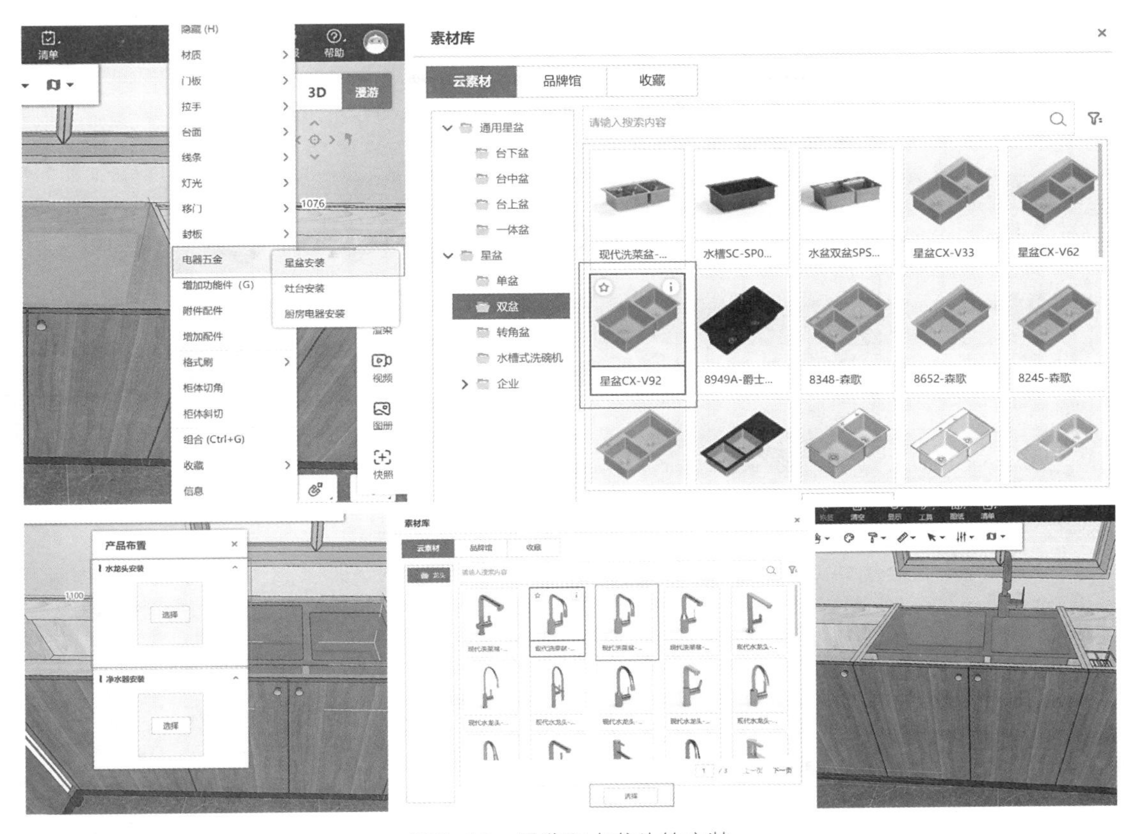

图6-11 星盆和水龙头的安装

中的灶台安装，进入灶台素材库后，双击需要的灶台样式进行安装即可。

（2）烟机安装

右键单击灶台，选择五金安装中的烟机安装，进入烟机素材库后，双击需要的烟机样式进行安装即可；烟机离台面高度及烟机左右位置可根据需要进行设置。离台面高度一般建议350～750mm，根据烟机类型进行调整。

以上操作如图6-12所示。

6.1.3.3 厨房电器安装

厨房电器可以根据需要安装消毒柜、微波炉、烤箱、蒸汽炉、洗碗机等。

（1）消毒柜安装

右键单击消毒柜体，选择五金安装中的厨房电器安装，进入厨房电器素材库后，左键单击需要的消毒柜样式，拖拉到消毒柜体上即可。

（2）微波炉安装

右键单击功能高柜，选择五金安装中的厨房电器安装，进入厨房电器素材库后，左键单击需要的微波炉样式，拖拉到高柜需要放置的层板上即可。

（3）烤箱安装

左键单击需要的烤箱样式，拖拉到高柜需要放置的层板上。

以上操作以消毒柜为例进行演示，如图6-13所示。

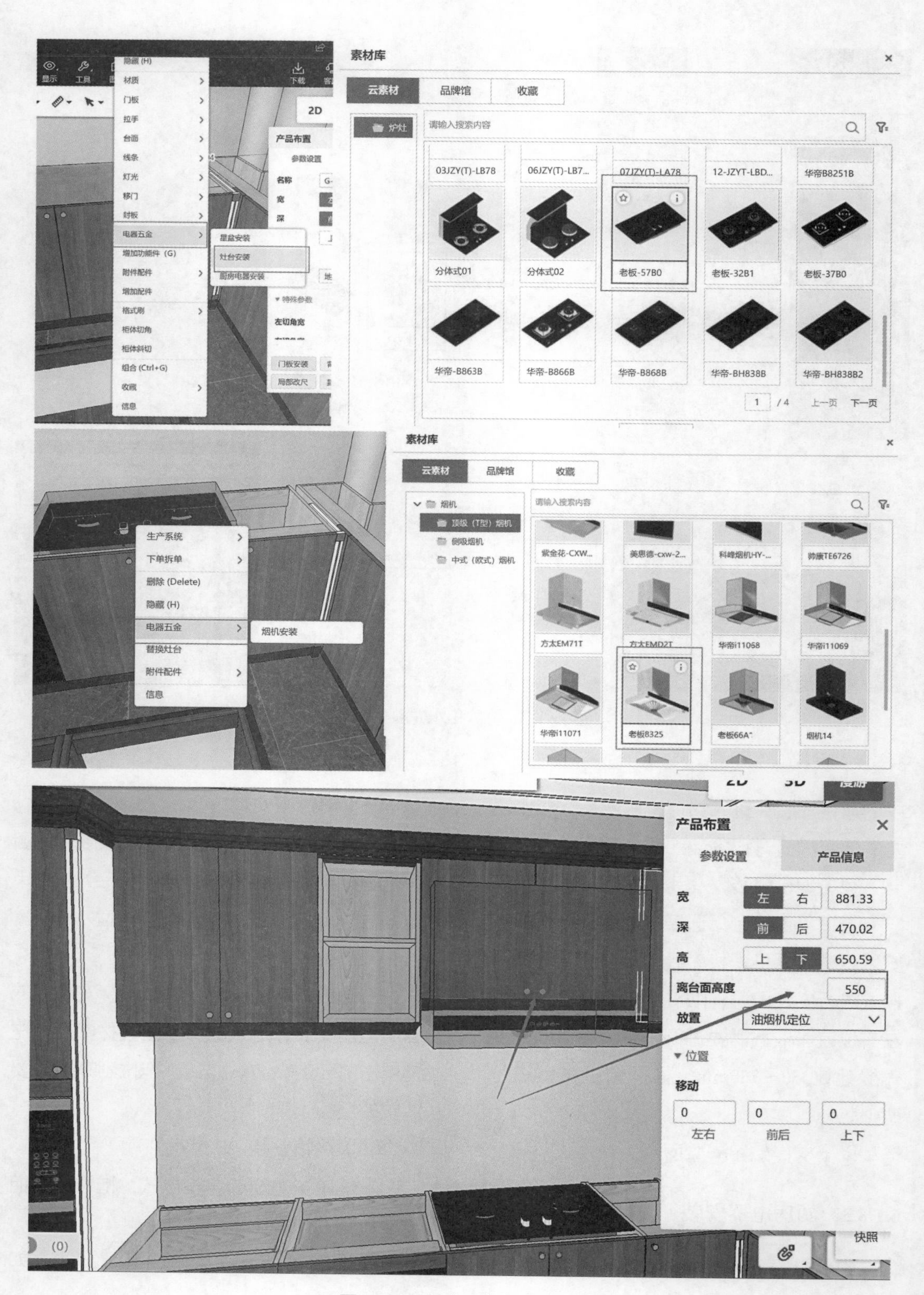

图6-12 灶台和烟机的安装

拉篮安装，右键单击拉篮柜，选择增加配件，进入拉篮素材库后，选择多功能拉篮抽，左键单击需要的拉篮样式，拖拉到拉篮柜上即可（鼠标指向柜门放置），如图6-14所示。

图6-13 厨房电器安装

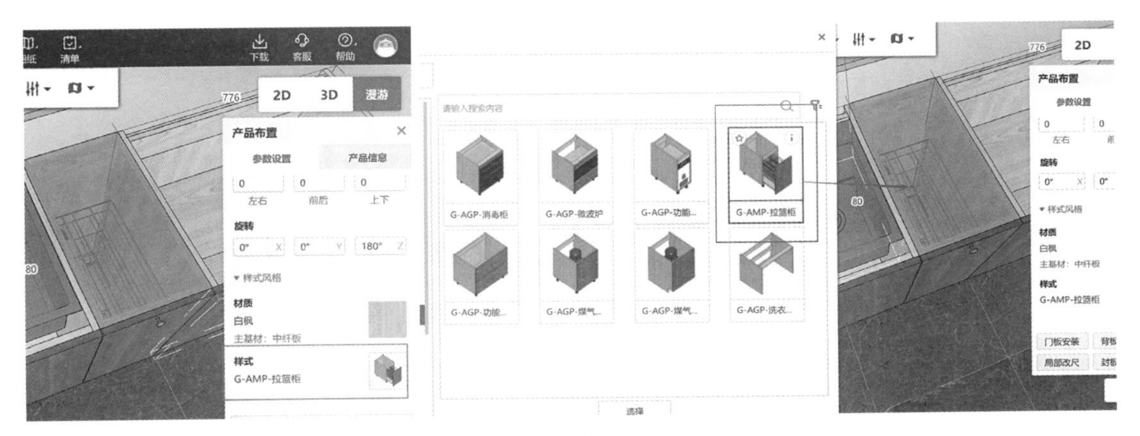

图6-14 拉篮安装

6.1.3.4　台面设置

地柜台面安装，当无须制作异形、延伸和高低台面时，可一键进行全部台面快速安装，否则需要分成多步操作。以下由于需要安装地柜台面和吧台台面，将分成两种类型进行讲解。

（1）地柜台面安装

右键单击墙面任意位置，选择全部台面中的台面安装，进入编辑菜单后，分别点击前挡水、后挡水，最后点击材质，分别进入前后挡水和材质后，双击即可选择需要的样式材质，然后再编辑菜单栏，将前延伸值修改为“20”，最后点击“确定”，如图6-15所示。

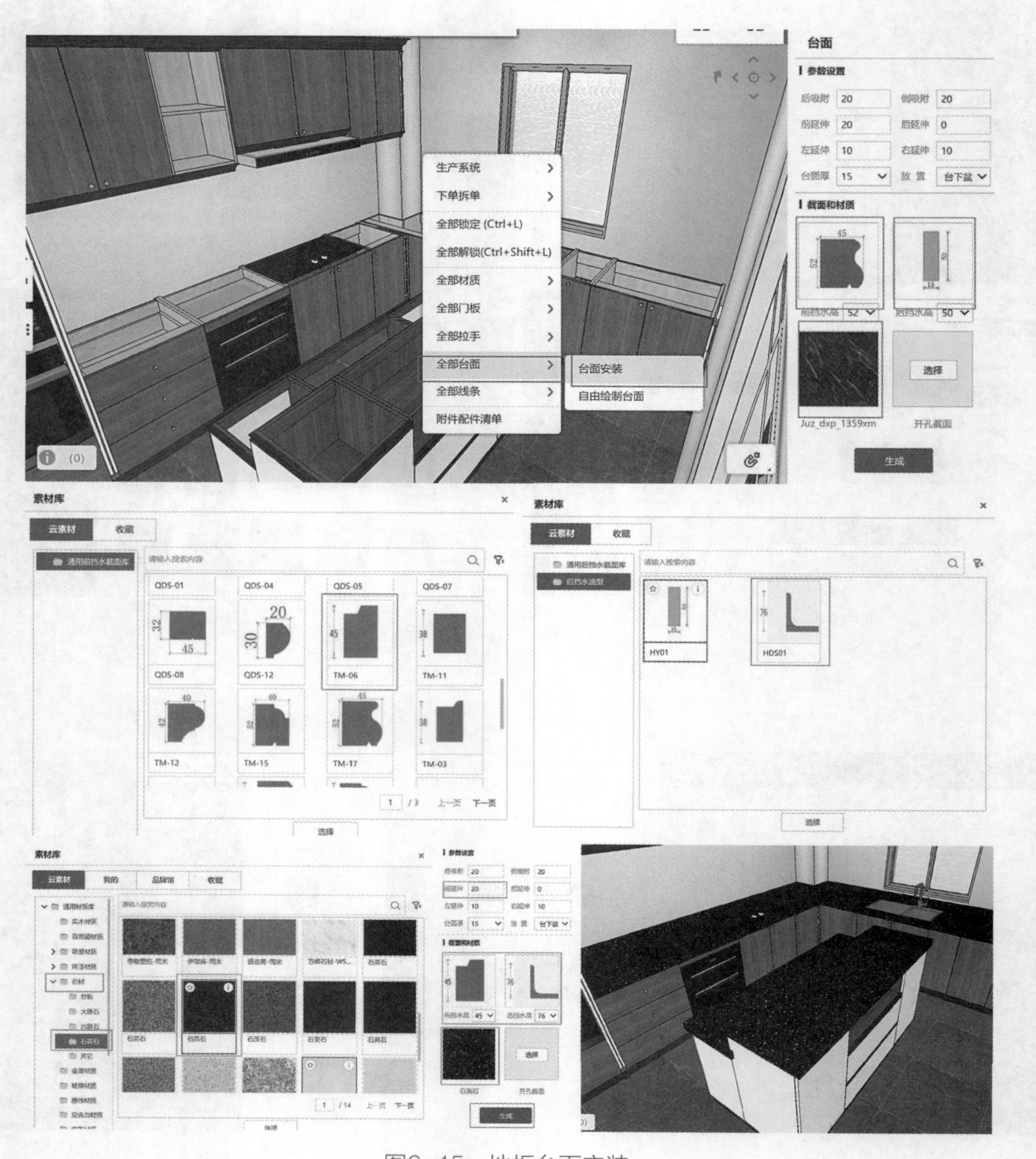

图6-15　地柜台面安装

（2）吧台台面安装

首先左键单击刚安装的台面，按Delete键删除台面；其次，按住Shift键，同时左键单击组合吧台柜（如果不是组合柜，则按Ctrl键多选即可），再右键单击选中的柜子，选择台面中的生成台面，进入编辑界面，如图6–16所示。

台面延伸编辑，以面向高柜方向为正方向，分别左键单击蓝色区域左侧的边线，修改它离右侧的距离，在原有的距离数值上输入“+50”（注意：选不中线条时，可以通过查找其他视角进行选择）。同样，分别左键单击蓝色区域右侧的边线，修改它离左侧的距离，在原有的距离数值上输入“+50”（注意：选不中线条时，可以通过查找其他视角进行选择）。再左键单击蓝色区域后侧的边线，修改它离前侧的距离，在原有的距离数值上输入“+50”；左键单击蓝色区域前侧的边线，修改它离后侧的距离，在原有的距离数值上输入“+200”。以上修改操作如图6–17所示。

台面四角倒圆编辑，分别左键单击吧台四个角的圆点，在右侧信息编辑栏中，选择外切圆弧，将切线长度修改为“50”（切线长度即圆弧半径），圆弧段数“20”（圆弧段数即圆滑度），如图6–18所示。

单击界面上侧菜单栏中的台面生成，在右侧信息编辑栏中，左键单击选择材质，双击选择需要的台面材质，再单击编辑界面的“生成”即可，如图6–19所示。

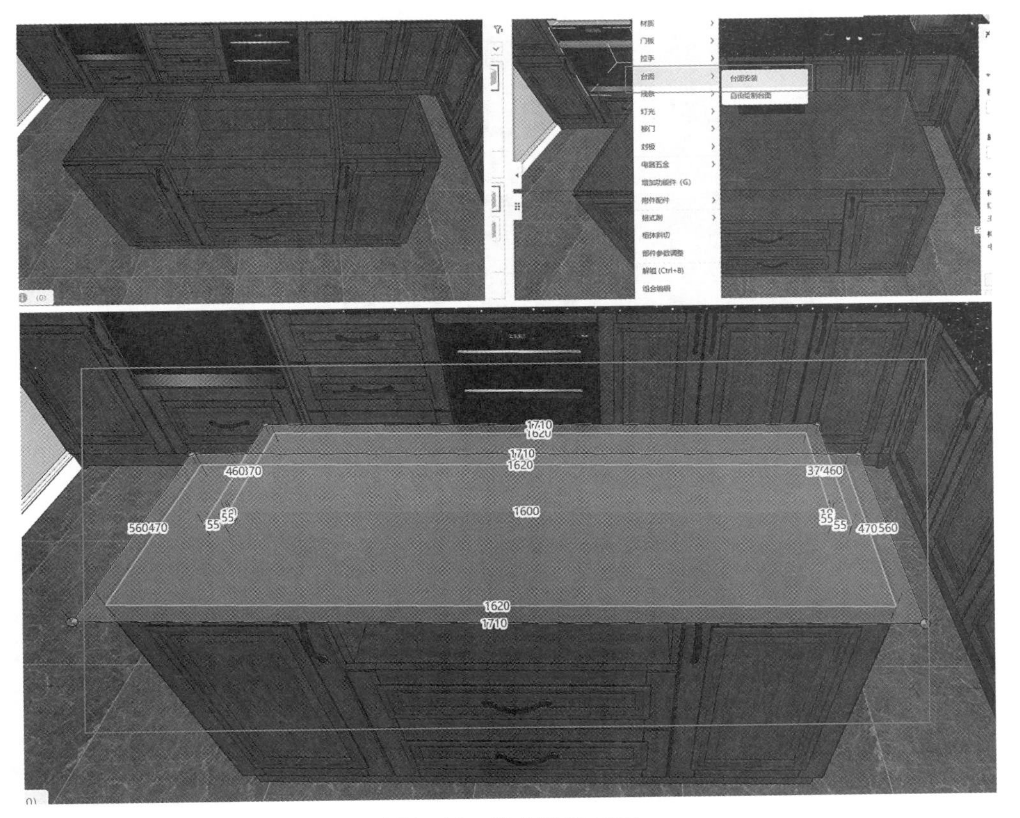

图6–16 进入高级台面

图6-17 台面延伸编辑

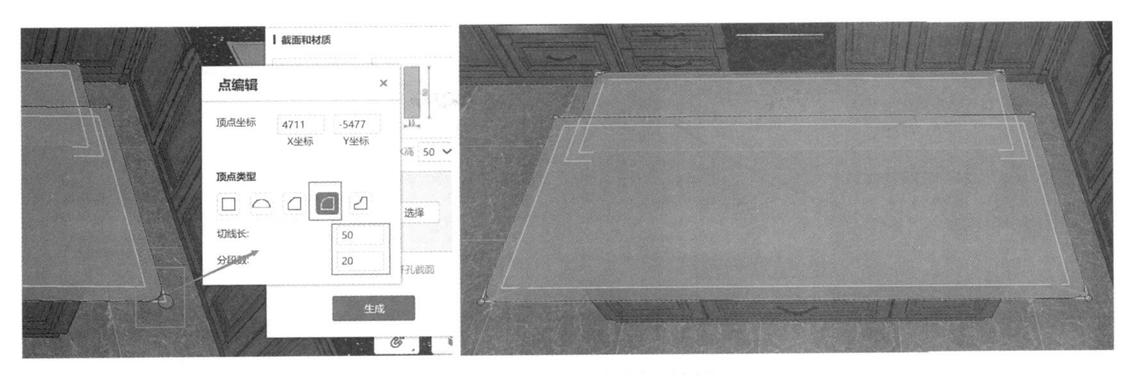

图6-18 台面四角倒圆编辑

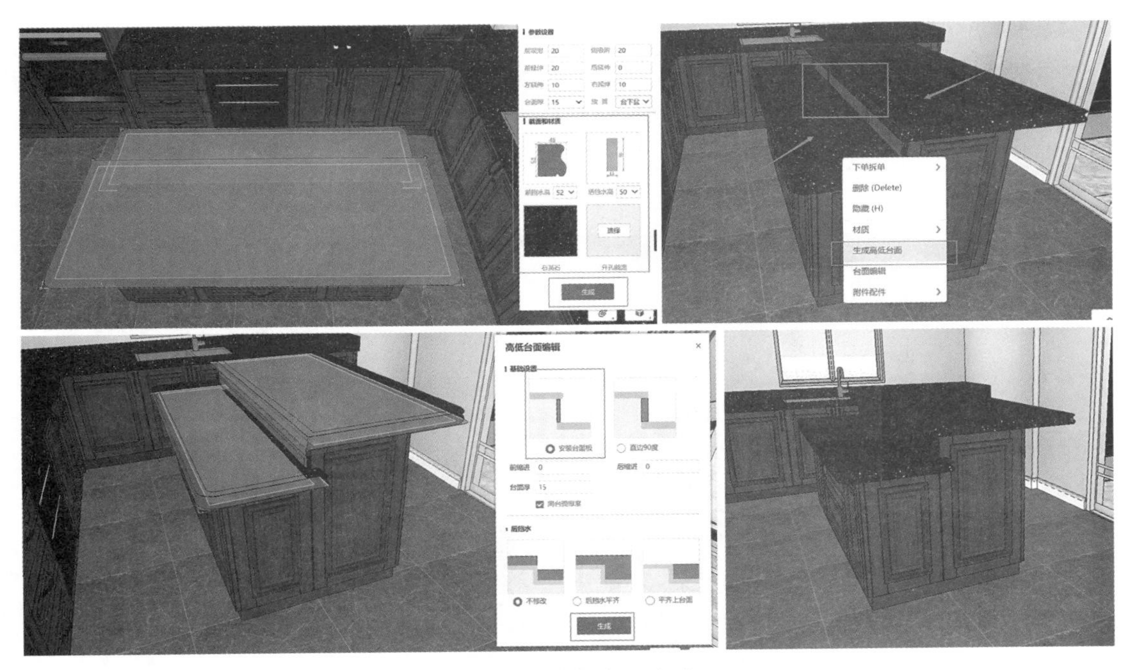

图6-19 高级台面生成

更多的高级台面相关设置，推荐到三维家大学官网搜索教程。

6.1.4 门板造型和材质设置

门板造型修改分为几种更改方式：面板样式为全部门板样式一起更改，门板样式为修改掩门样式，抽面样式为修改抽屉门板样式，其区别主要是由于各类门板的类型中带有线条造型样式的制作工艺不同，如果是免拉手门板，可以直接使用面板样式更改，吸塑和实木门板则根据掩门、抽面分开更改。以下案例为实木门板，因此分开更改。

（1）全部掩门造型修改

右键单击墙面任意位置，选择全部门板

中的门板样式，进入门板素材库后，选择实木门板，在上方搜索栏输入“SG-801”，双击“SG-801-门板”门板样式即可替换完成，如图6-20所示。

（2）**部分掩门造型修改**

按住Ctrl键，多选需要更改掩门样式的门板，如图6-21所示。右键单击被选中的门板，选择门板中的门板样式，进入门板素材库后，在上方搜索栏输入“SG-801”，双击“SG-801-网格”门板样式即可替换完成。

（3）**抽屉门板造型修改**

右键单击墙面任意位置，选择全部门板中的抽面样式，进入门板素材库后，选择实木门板，在上方搜索栏输入“SG-801”，双击“SG-801-抽面”门板样式即可替换完成，如图6-22所示。

（4）**全部柜体材质修改**

右键单击墙面任意位置，选择全部材质中的柜体材质，进入材质素材库后，在上方搜索栏输入“红橡黄橡色开放漆”，双击偏黄色的实木材质，如图6-23所示。

（5）**全部门板材质修改**

右键单击墙面任意位置，选择全部材质中的门板材质，进入材质素材库后，选择与柜体相同的材质即可。再次右键单击墙面任意位置，选择全部材质中的门芯材质，进入材质素材库后，选择和门板相同的材质，如图6-24所示。

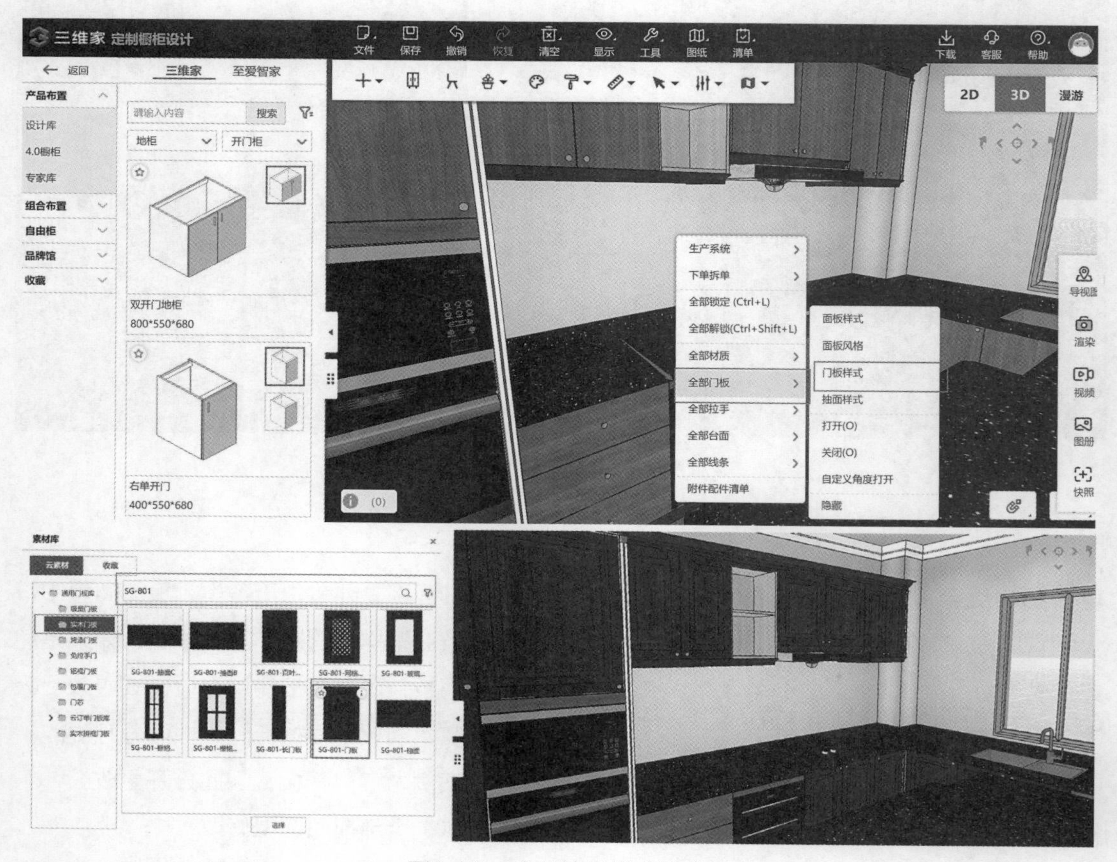

图6-20 全部掩门样式修改

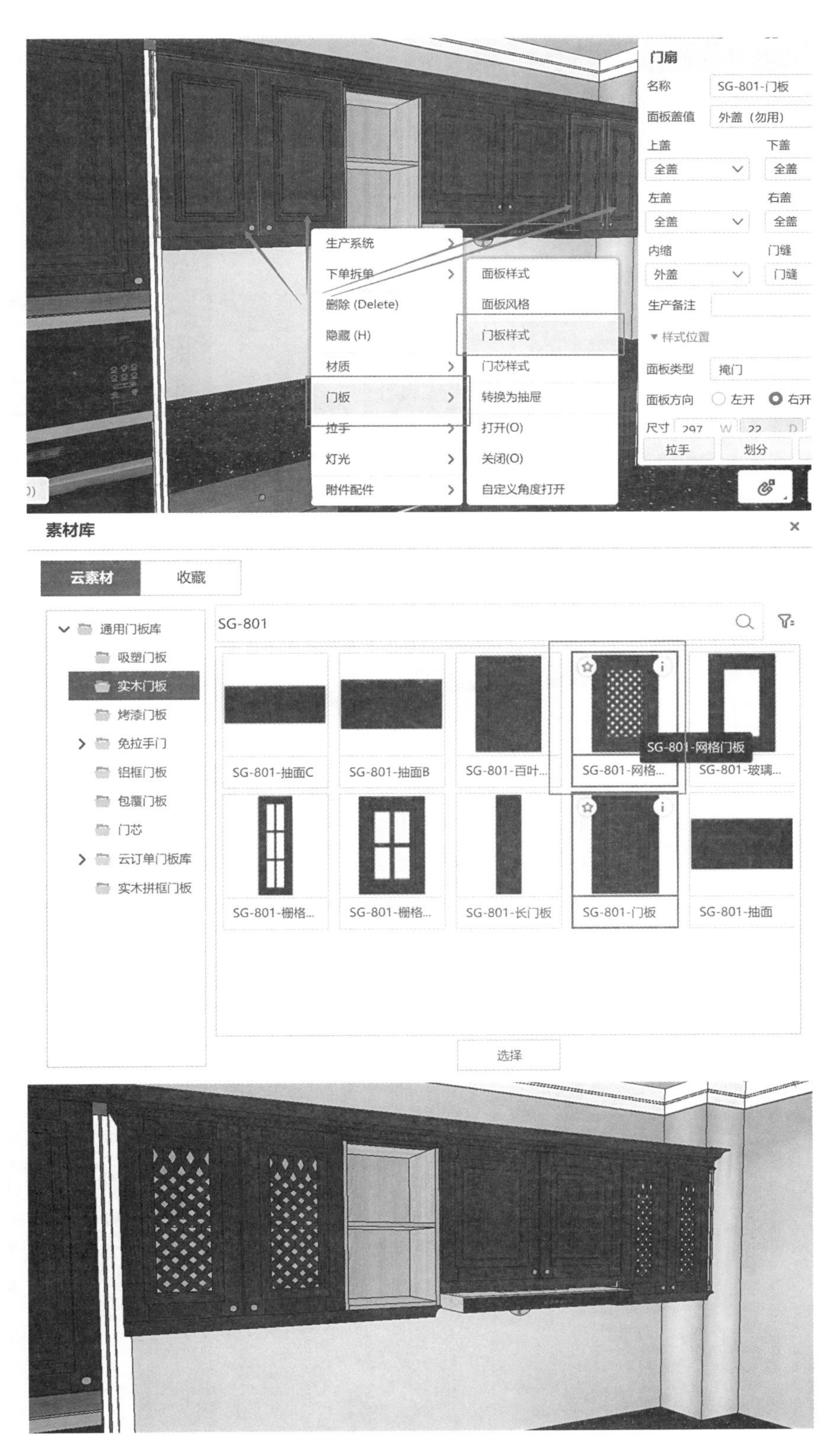

图6-21 部分掩门样式修改

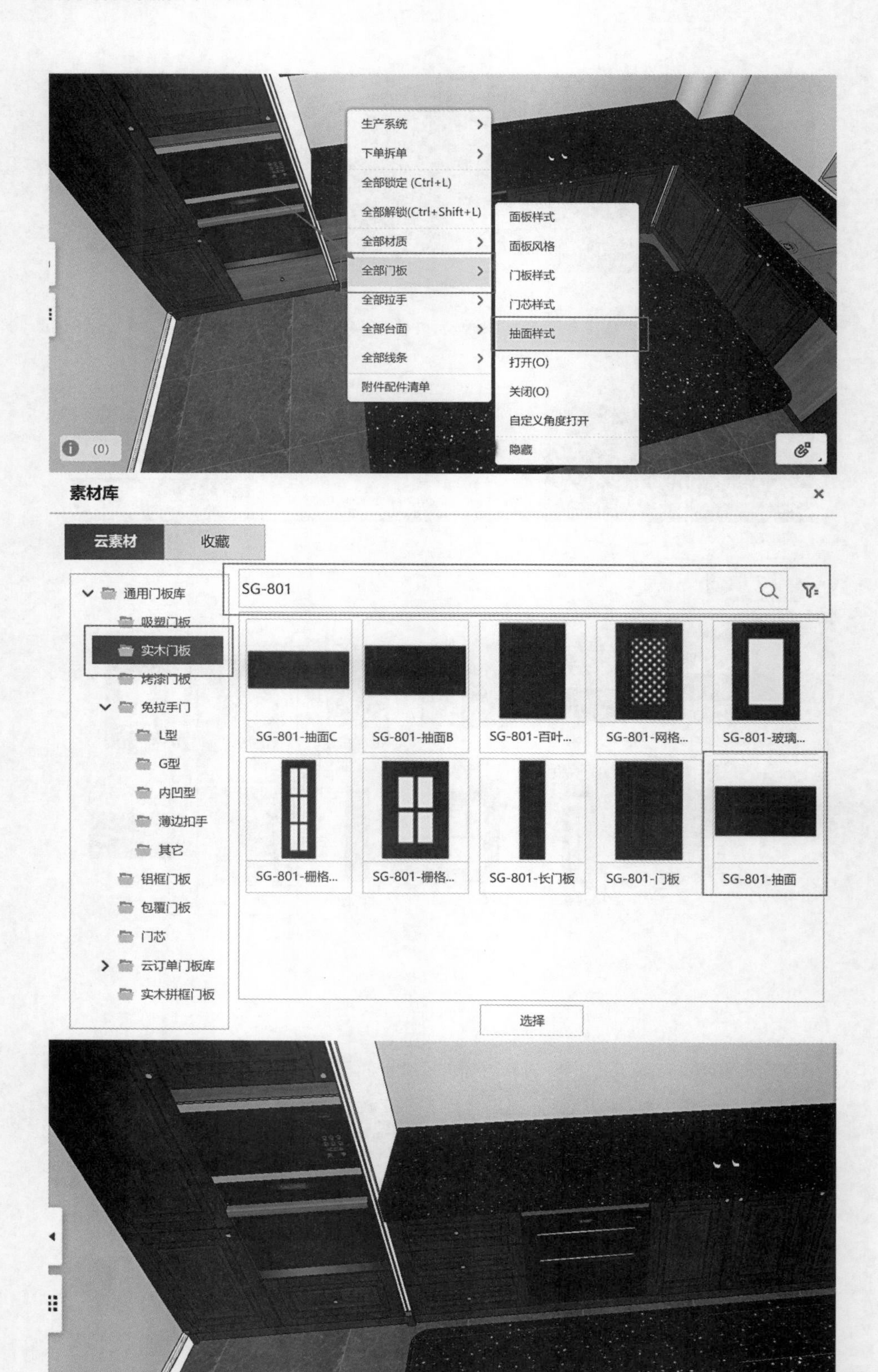

图6-22　抽屉门板样式修改

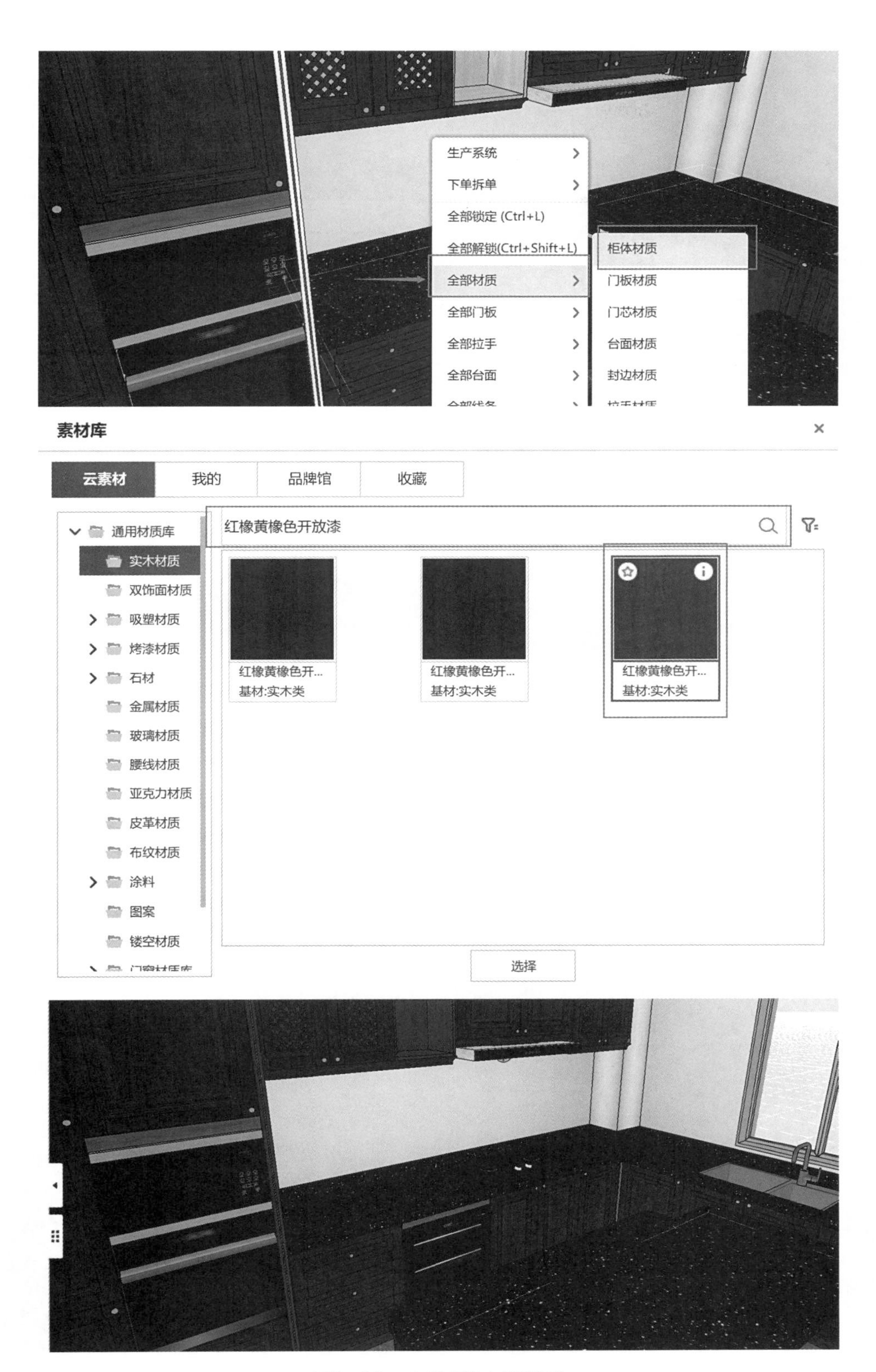

图6-23 全部柜体材质修改

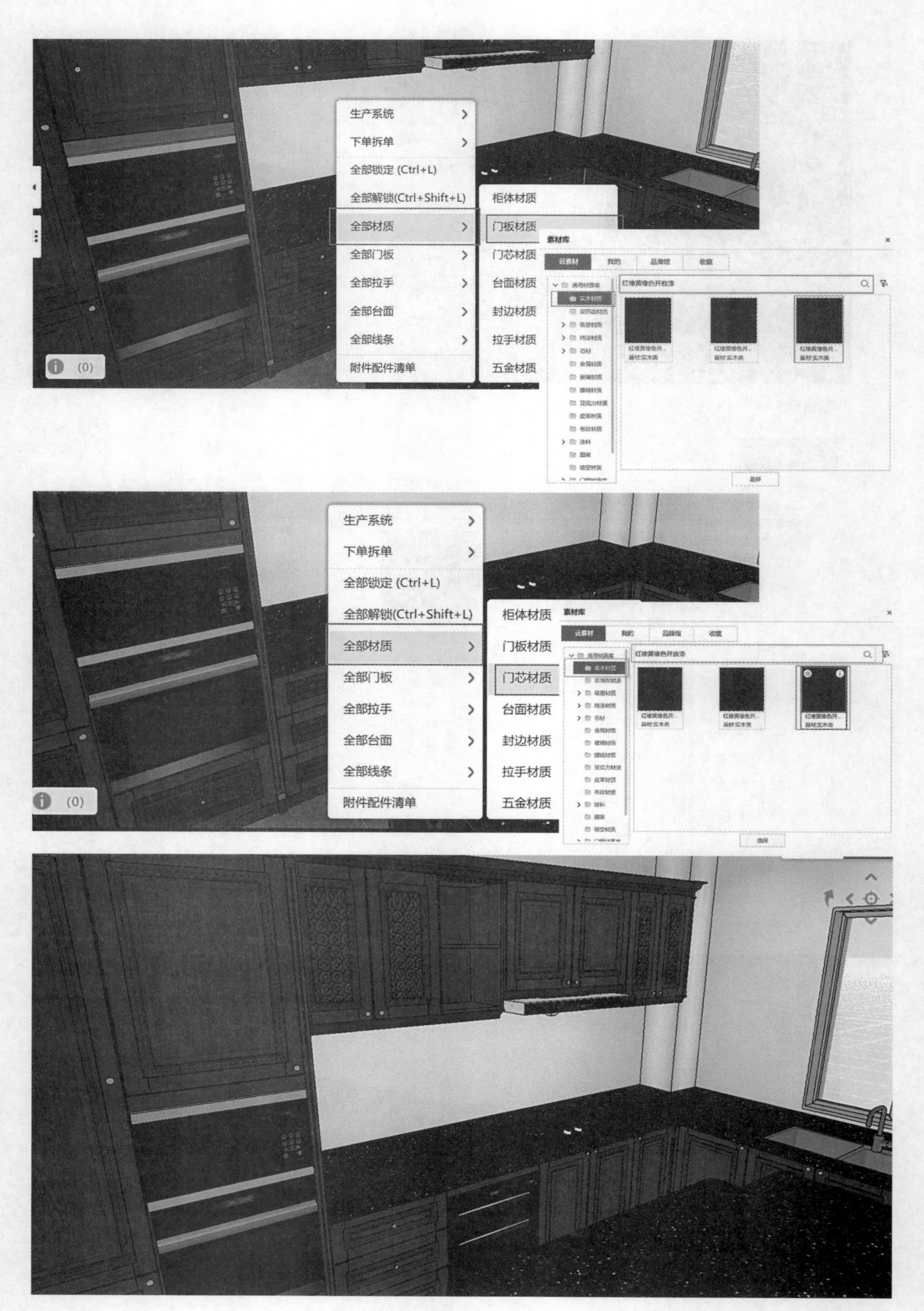

图6-24　全部门板材质修改

（6）顶线和脚线材质修改

右键单击门板，选择格式刷中的材质刷，即可复制门板材质，鼠标会变成一把刷子，分别点击顶线和脚线，将其材质修改与门板材质相同，如图6-25所示。

6.1.5 拉手设置

拉手设置，即更改拉手样式或者进行拉手安装。拉手更改和安装可根据需求进行全部、多个、单个设置。

（1）全部拉手样式替换

右键单击墙面任意位置，选择全部拉手中的替换，进入拉手素材库后，打开古典拉手系列文件夹，查找型号“HF-16367”的拉手样式，双击即可替换，如图6-26所示。

（2）部分柜体门板拉手安装

由于组合吧台之前的门板样式为免拉手，因此没有安装拉手，需要重新安装。安装时，可以根据门板类型以及门板开门方向进行分开安装。如按住Ctrl键，点击左开门

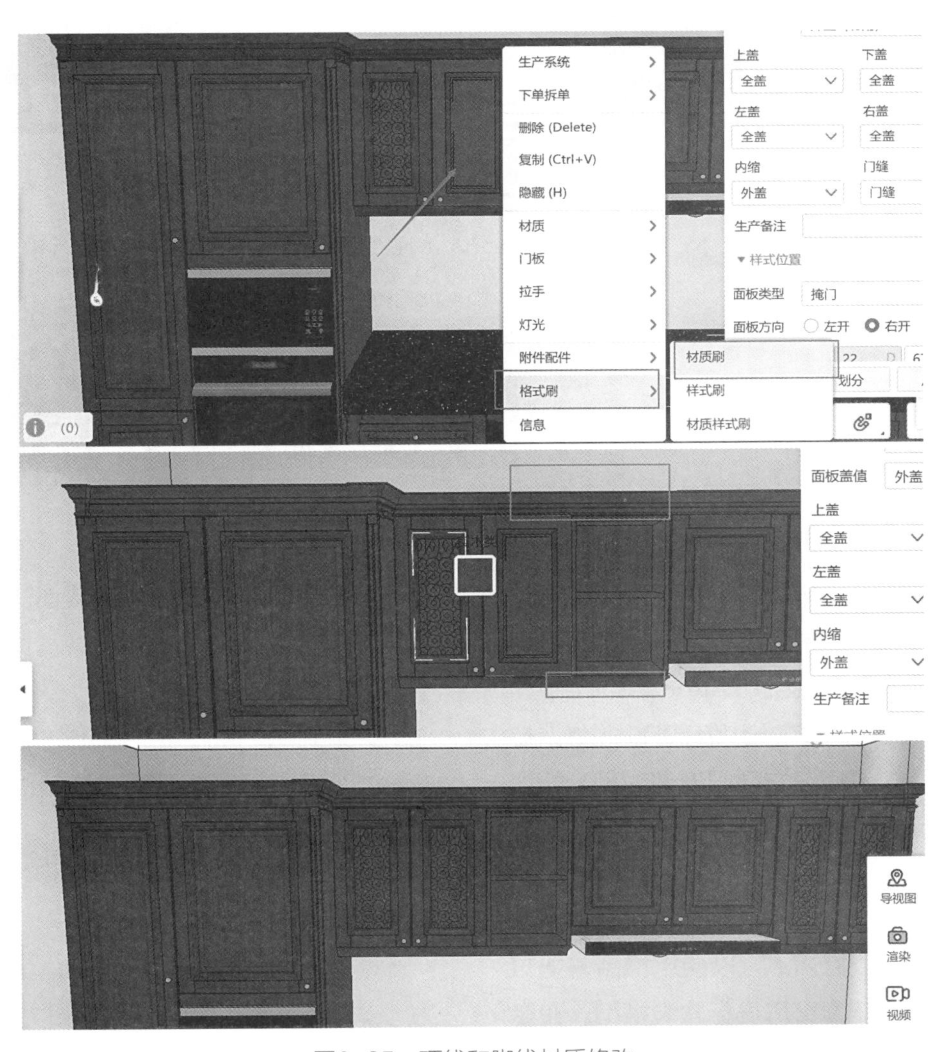

图6-25 顶线和脚线材质修改

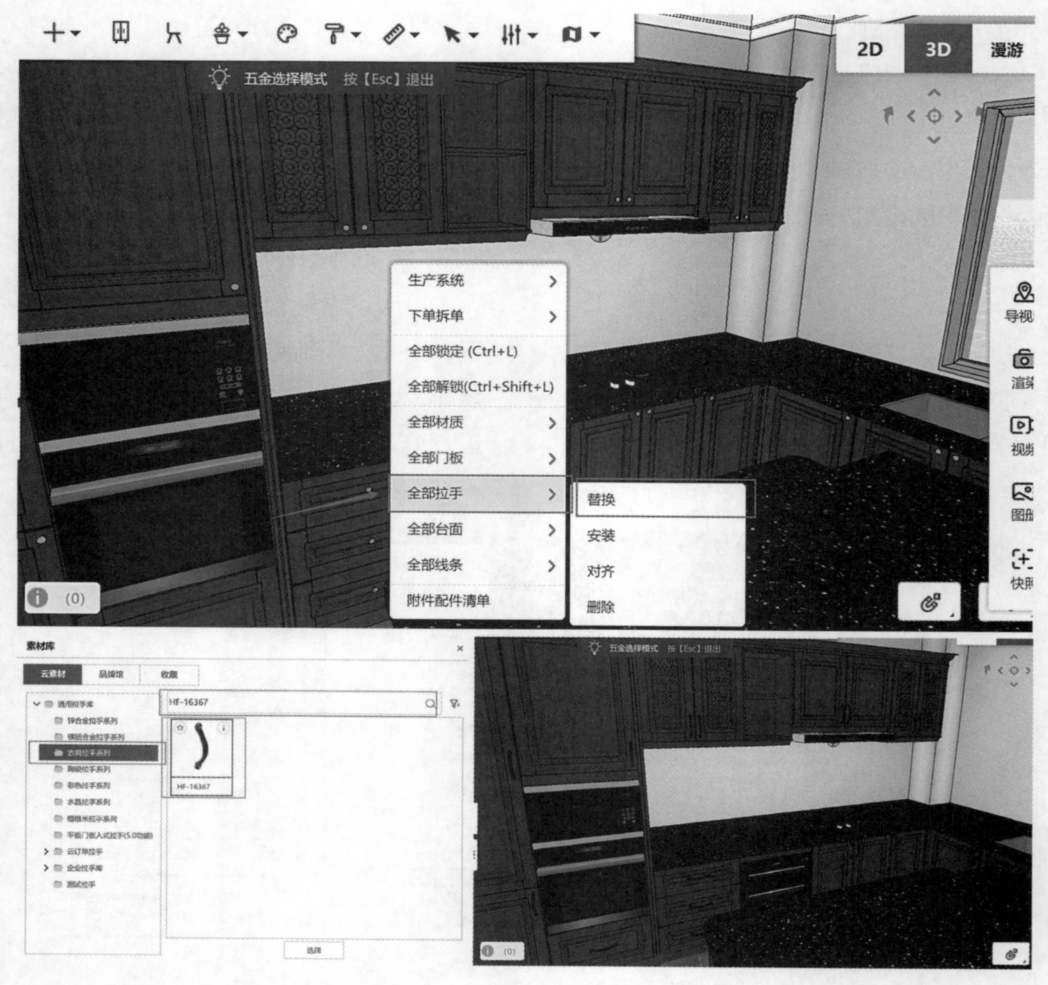

图6-26　全部拉手样式替换

方向的掩门，右键单击选中的门板，选择拉手中的安装，点击添加，打开古典拉手系列文件夹，查找型号“HF-16367”的拉手样式，安装之后，可在右边信息编辑栏修改拉手方向及位置，以左开门安装为例，如图6-27所示。

6.1.6　饰品智能布置

设计好橱柜后，可以使用饰品智能布置功能，快速为厨房进行软装搭配。在定制橱柜板块，点击厨房任意墙面，再选择上方菜单栏中智能布置中的智能饰品；选择厨房空间，点击“确定”；根据所需风格进行选择，再点击“确定”即可，如图6-28所示，再根据具体的饰品进行编辑放置。

【课堂练习】

学习橱柜设计后，根据所学重新制作一个厨房空间的橱柜设计，如图6-29所示。

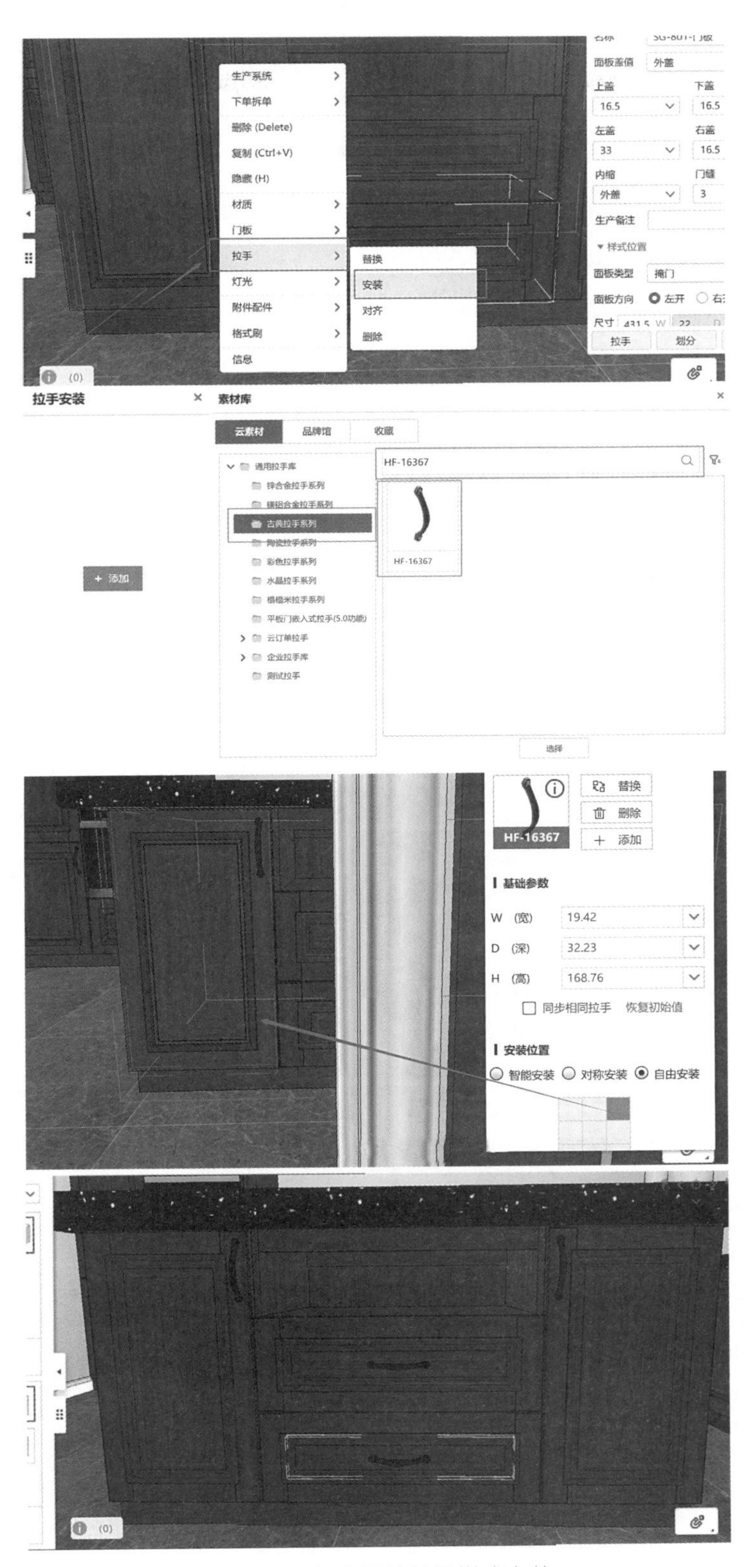

图6-27 部分柜体拉手样式安装

风格库选择
欧式
中式
美式
五金选择模式　按【Esc】退出
地中海
东南亚
田园
新古典
简约
工业
柜体布置
全屋布置
单空间布置
饰品布置完成
换一批
清除

图6-28　饰品智能布置

图6-29 厨房制作

6.2 卧室设计

卧室设计，主要讲解制作定制衣柜、榻榻米、书柜等全屋定制家具。定制家具根据柜体工艺、功能配置以及人体工程学进行了目录分类和参数设置。模块化和智能化的设计，大大提高了设计效率。本节主要以生产库进行讲解。

6.2.1 衣柜功能界面介绍

定制衣柜设计界面，最常用的分为产品布置、组合布置和收藏三大类，如图6-30所示。

6.2.2 柜体布置

6.2.2.1 下柜布置

下柜放置，主要以4.0衣柜库的素材来进行布置，下柜按照工艺类型分为趟门衣柜、掩门衣柜、顶柜、异形柜，装饰部件。接下来，制作一个带顶柜的趟门衣柜设计。

衣柜柜体布置

卧室电视柜

（1）收口板布置

收口板主要作用是矫正墙体不是绝对垂直时与柜体衔接存在缝隙的问题。在装饰部件目录中，找到收口板，选择

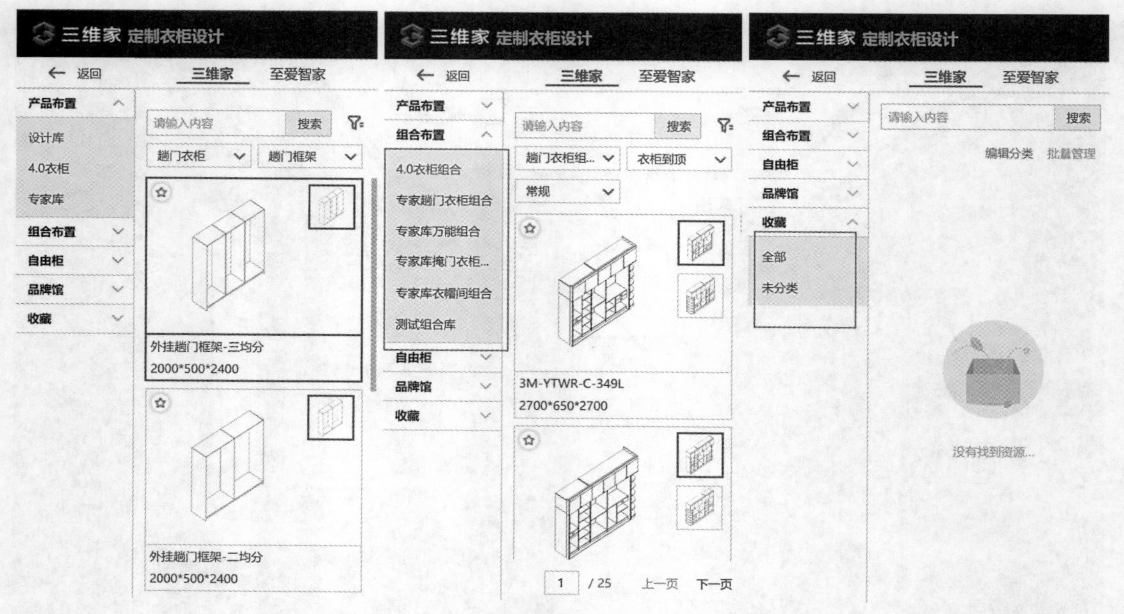

图6-30　定制衣柜设计界面

"收口板"，拖拉至户型中，鼠标不放，指向开门的那面墙体，在右侧信息编辑栏修改高度为"2700"，特殊参数值中下柜高度修改为"2100"，再将收口板离左边墙体的距离修改为"0"，如图6-31所示。

（2）趟门框架布置

趟门框架根据是否带顶柜和是否直接到顶，分别有顶框架、无顶框架、框架到顶等类型。选择有顶框架，同样拖动至指向开门的那面墙体，在右侧信息编辑栏修改柜体宽度为"2400"，高度为"2100"，靠收口板摆放（注意：趟门框架离左边的距离有两个，大的数值是离墙的距离，小的数值是离收口板的距离），如图6-32所示。

（3）单元柜布置

在趟门衣柜中的基础单元，根据相应尺寸选择合适的衣柜单元，拖动放置于趟门框架内部；在放置单元柜体时，注意右侧小视图柜体结构的选择，根据实际情况选择有无左右侧板的单元柜体，相邻单元柜体可共用一块侧板，如图6-33所示。

（4）圆弧柜布置

在异形柜中找到带门右圆弧柜，拖动放置于趟门框架外部的右侧，在右侧信息编辑栏修改柜子高度为"2100"，宽度为"350"，如图6-34所示。

6.2.2.2　上柜布置

上柜布置，主要以生产库的素材来进行布置。上柜按照工艺类型分为有门顶柜、无门顶柜、转角顶柜、延伸顶柜、圆弧顶柜等。五开门顶柜布置，在顶柜目录中找到有门顶柜，选择"2+3"的形式进行布置，鼠标按住拖拉，指向单元柜顶板的位置，即可将顶柜放置于下柜上方，修改顶柜宽度，两个顶柜宽度总和为"2750"，高度修改为"600"，深度为"580"，如图6-35所示。

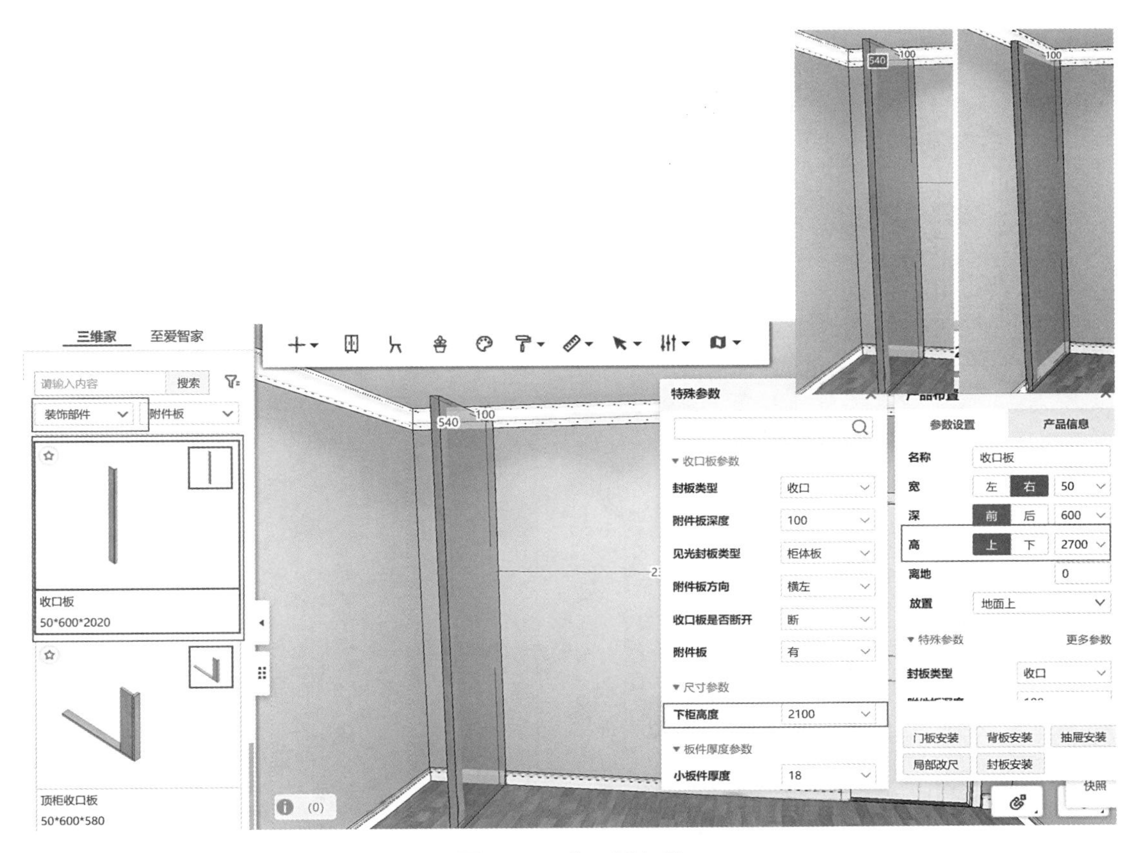

图6-31　收口板布置

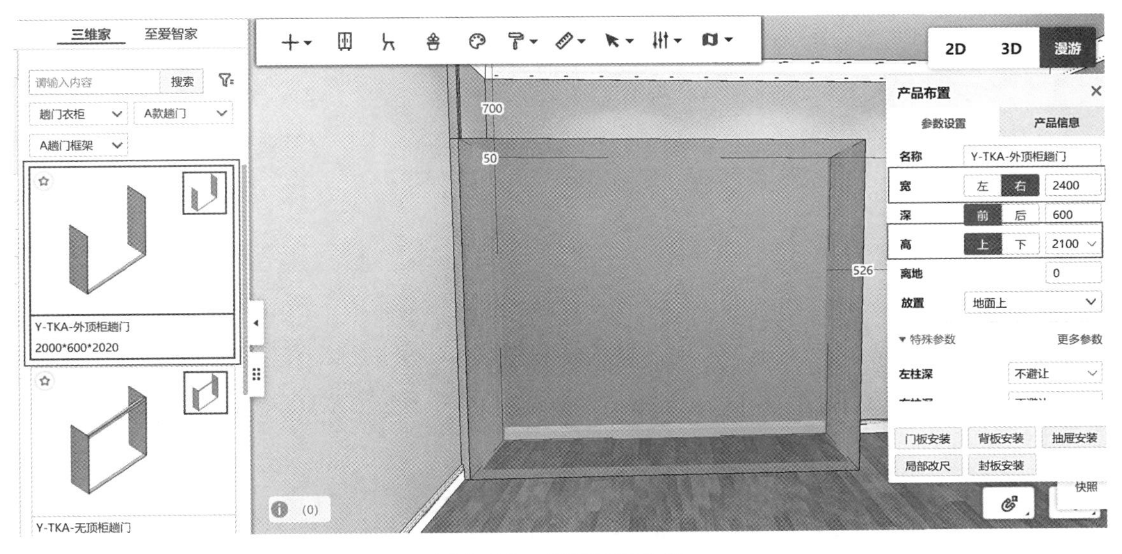

图6-32　趟门框架布置

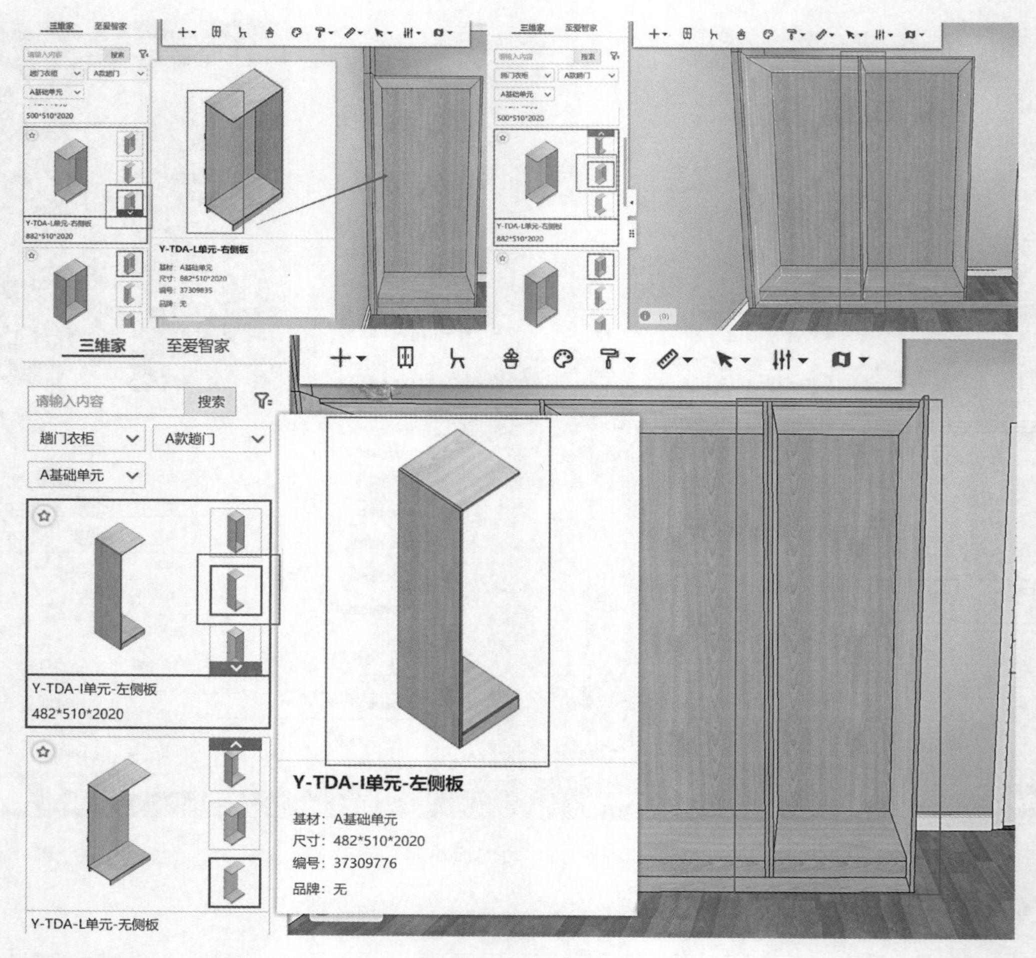

图6-33　单元柜布置

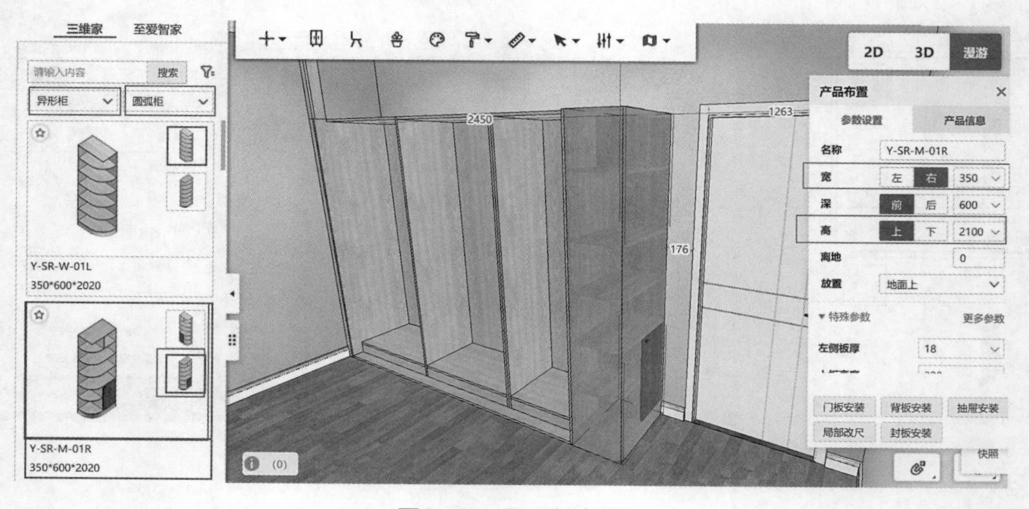

图6-34　圆弧柜布置

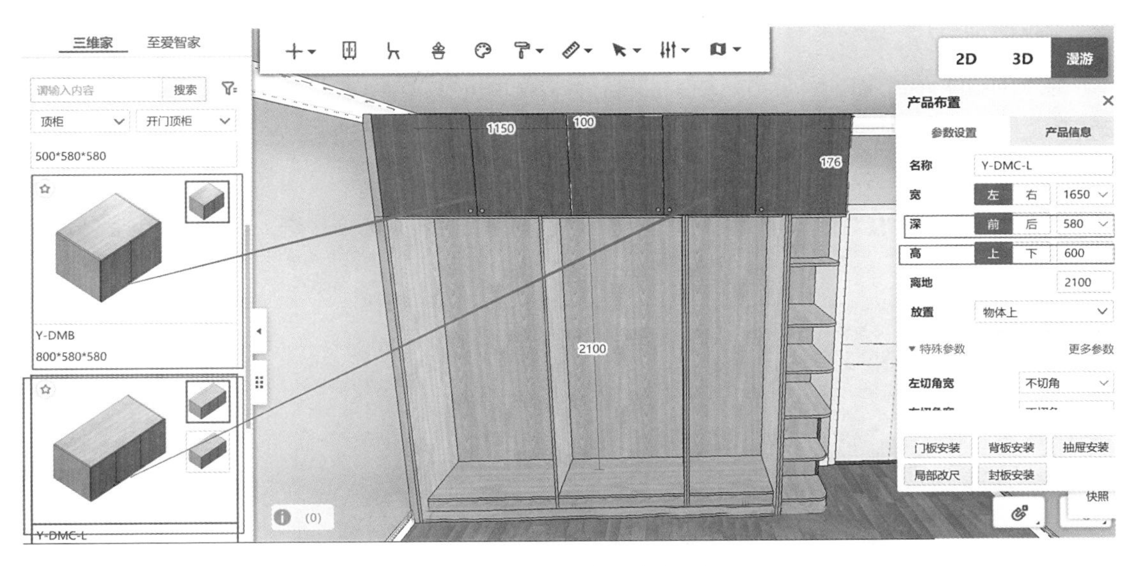

图6-35 五开门顶柜布置

6.2.3 功能件和线条设置

（1）功能件设置

功能件的素材库中主要包含层板、中立板、切角异形板、五金配件等。分为两种操作情况：一个是单个功能件DIY组合，另一个是选用组合好的场景组合功能件。下面为单元柜增加功能件。

① 右键单击左侧的单元柜，选择替换功能组合，进入后左侧菜单会出现功能组合的素材库，点击合适的功能组合，再点击“布置”即可，如图6-36所示。中间的单元柜体也可用同样的方式进行布置。

② 右键单击右侧的单元柜，选择增加功能件，在组合收纳类中找到相应的抽斗，拖动抽斗放置于右侧的单元柜内部，按住移动至抽屉顶板，并与中间单元柜的层板齐

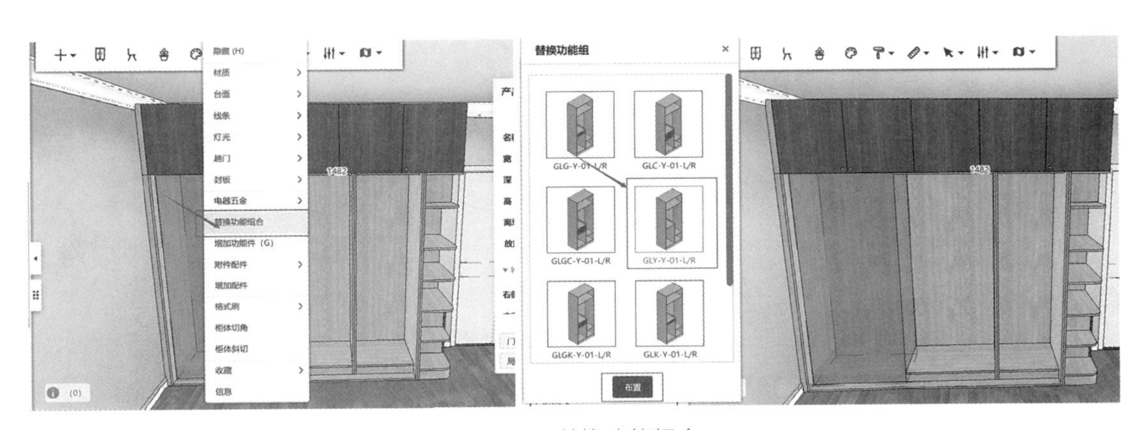

图6-36 替换功能组合

高，如图6-37所示。

③ 在功能件目录的标准功能件中，拖动层板放置于右侧单元柜内部的抽屉上方；移动层板，出现蓝色线条表明该层板在此区间中上下均布；也可以在拖动层板放置区间后，右键单击层板，选择均布及均布数量，如图6-38所示。

（2）顶线安装

右键单击墙面任意地方，选择全部线条中的顶线安装，进入编辑菜单后，分别

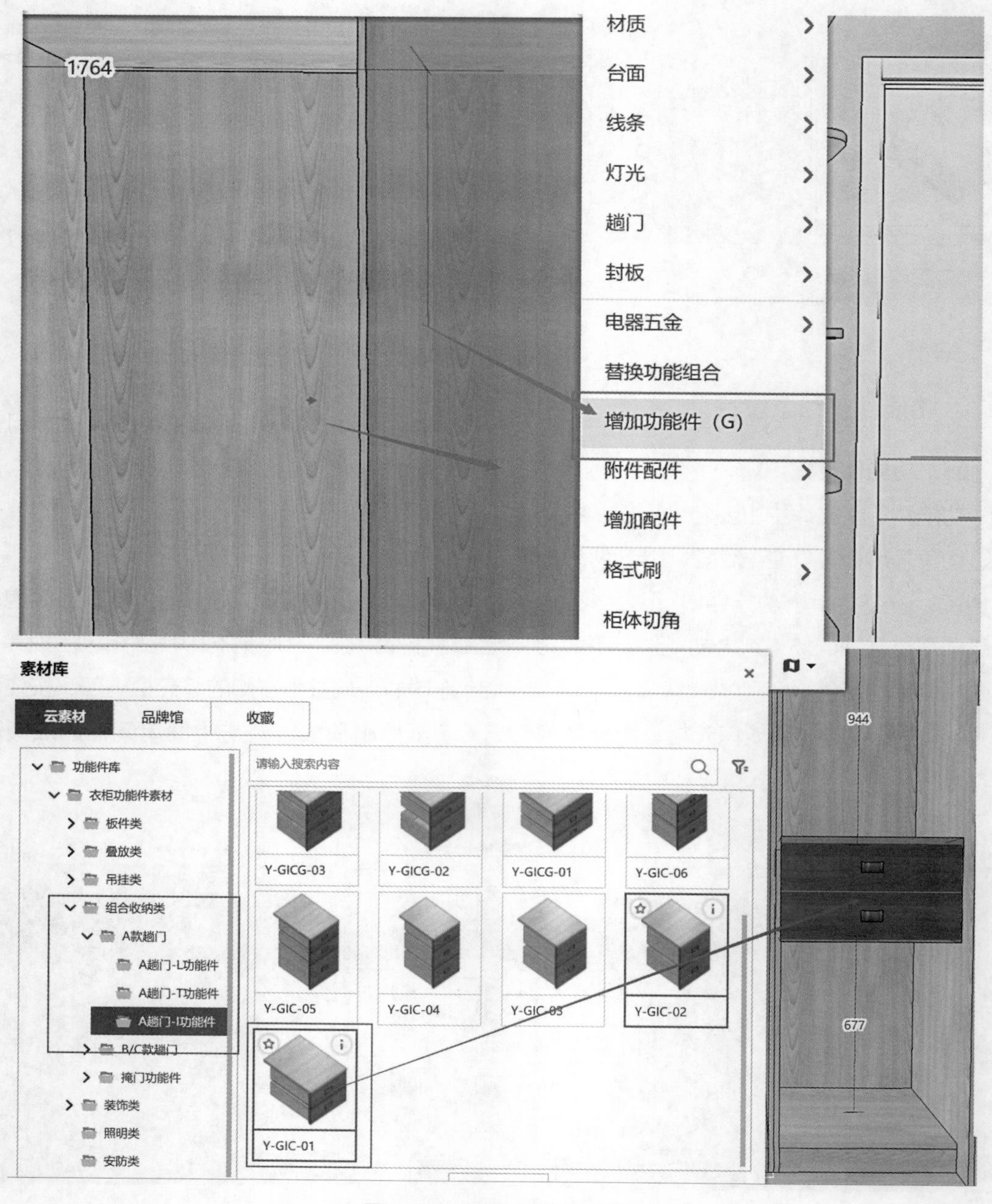

图6-37 抽斗功能件布置

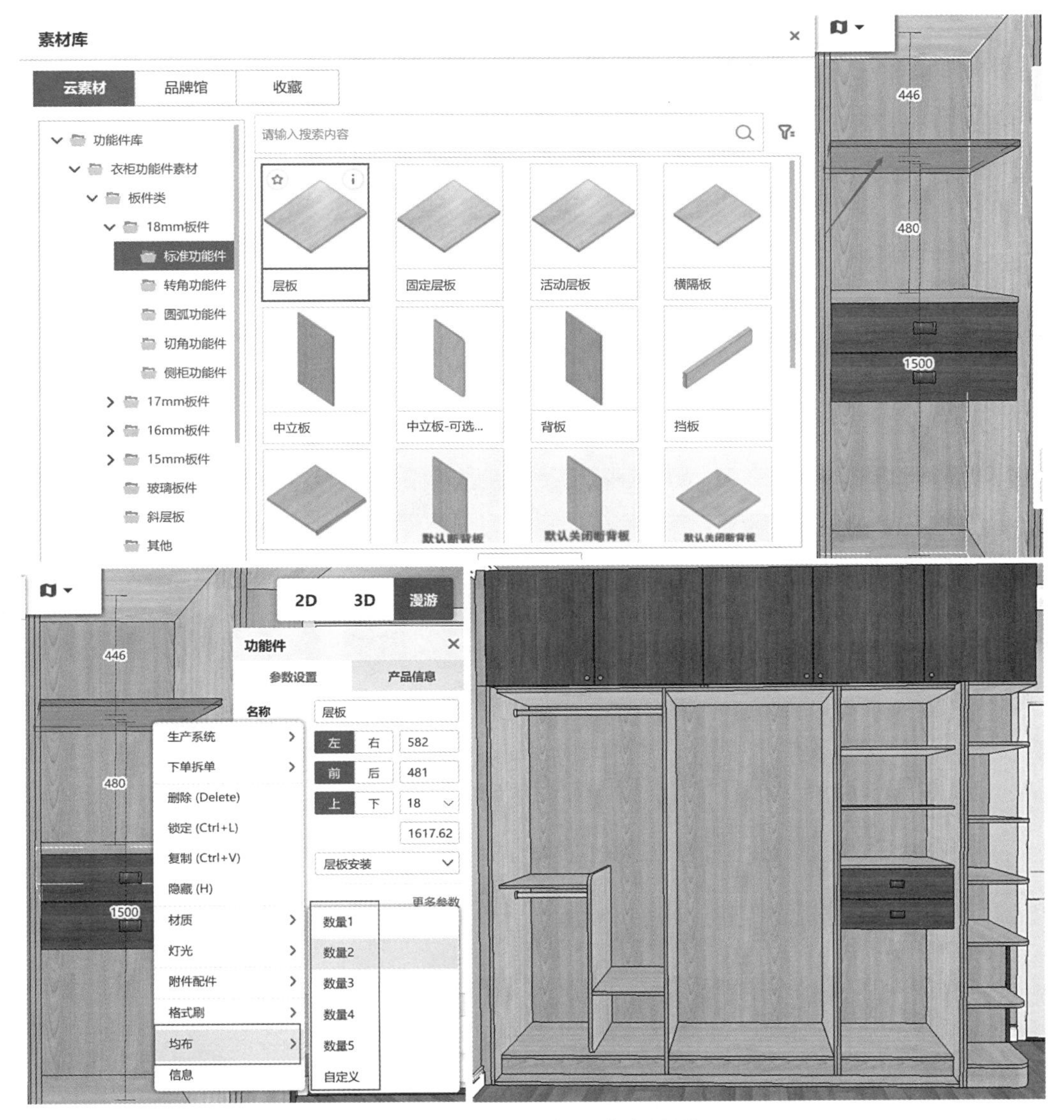

图6-38 层板添加及均布设置

点击型号、材质。进入型号和材质后，双击即可选择需要的样式和材质，最后点击编辑菜单面板的“确定”即可，如图6-39所示。

6.2.4 门板造型和材质设置

（1）趟门生成

趟门素材库中常见样式有通用样式、产品趟门样式、定制样式等（注：带可调字样的门板样式，门芯高度是可以调节的）。右键单击趟门框架，选择趟门中的趟门生成，进入趟门样式素材库后，点击通用样式目录，双击选择“中下可调”的趟门样式，如图6-40所示。

（2）趟门门扇数及门扇位置错落设置

点击右侧信息编辑栏的趟门扇数“+”

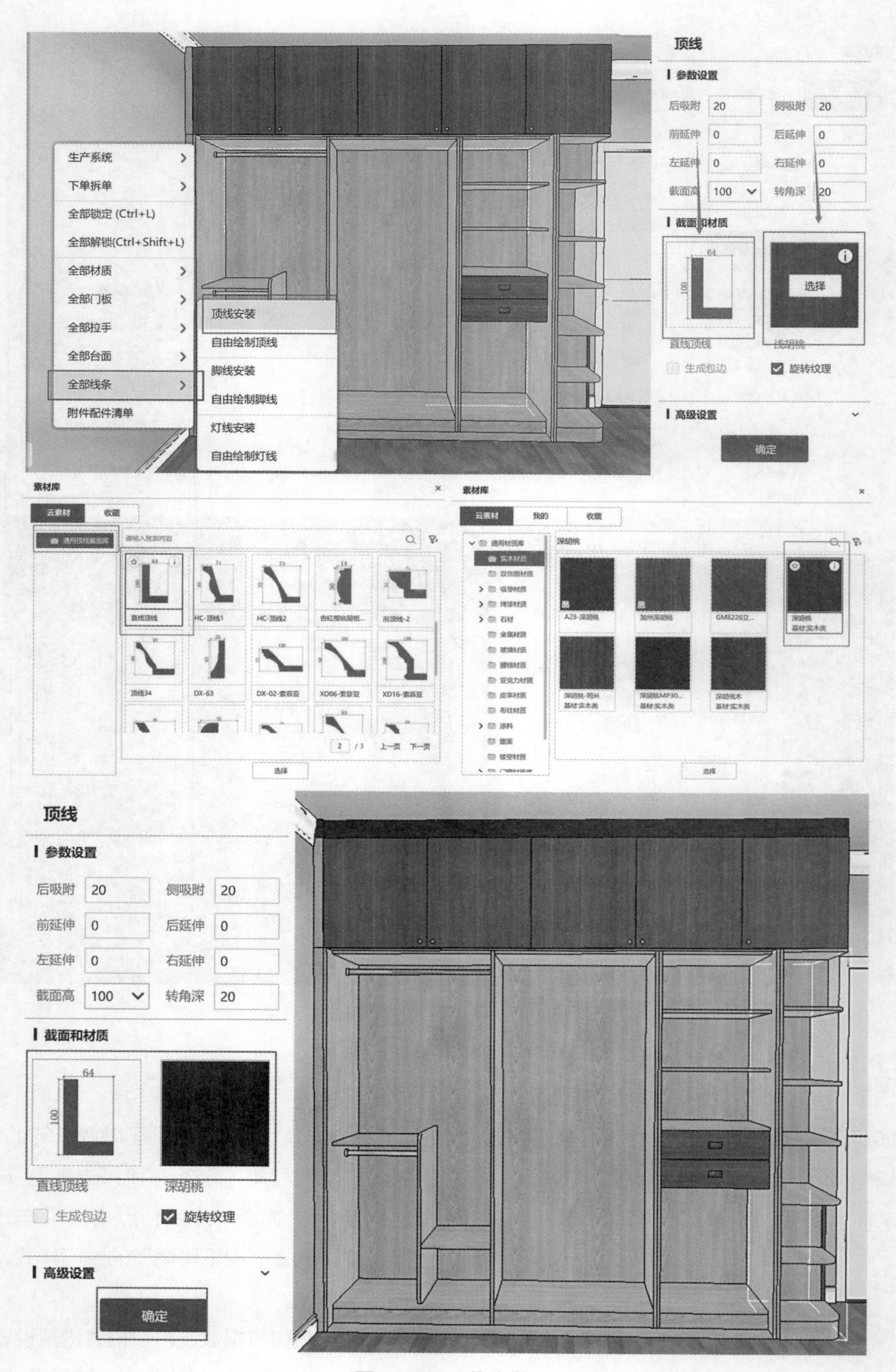
生产系统
下单拆单
全部锁定 (Ctrl+L)
全部解锁(Ctrl+Shift+L)
全部材质
全部门板
全部拉手
全部台面
全部线条
附件配件清单
顶线安装
自由绘制顶线
脚线安装
自由绘制脚线
灯线安装
自由绘制灯线
顶线
参数设置
后吸附
侧吸附
前延伸
后延伸
左延伸
右延伸
截面高
转角深
截面和材质
直线顶线
浅胡桃
选择
生成包边
旋转纹理
高级设置
确定
素材库
云素材
收藏
我的
深胡桃
选择
顶线
参数设置
后吸附 20
侧吸附 20
前延伸 0
后延伸 0
左延伸 0
右延伸 0
截面高 100
转角深 20
截面和材质
64
100
直线顶线
深胡桃
生成包边
旋转纹理
高级设置
确定

图6-39　顶线安装

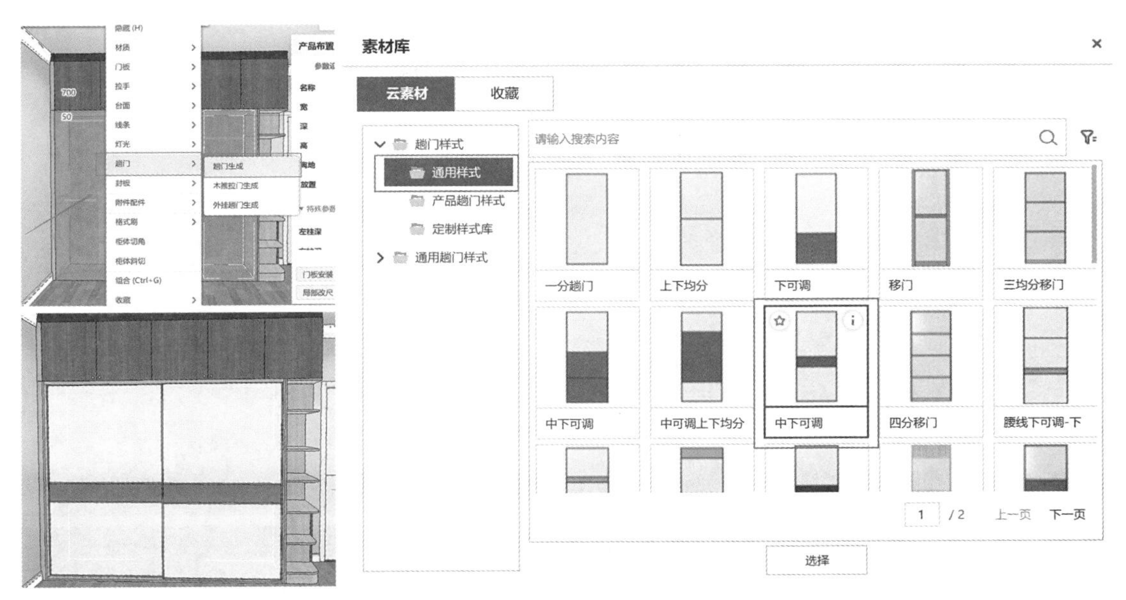

图6-40 趟门生成

或者“-”，即可对扇数进行增加或减少。修改第一个门扇位置“内”或者“外”，即可对门扇的位置错落进行调整，如图6-41所示。

（3）趟门扇门芯高度修改

右键单击趟门扇任意位置，选择趟门中的趟门扇编辑，在右侧单扇趟门编辑信息栏修改“样式分割参数”，如修改“H2”，如图6-42所示。

（4）门板样式替换

右键单击墙面，选择全部门板中的面板样式，再选择实木门板目录以及搜索型号“SG-801-门板”，双击确定，即可将顶柜门板样式替换完成；再右键单击趟门扇上门芯，选择门板样式中的门芯样式，再选择门芯样式目录以及搜索型号“AX014”；再右键单击腰线，同样选择门芯样式，搜索样式“AX014”；最后进行替换下门芯，搜索型号“Y-11”，如图6-43所示。

（5）柜体、门板材质替换

右键单击墙面，选择全部材质中的柜体材质，在实木目录中搜索“红橡黄橡色开放漆”，双击确认；右键单击墙面，选择门板材质，搜索“红橡黄橡色开放漆”，如图6-44所示。

（6）趟门边框、顶线材质替换

左键单击趟门轨道，在右侧信息栏点击“实木材质”，搜索“红橡黄橡色开放漆”，双击确认；右键单击门板，选择格式刷中的材质刷，将复制的材质刷至顶线；再右键单击趟门扇，选择趟门中的“样式全同”，如图6-45所示。

6.2.5 拉手设置

右键单击墙面，选择全部拉手中的替换，在古典拉手中搜索“HF-16367”，双击确认安装，如图6-46所示。

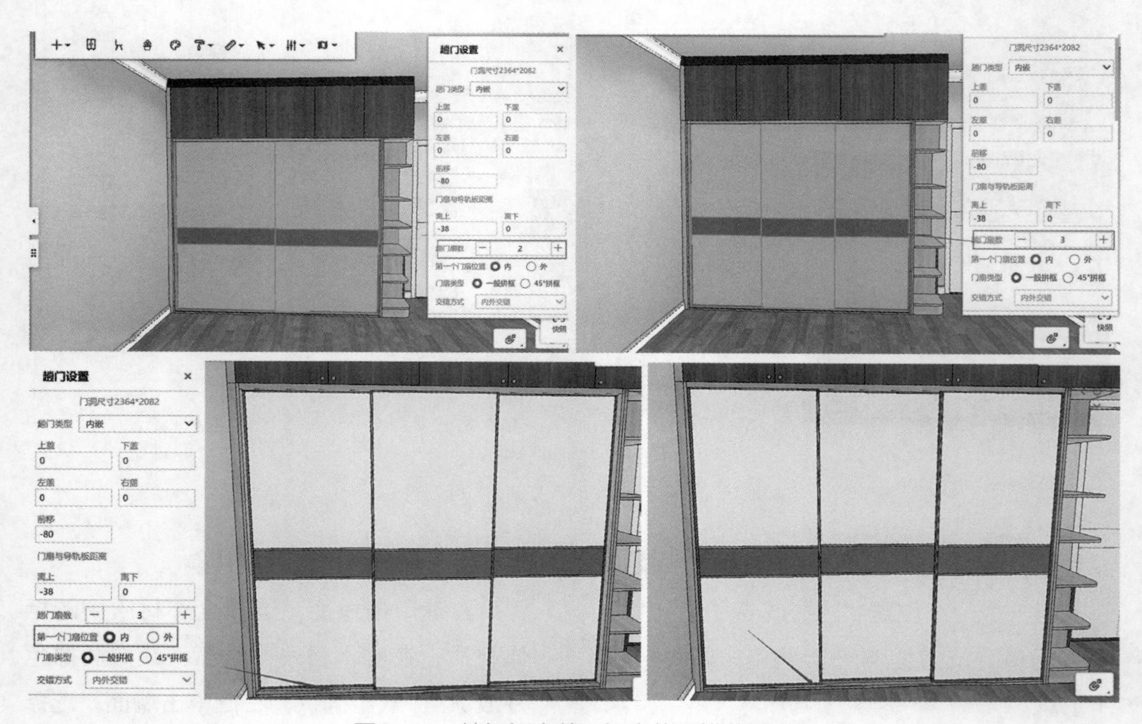

图6-41 趟门门扇数及门扇位置错落设置

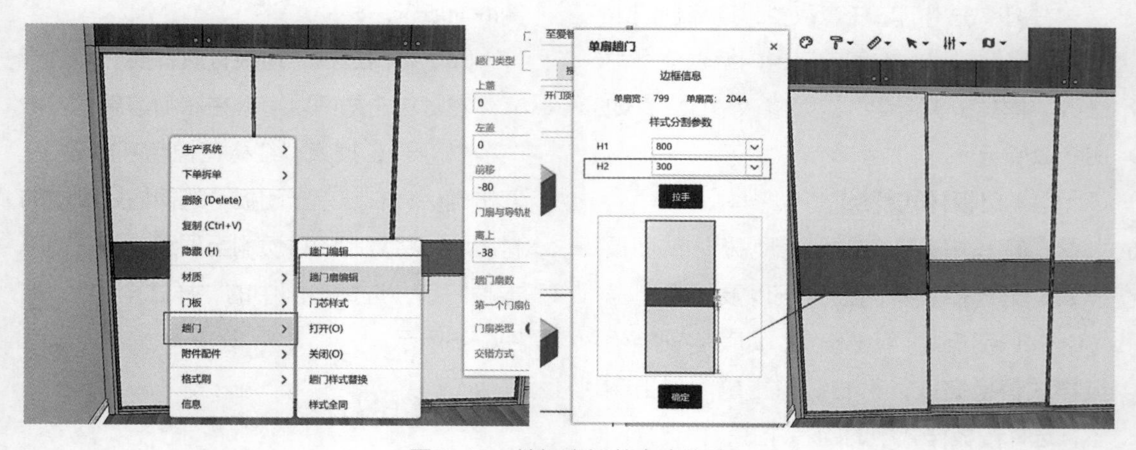

图6-42 趟门扇门芯高度修改

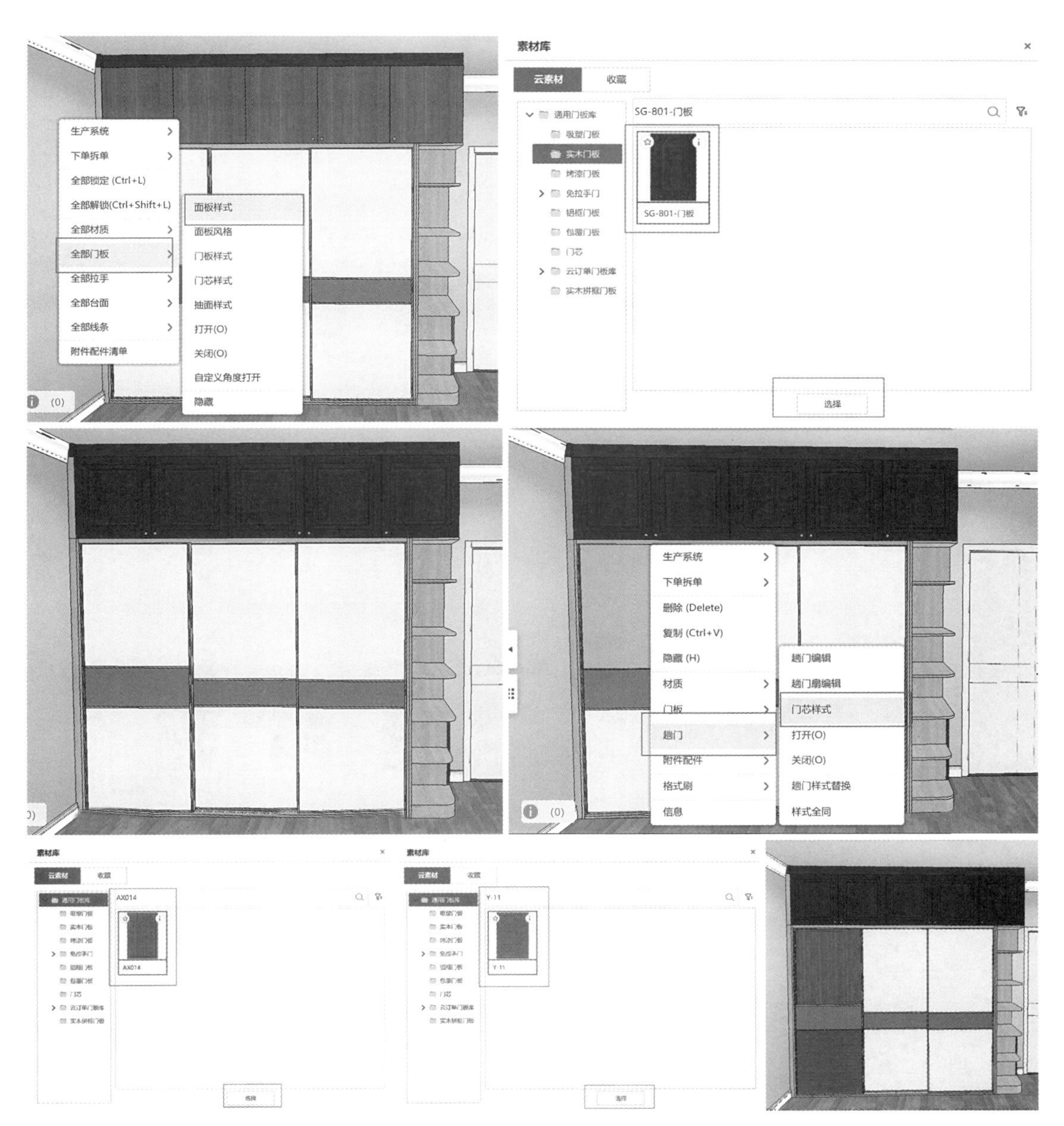
生产系统
下单拆单
全部锁定 (Ctrl+L)
全部解锁(Ctrl+Shift+L)
全部材质
全部门板
全部拉手
全部台面
全部线条
附件配件清单
面板样式
面板风格
门板样式
门芯样式
抽面样式
打开(O)
关闭(O)
自定义角度打开
隐藏
素材库
云素材
收藏
通用门板库
吸塑门板
实木门板
烤漆门板
免拉手门
铝框门板
包覆门板
门芯
云订单门板库
实木拼框门板
SG-801-门板
选择
生产系统
下单拆单
删除 (Delete)
复制 (Ctrl+V)
隐藏 (H)
材质
门板
趟门
附件配件
格式刷
信息
趟门编辑
趟门扇编辑
门芯样式
打开(O)
关闭(O)
趟门样式替换
样式全同

图6-43 门板样式替换

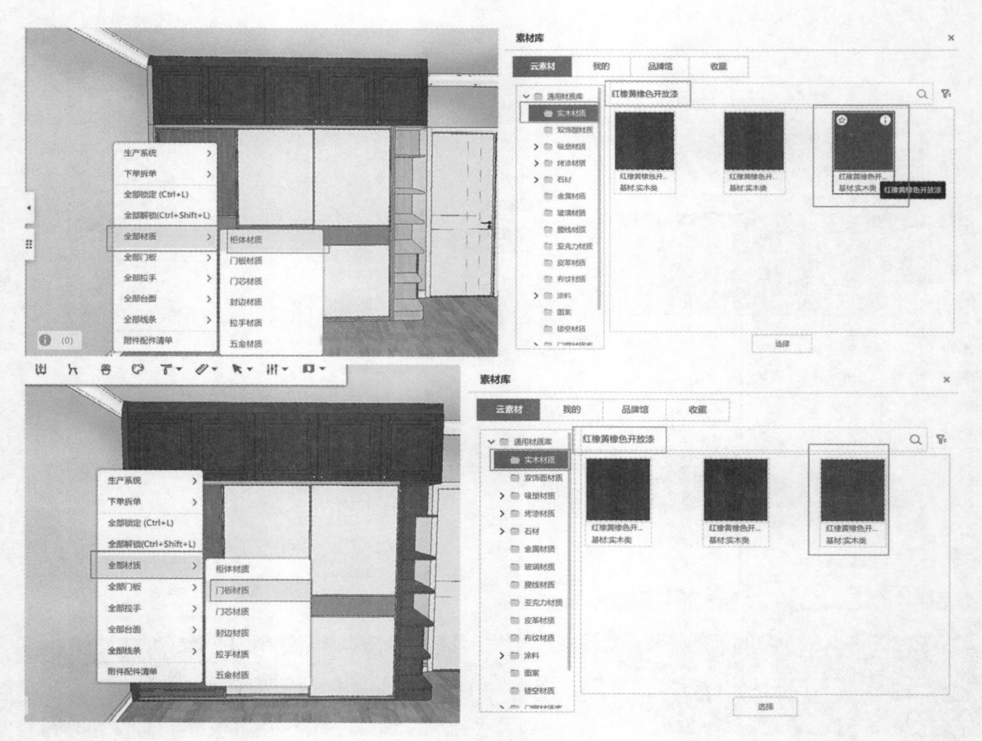

图6-44　柜体、门板材质替换

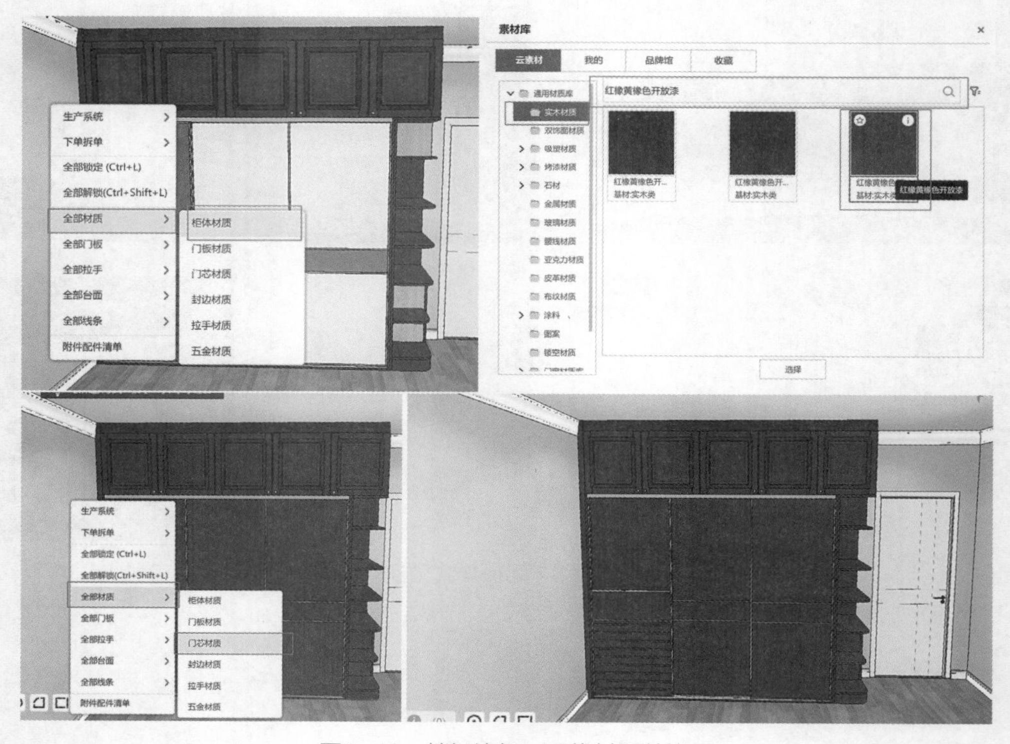

图6-45　趟门边框、顶线材质替换

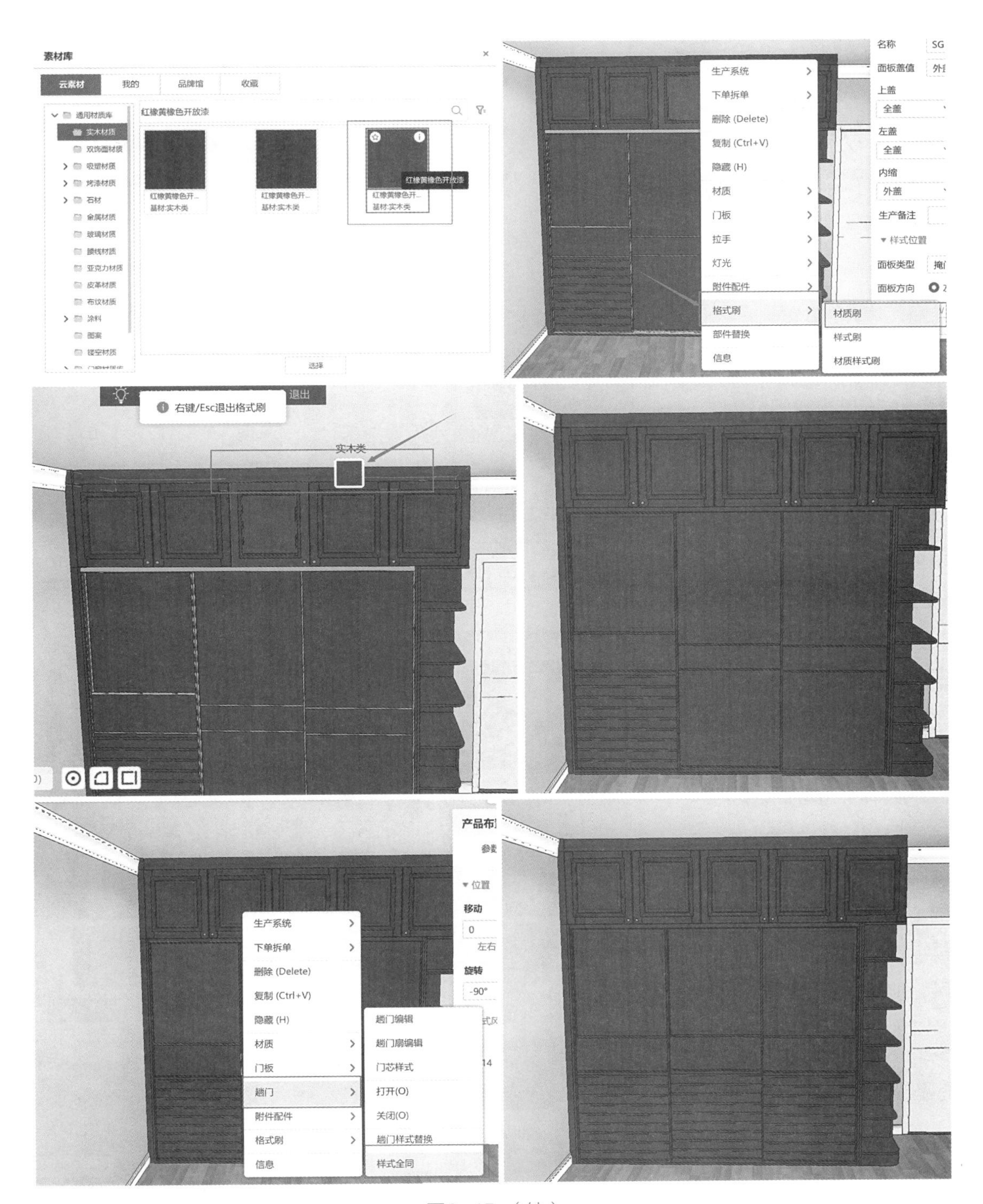
素材库
云素材
我的
品牌馆
收藏
通用材质库
实木材质
红橡黄橡色开放漆
基材:实木类
选择
生产系统
下单拆单
删除 (Delete)
复制 (Ctrl+V)
隐藏 (H)
材质
门板
拉手
灯光
附件配件
格式刷
部件替换
信息
材质刷
样式刷
材质样式刷
名称
面板盖值
上盖
全盖
左盖
内缩
外盖
生产备注
样式位置
面板类型
面板方向
右键/Esc退出格式刷
退出
实木类
产品布
位置
移动
左右
旋转
-90°
趟门
趟门编辑
趟门扇编辑
门芯样式
打开(O)
关闭(O)
趟门样式替换
样式全同

图6-45（续）

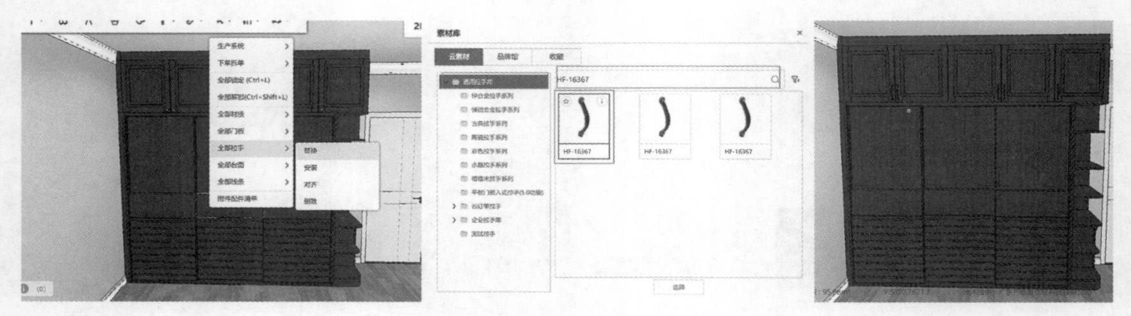

图6-46 拉手替换

6.2.6 智能布置

一键布置服饰衣物，右键单击趟门扇，选择趟门中的“打开”，即可看到柜体内部格局，再点击上方菜单的“智能推荐”，选择主卧空间，再选择样式，确认即可，如图6-47所示。

6.2.7 CAD图纸导出

右键单击墙面，选择“导出CAD图纸”，选择需要导出的柜体类型，点击“一键导出”，再点击“保存本地”即可，如图6-48所示。

6.2.8 报价单导出

点击设计界面右上角的“清单”，选择需要导出的类型，点击“下载报价”，如图6-49所示。

图6-47 智能饰品布置

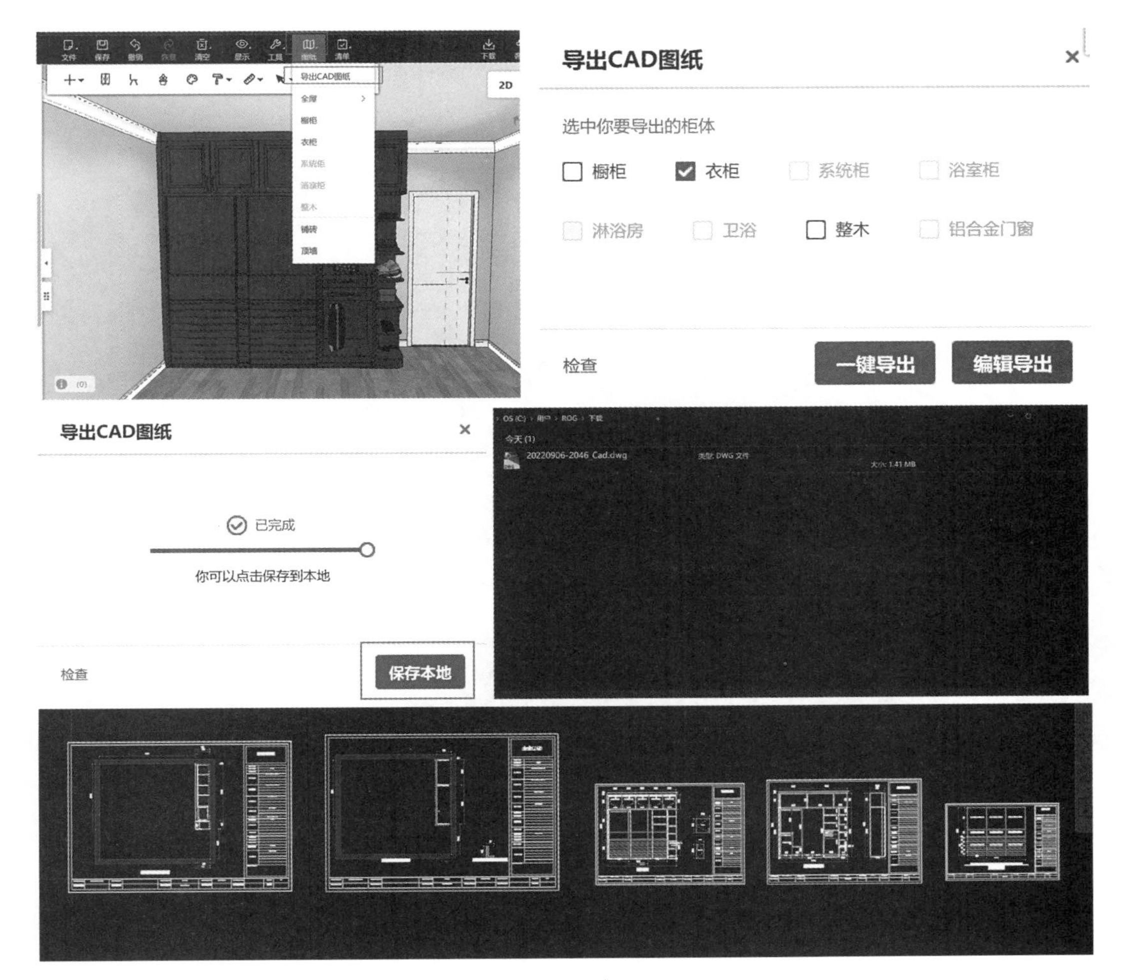

图6-48 导出CAD

图6-49 报价单导出

【课堂练习】

学习衣柜设计后，根据所学，重新制作一个卧室空间的衣柜设计，如图6-50所示。

图6-50　衣柜设计

6.3　客餐厅设计

客餐厅设计，主要讲解制作定制电视柜、鞋柜、餐酒柜等全屋定制家具。定制家具根据柜体工艺、功能配置以及人体工程学进行了目录分类和参数设置，模块化和智能化的设计，大大提高了设计效率。本节主要以4.0系统柜进行讲解。

定制系统柜设计界面，主要分为产品布置、组合布置和收藏三大类，如图6-51所示。

6.3.1　电视柜

6.3.1.1　地柜布置

地柜放置，主要以4.0系统柜的素材来进行布置，接下来以设计一款储物类电视组合柜为例，如图6-52所示。

电视柜

（1）四列直列柜布置

在4.0系统柜中选择一款适合的四列直列柜，放置于该空间电视背景墙面，并在右侧信息编辑栏修改宽度为“2400”，深度为“450”，高度为“420”。

（2）双列直列柜布置

在4.0系统柜中选择一款合适的双列直列柜，放置于四列直列柜右侧，并在右侧信息编辑栏修改宽度为“800”，深度为“450”，高度为“740”。

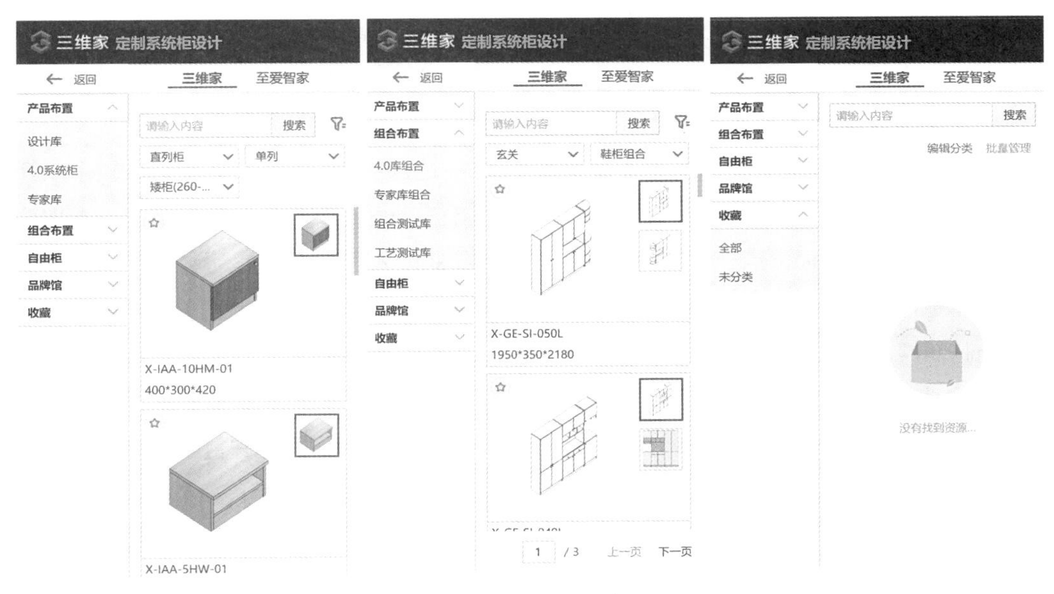

图6-51 系统柜设计界面

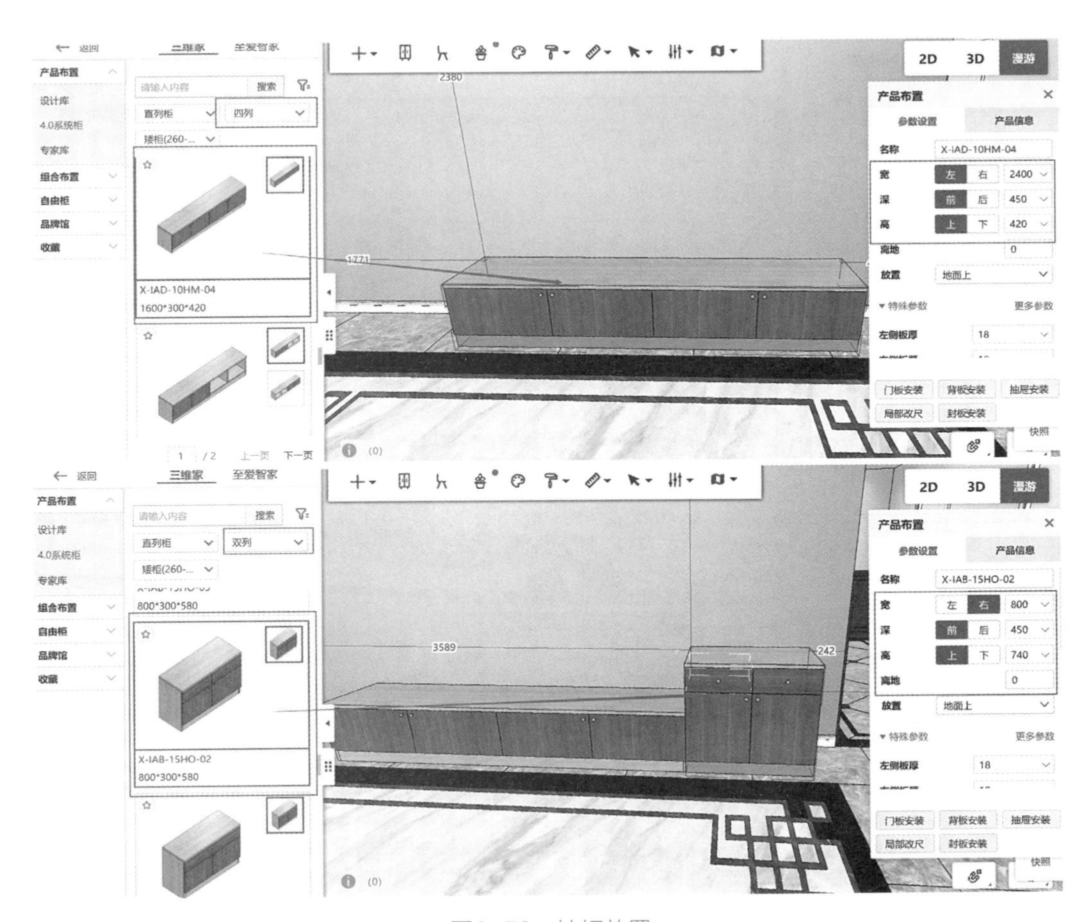

图6-52 地柜放置

6.3.1.2　吊柜布置

（1）吊柜门板生成

在标准吊柜中选择一款合适的无门吊柜，并将吊柜相应参数进行修改；在上方图标中找到箭头↖图标，点击“选择板件（B）”，进入板件模式（快捷键B也可进入该模式），按住Ctrl键，按照“上下左右”原则选择相应板件，右键→生成→掩门生成，即生成一整块门板，如图6-53所示。

（2）门板划分

点击生成的门板，在右侧门扇栏中下拉找到“划分”，在右侧划分栏进行门板的划分即可，操作完成后按Esc键或B退出板件模式，如图6-54所示。

（3）层板的添加

选择符合工艺尺寸的吊柜放置于双开门吊柜右侧，选择吊柜，右键点击“增加功能件”，进入素材库，拖动“层板”放置于该吊柜中，如图6-55所示。

（4）板件均布

选择双开翻门吊柜放置于平开门吊柜之上，复制该翻门吊柜并置于其右侧，并点击门板，按Delete键进行删除；点击吊柜中的中竖板，右键选择均布和均布数量即可，如图6-56所示。

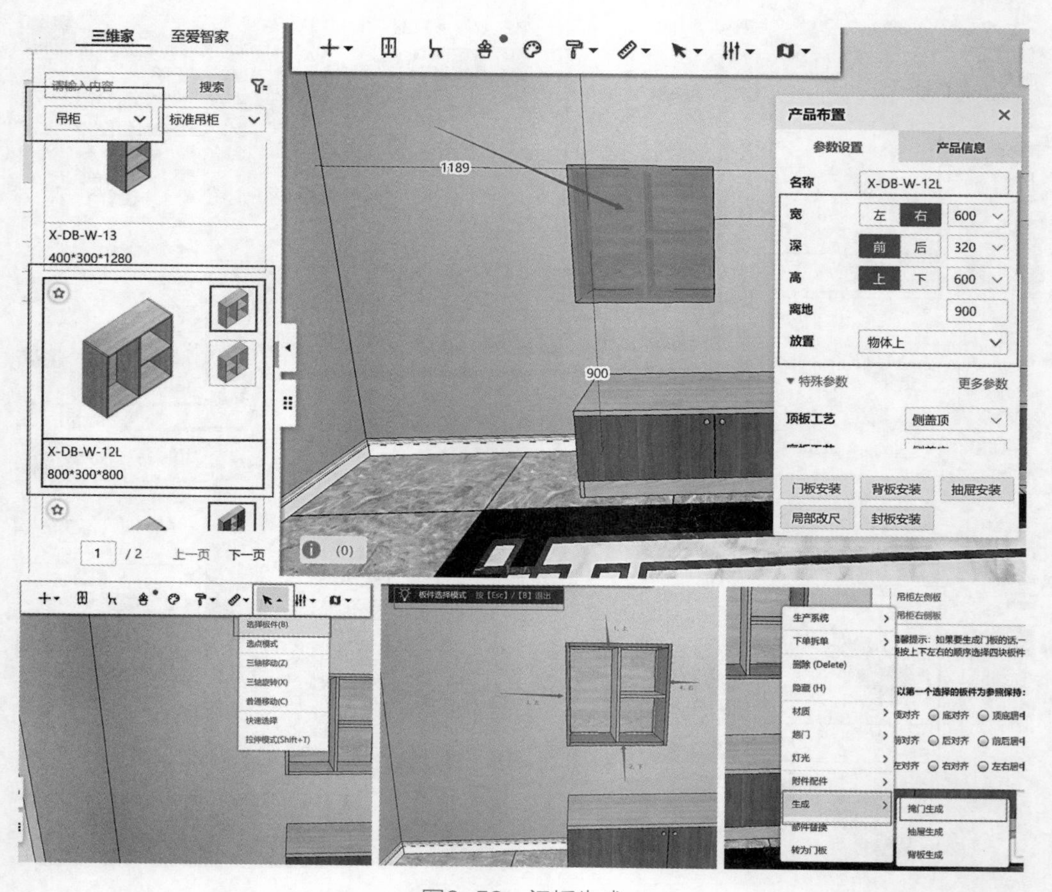

图6-53　门板生成

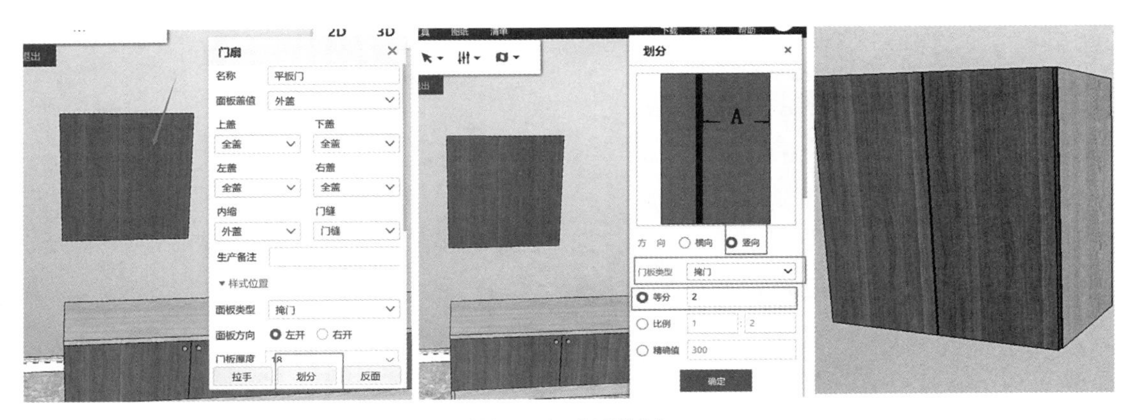

图6-54 门板划分

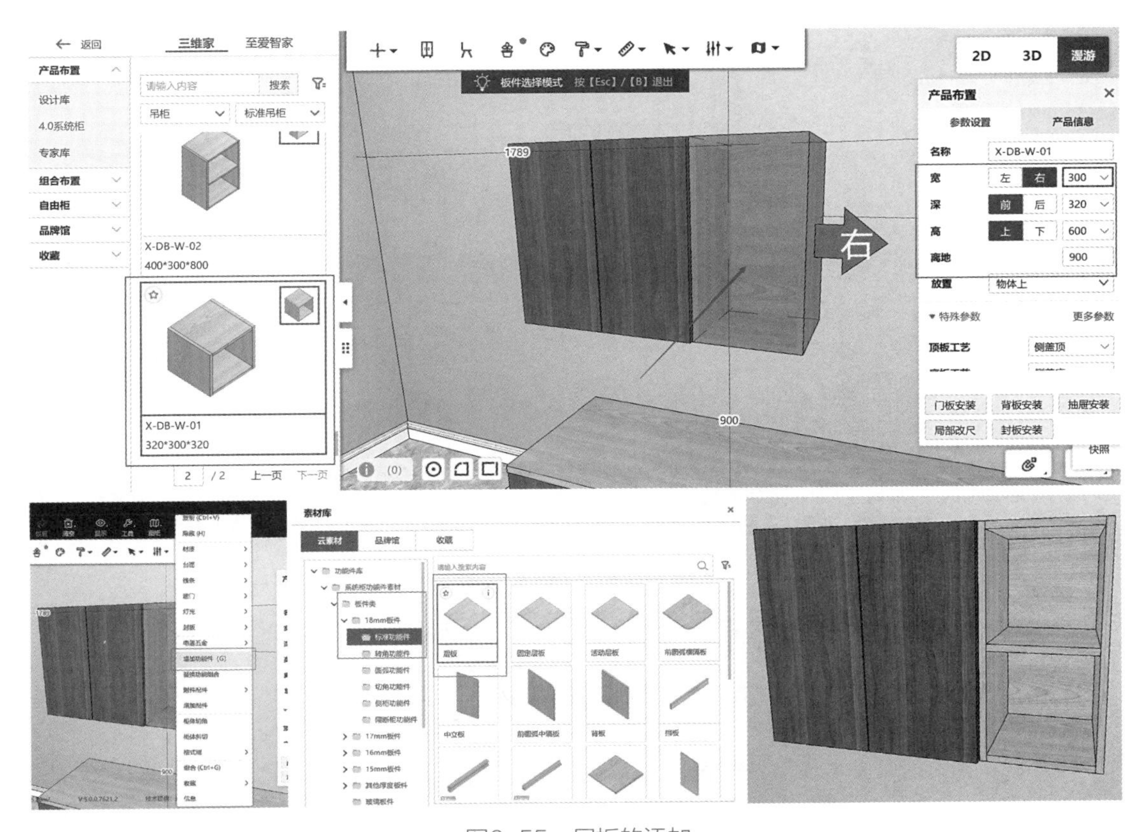

图6-55 层板的添加

用同样的添加方式将其他吊柜进行添加放置，并用之前作所学知识将柜体材质、门板材质样式进行安装与修改即可，如图6-57所示。

6.3.2 鞋柜

（1）定制鞋柜布置

定制鞋柜设计

布置柜体时靠墙位置需放置收口板，收口板主要

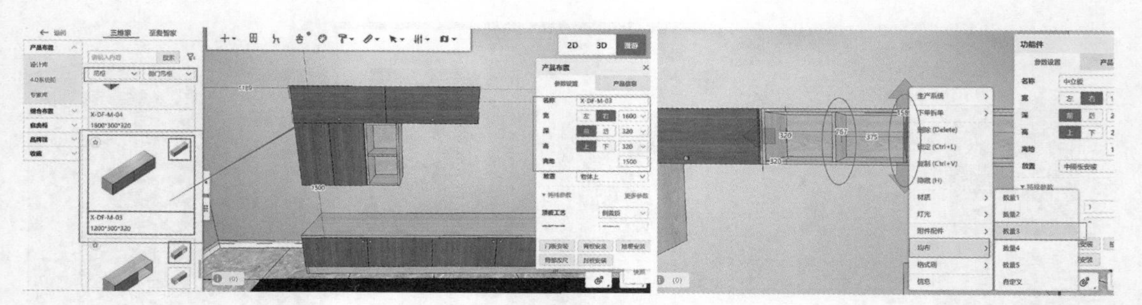

图6-56　板件均布

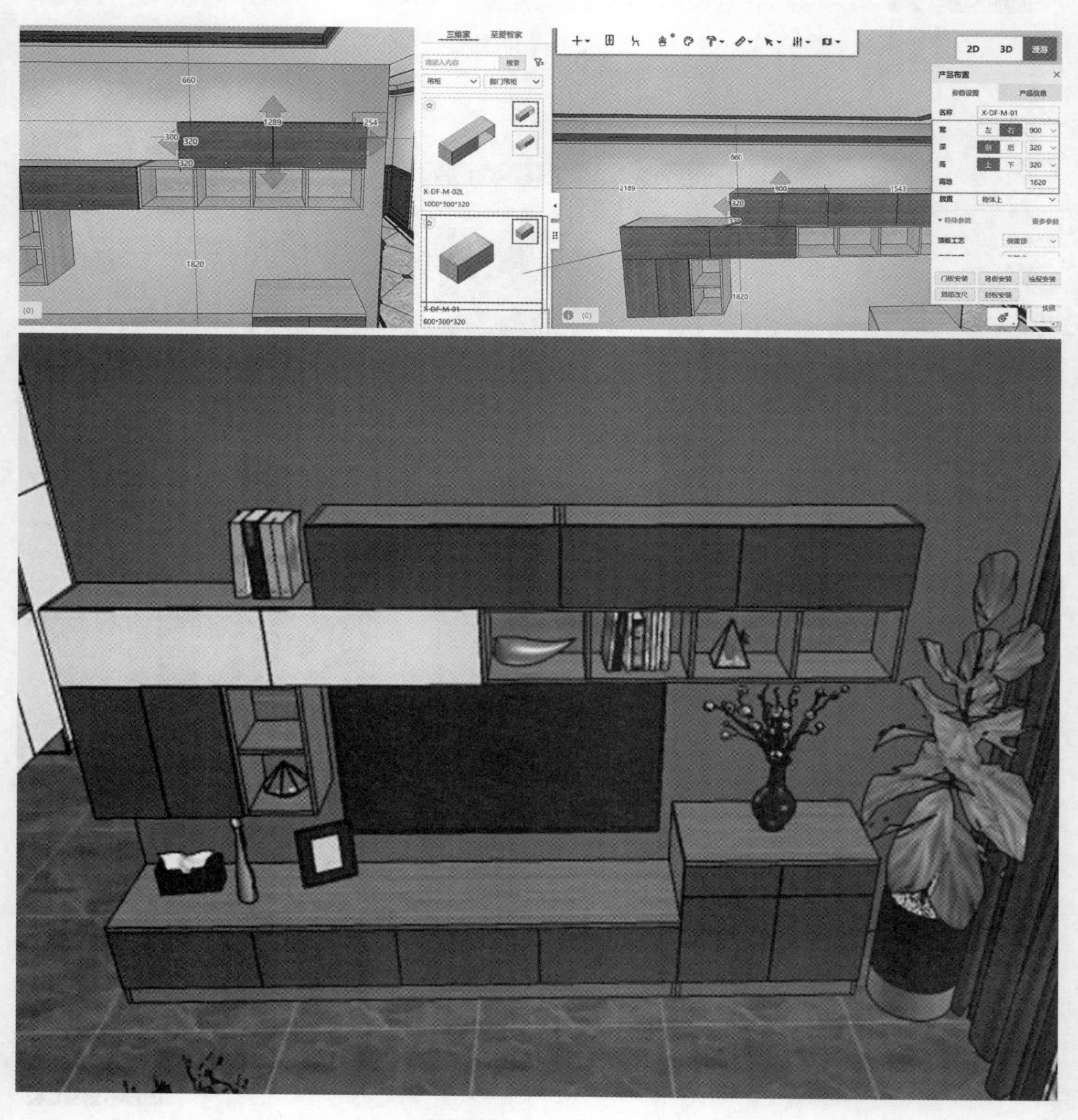

图6-57　电视柜设计图

作用是矫正墙体不是绝对垂直时与柜体衔接存在缝隙的问题。在装饰件目录中找到收口板，选择收口板并拖拉至户型中，在右侧信息编辑栏修改宽度为“50”，深度为“350”，高度为“400”。收口板添加如图6-58所示。

鞋柜效果图

（2）换鞋凳布置

在直列柜中选择双抽直列柜作为换鞋凳区域，布置于收口板右侧，并在右侧信息编辑栏修改宽度为“1000”，深度为“350”，高度为“400”，在“特殊参数”中将“左延伸”修改为“50”，盖住左侧收口板，如图6-59所示。

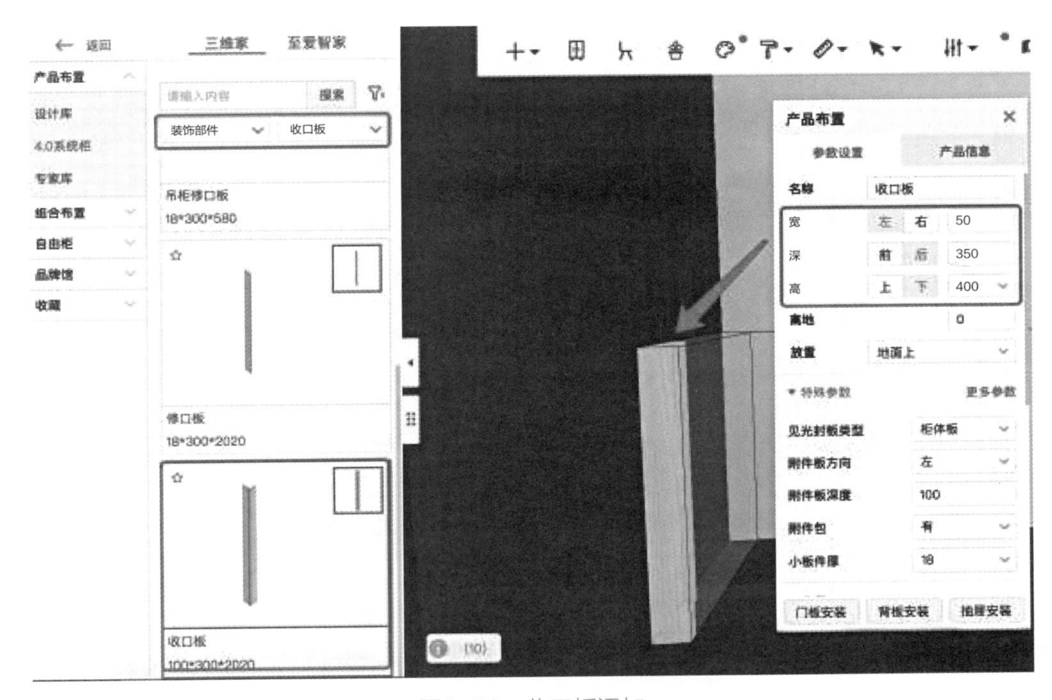

图6-58　收口板添加

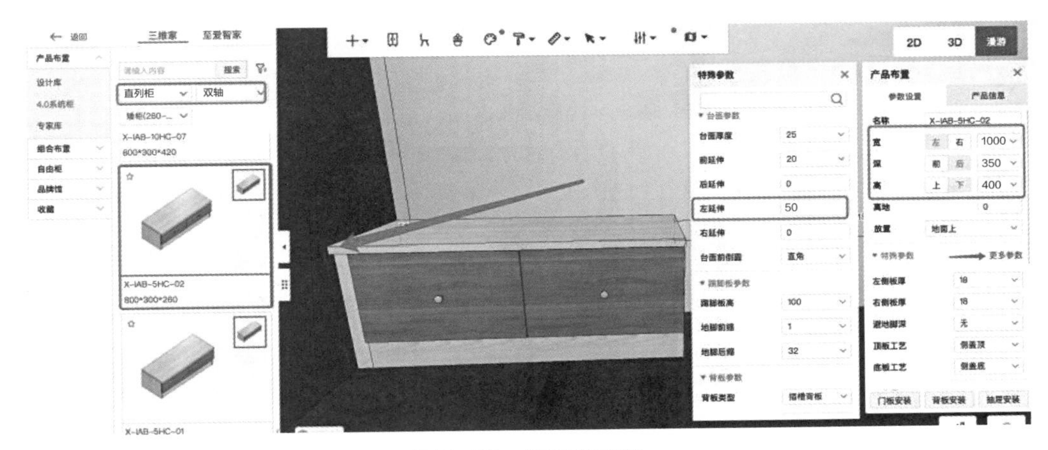

图6-59　换鞋凳设置

（3）格栅装饰板布置

在“特殊吊柜”中找到如图6-60所示吊柜，并放置于换鞋凳上方，将其参数进行修改；快捷键B进入板件模式，将吊柜背板尺寸修改为“1500”“1050”“18”，移动栏Z轴修改为“-1075”；点击背板，右键单击将背板转为门板，并将旋转栏Z轴修改为“90”；点击转换好的门板，将其样式修改为格栅样式，在门扇的“特殊参数”中修改格栅的宽度，修改完成后退出板件模式。

用之前所学知识将吊柜封板、吊柜添加置于格栅装饰板上方，并修改其产品参数，如图6-61所示。

（4）开放式高柜放置

在单列直列柜中选择一款不带层板的高柜，修改其产品参数；添加层板时，将最上、最下两块层板的距离分别与上方吊柜、下方换鞋凳对齐，如图6-62所示。

（5）组合鞋柜放置

在组合鞋柜目录栏中选择一款无踢脚鞋柜，在右侧信息编辑栏中修改宽度为“1350”、深度为“350”、高度为“2400”，“特殊参数”

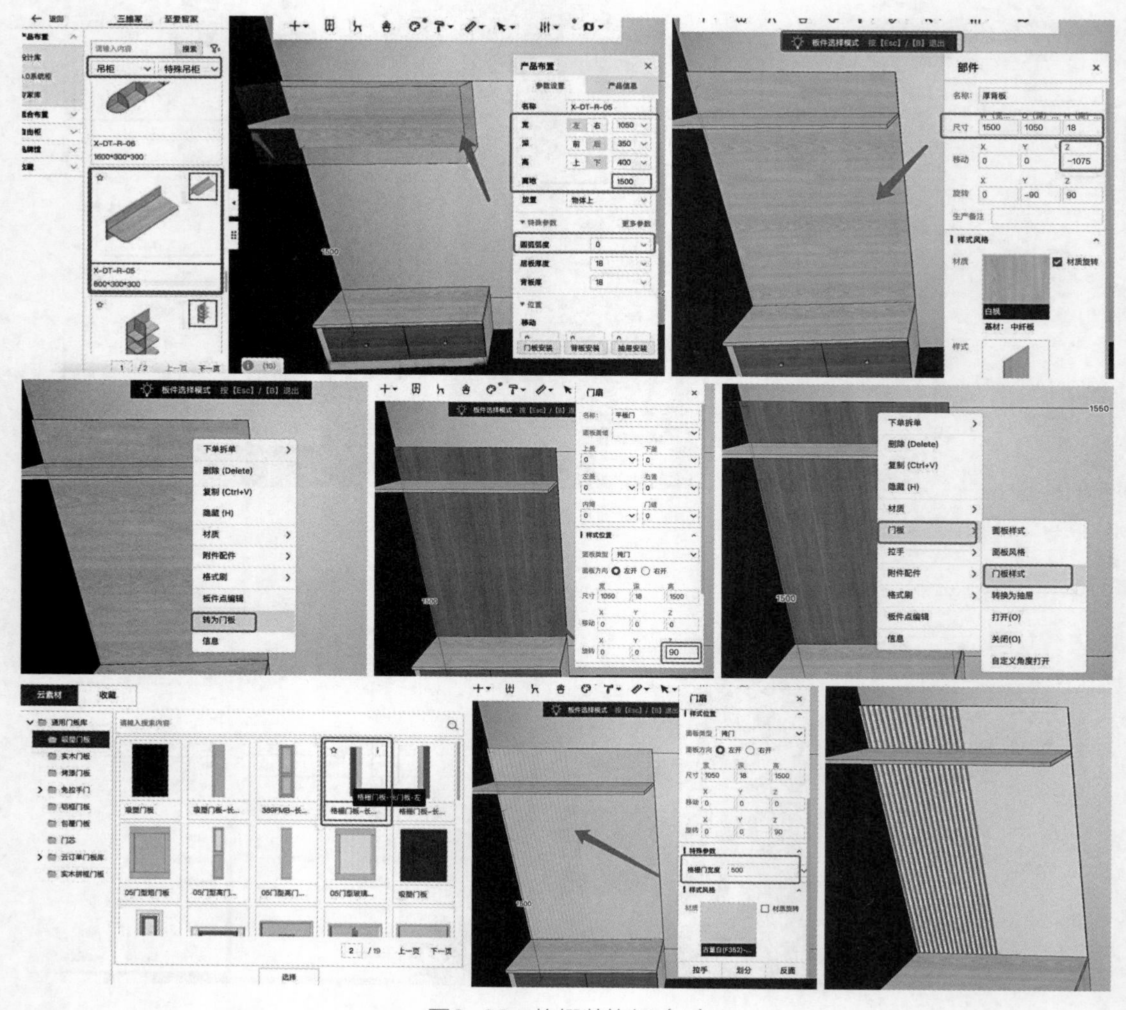

图6-60　格栅装饰板（1）

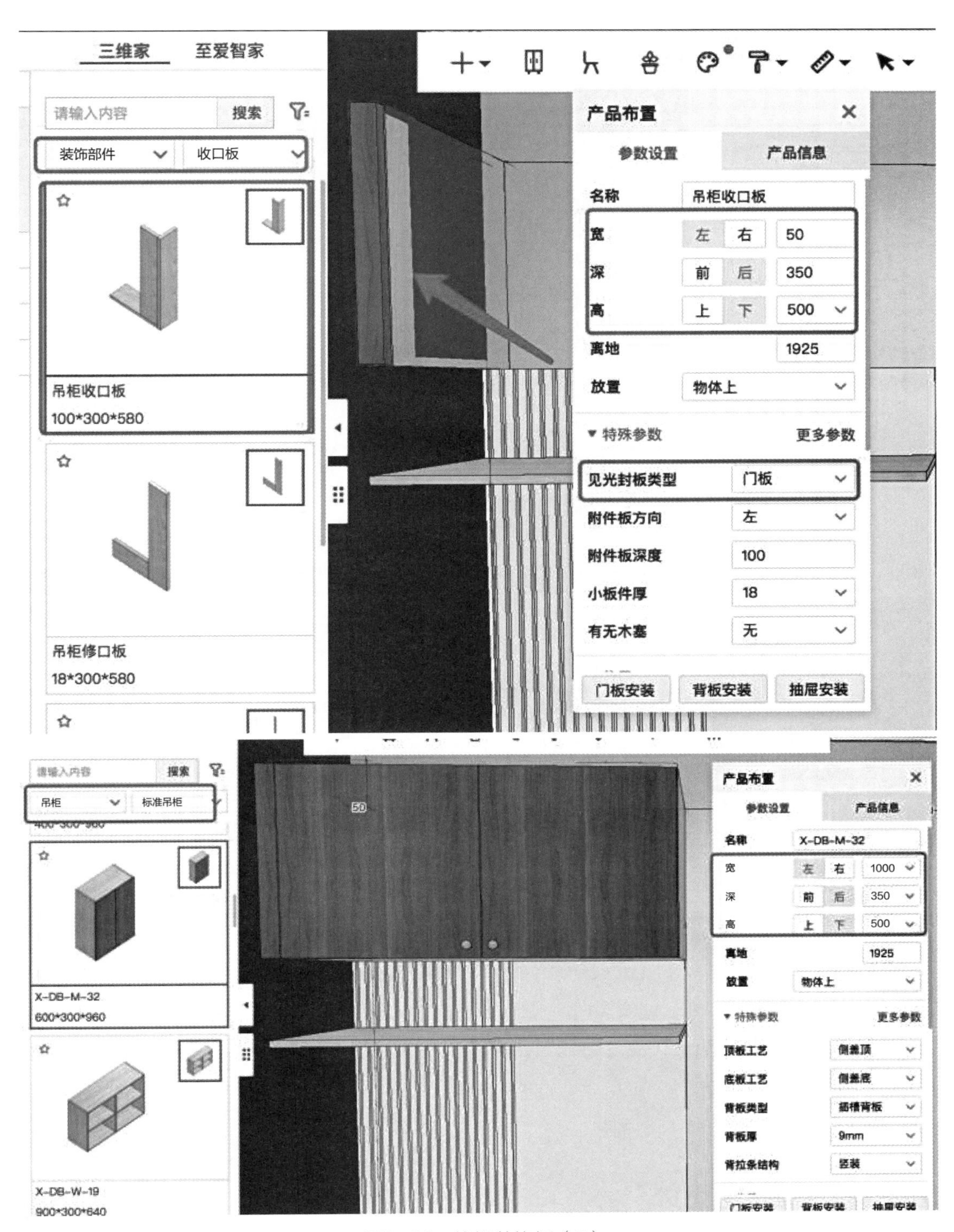
三维家
至爱智家
请输入内容
搜索
装饰部件
收口板
吊柜收口板
100*300*580
吊柜修口板
18*300*580
产品布置
参数设置
产品信息
名称
吊柜收口板
宽
左
右
50
深
前
后
350
高
上
下
500
离地
1925
放置
物体上
特殊参数
更多参数
见光封板类型
门板
附件板方向
左
附件板深度
100
小板件厚
18
有无木塞
无
门板安装
背板安装
抽屉安装
吊柜
标准吊柜
X-DB-M-32
600*300*960
X-DB-W-19
900*300*640
1000
顶板工艺
底板工艺
背板类型
背板厚
9mm
背拉条结构

图6-61 格栅装饰板（2）

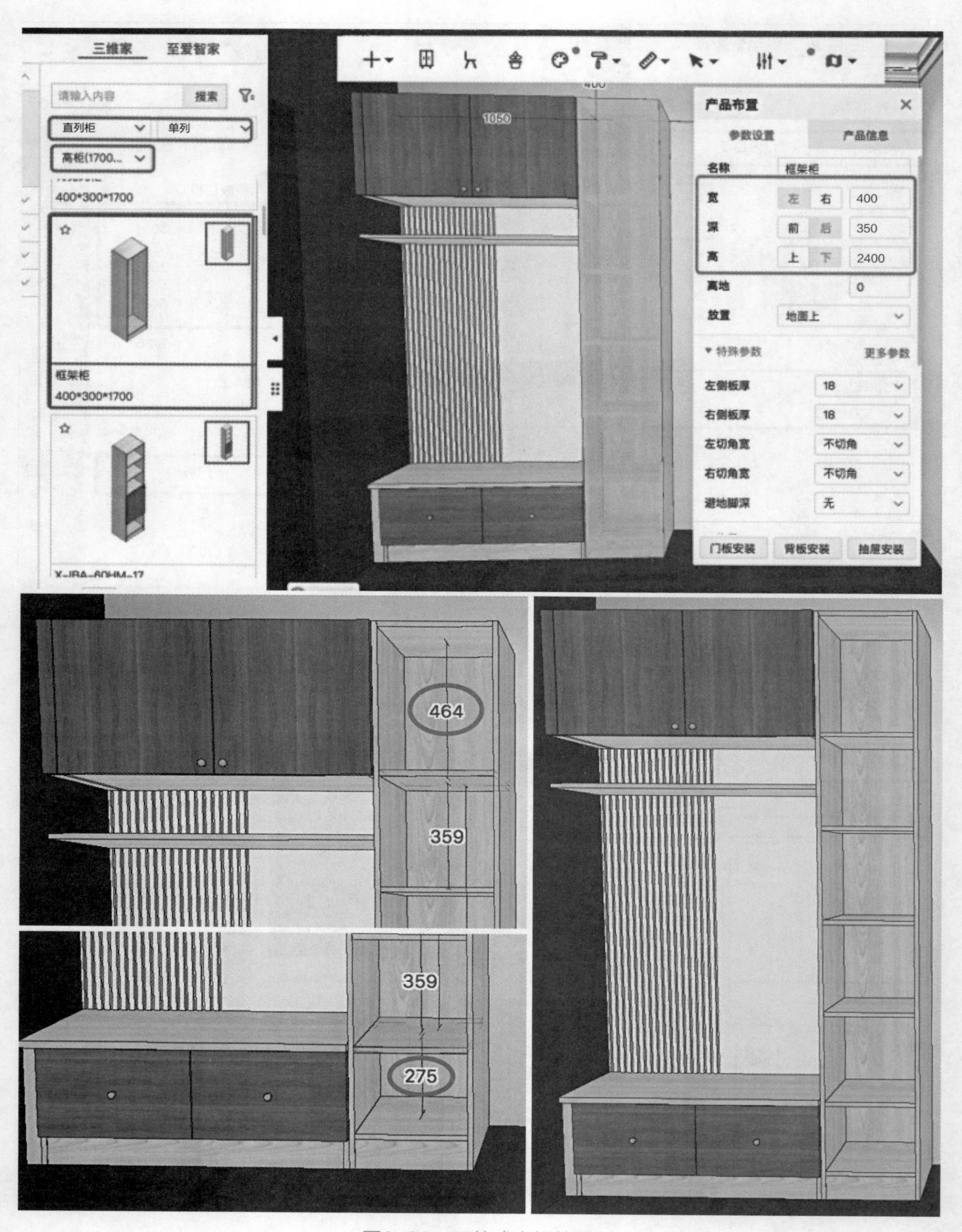

图6-62　开放式高柜放置

中修改上下柜的高度，让组合柜中空部分与左侧开放高柜的中间高度一致；最后，将“踢脚板高”改为“200”即可，如图6-63所示。

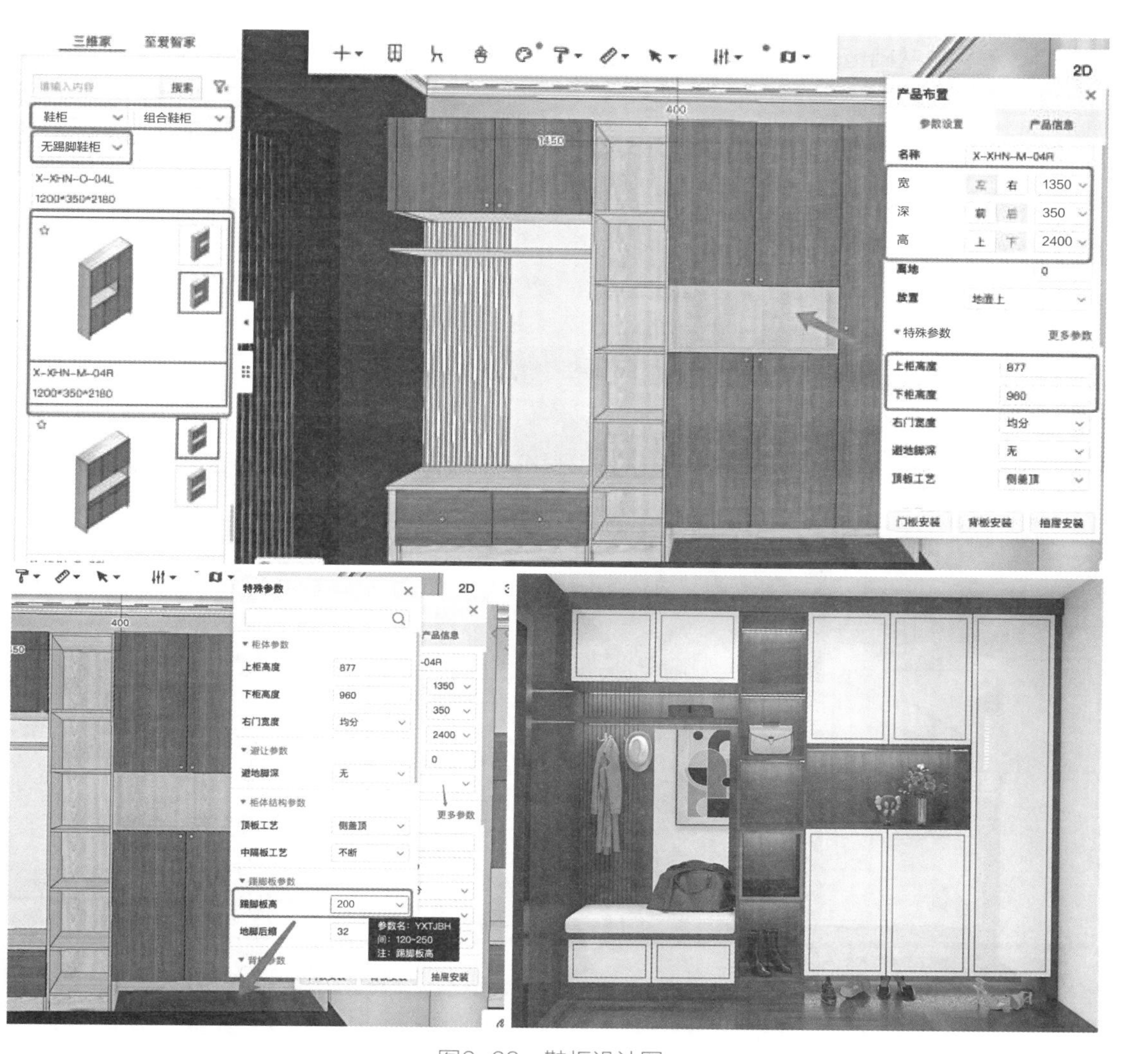

图6-63 鞋柜设计图

6.4 书房设计

书房设计

书房榻榻米效果图

（1）榻榻米封板放置

放置榻榻米柜体时，只要是靠墙摆放，则必须添加榻榻米专用封板，其主要作用与收口板同理。在定制系统柜中选择榻榻米，二级目录栏选择榻榻米附件板，点击“X-TF-02”附件板并拖拉至户型中，由于板件长度尺寸的限定，故要放置一块3m长的附件板，需分两块来放置，并满足总长

3m即可；用同样的方式放置好左右两边的附件板，左右两边附件板选用“X-TF-01”。榻榻米附件板放置如图6-64所示。

（2）榻榻米基础柜体放置

在榻榻米基础柜中，先选择一款带假门的榻榻米柜体，其作用是书柜放置在榻榻米柜体上后也不影响榻榻米柜的使用。在右侧信息编辑栏中修改榻榻米常规尺寸，可以在“特殊参数”中更改假门的宽度，假门宽度根据需要放置在其上的柜体深度而定。榻榻米带假门柜体布置如图6-65所示。

在基础柜体中，根据实际设计需求放置相应的三门或两门榻榻米基础柜，当柜体一致时可直接按Ctrl和V键进行复制，如图6-66所示。

（3）榻榻米抽面柜放置

在二级目录栏选择榻榻米抽面柜，点击双抽柜，并拖拉至户型中，在右侧信息栏修改其尺寸规格即可，如图6-67所示。

用所学直列柜知识将书柜、书桌进行布置，并修改该空间柜体材质样式，完成饰品摆放，榻榻米书房的设计就完成了，如图6-68所示。

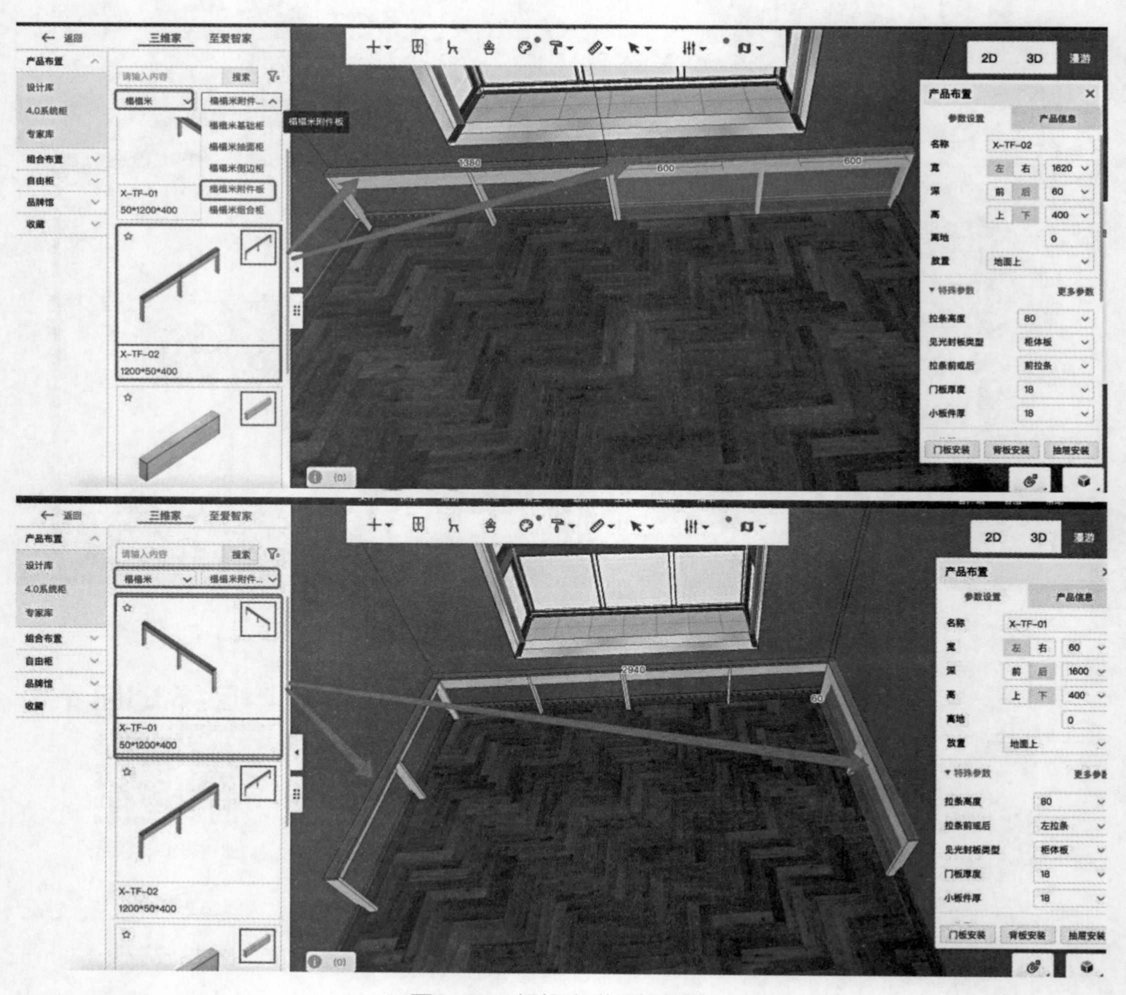

图6-64　榻榻米附件板放置

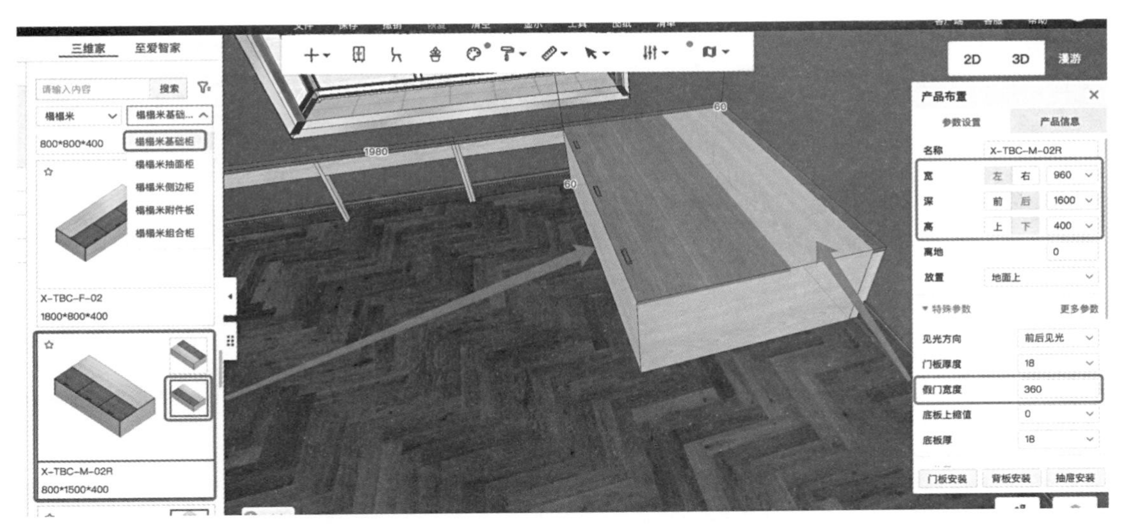

图6-65 榻榻米带假门柜体布置

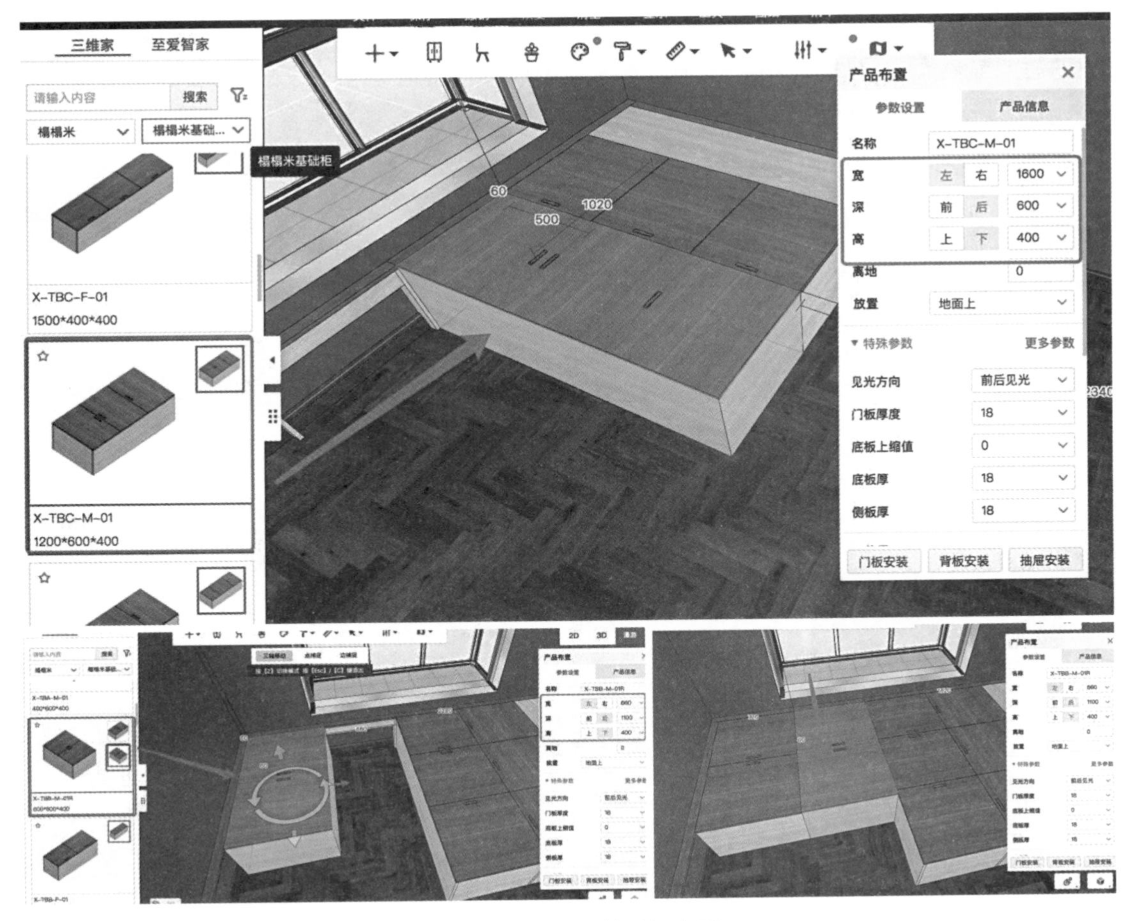

图6-66 榻榻米基础柜布置

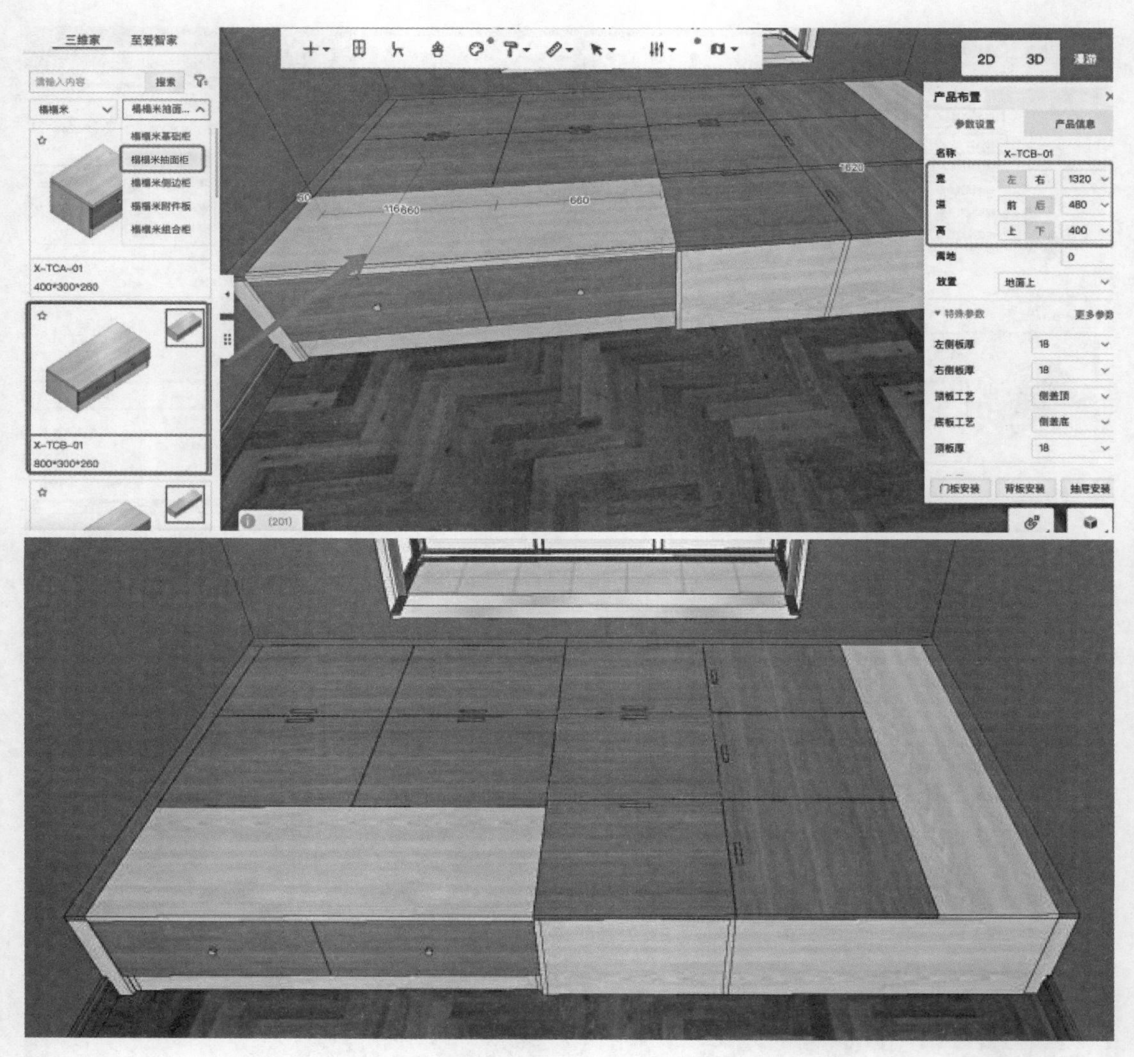

图6-67　榻榻米抽面柜布置

图6-68　榻榻米书房图

6.5 卫生间设计

6.5.1 淋浴房

淋浴房

（1）定制淋浴房放置

在产品布置中选择“一字型淋浴房”，选中一款淋浴房放置于该空间，并在右侧信息编辑栏修改长度为“2000”，高度为“2000”，调整离窗户墙体距离为“1050”，如图6-69所示。

（2）拉手样式替换

右键单击淋浴房边框位置，选择“拉手”中的“替换”，进入拉手素材库后进行替换；也可直接在右侧信息编辑栏中找到拉手进行替换，如图6-70所示。

（3）材质替换

右键单击淋浴房边框位置，选择“材质”，进行相应材质的修改；也可直接在右侧信息编辑栏中找到需要修改的材质进行替换修改，如图6-71所示。

（4）淋浴房功能物件的放置

在产品布置中选择需要放置的花洒、毛巾架、坐便器等功能物件，选中相应功能

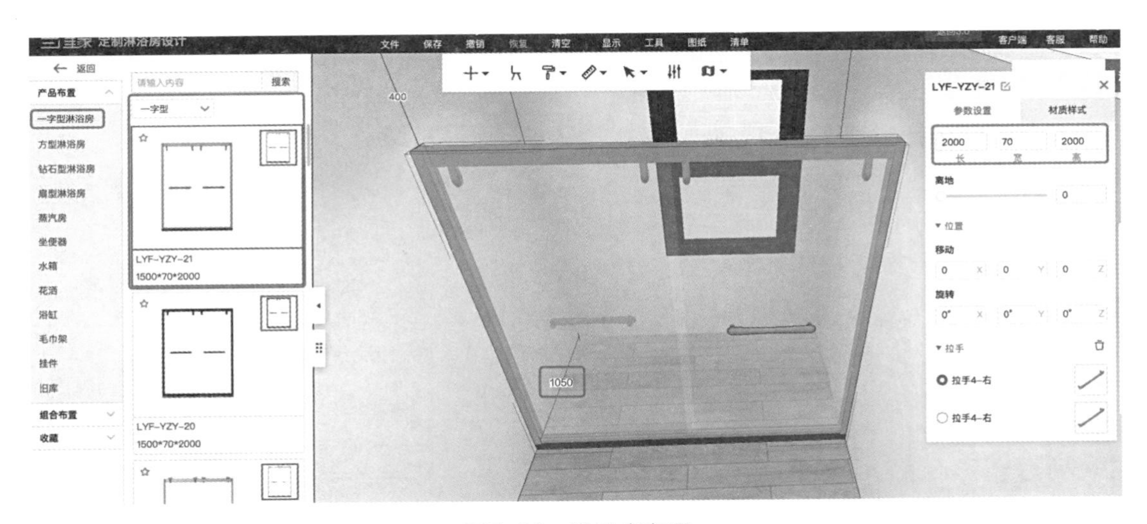

图6-69　淋浴房布置

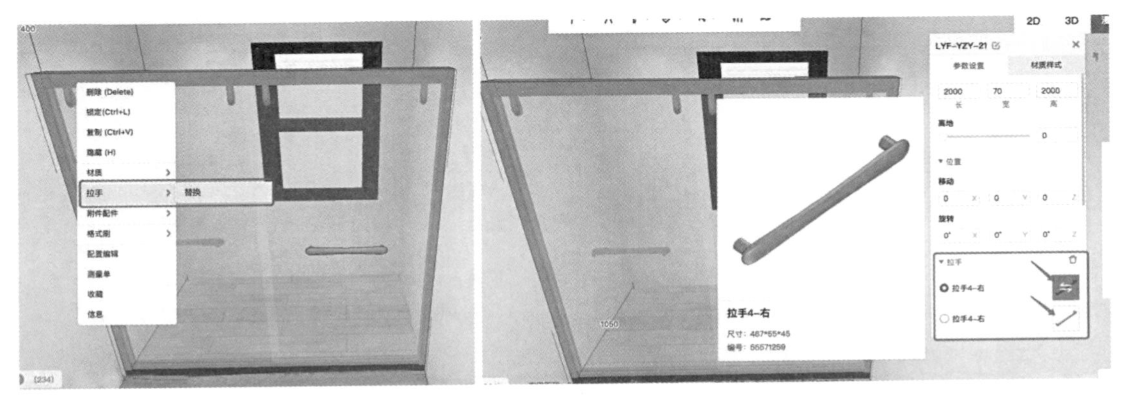

图6-70　拉手替换

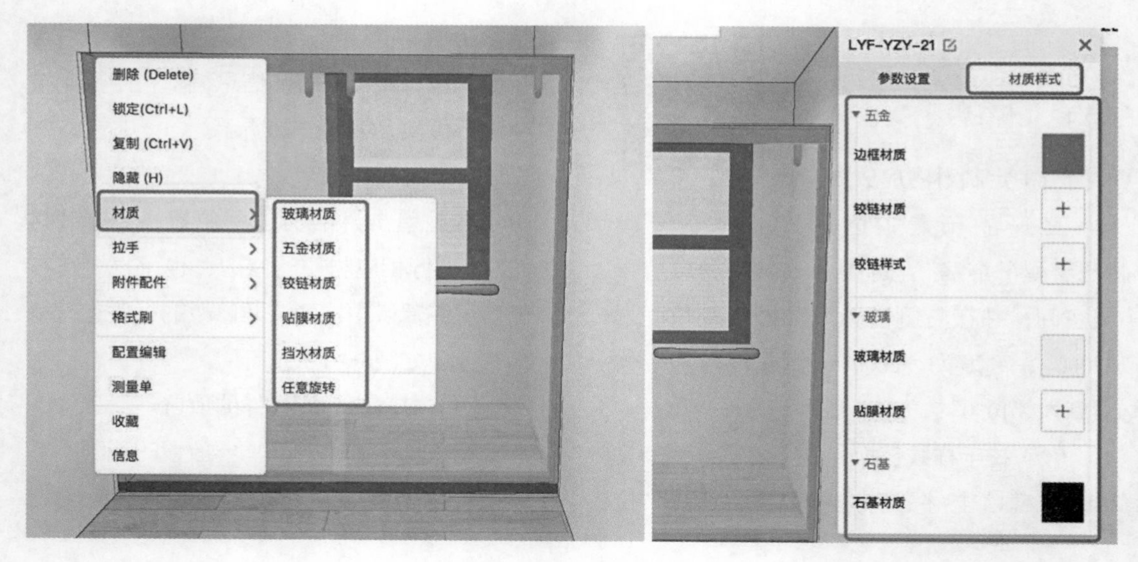

图6-71 材质替换

物件放置于该空间合适位置即可，如图6-72所示。

【课堂练习】

学习淋浴房设计后，根据所学，重新制作一个淋浴房设计，如图6-73所示。

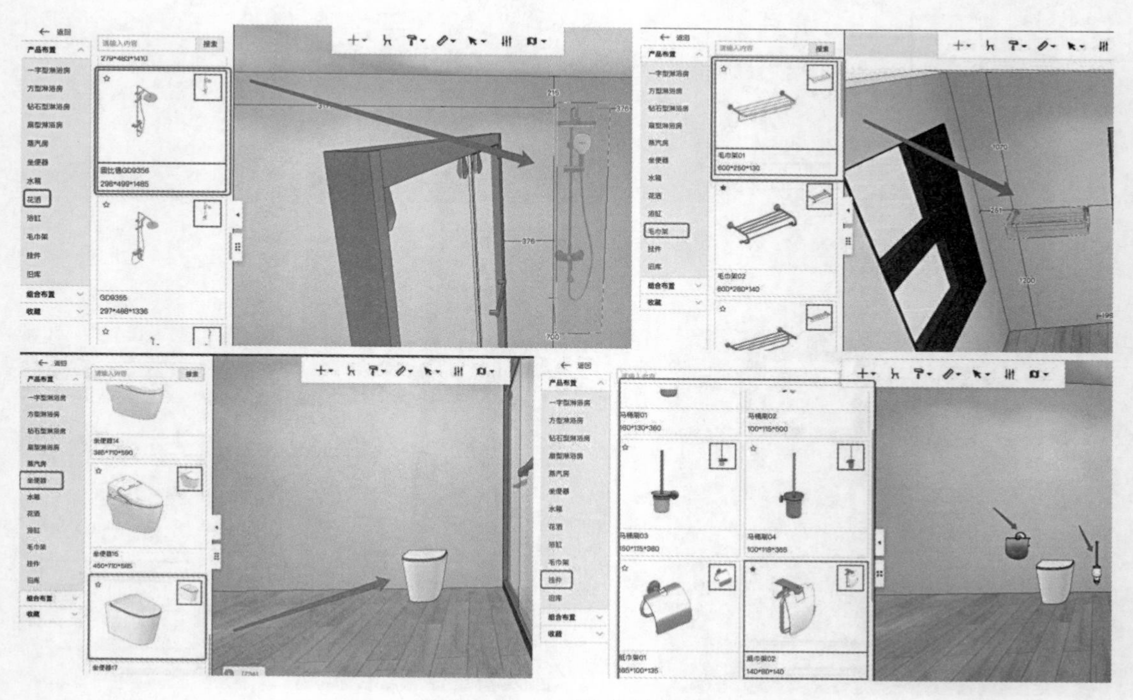

图6-72 功能物件的放置

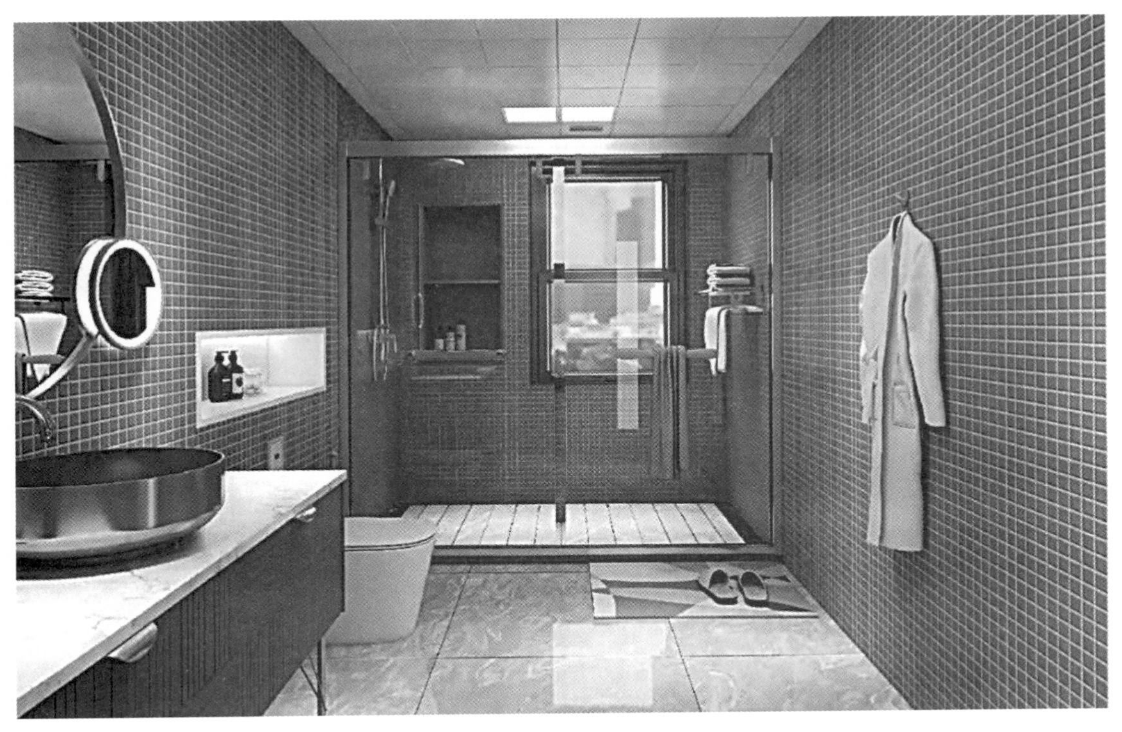

图6-73　淋浴房

6.5.2　浴室柜

定制浴室柜

定制浴室柜设计界面主要分为产品布置、组合布置和收藏三大类，如图6-74所示。

定制浴室柜布置，布置柜体时靠墙位置需放置收口板，收口板主要作用是矫正墙体不是绝对垂直时与柜体衔接存在缝隙的问题；在装饰件目录中，找到收口板，选择封板—横装，并拖拉至户型中，鼠标不放，靠开门的那面墙体放置，如图6-75所示。

（1）侧柜布置

在产品布置中选择侧柜，在开门柜中找到“单门侧柜—左开”，并放置于封板右侧，在右侧信息栏修改宽度为“400”，如图6-76所示。

（2）水盆柜布置

在产品布置中选择水盆主柜，在开门柜中选择一款水盆柜放置于侧柜右侧，并在弹出的产品布置栏中将水龙头的样式进行修改安装，如图6-77所示。

（3）开放柜布置

在产品布置中选择侧柜，点击下拉三角形，选择开放柜，找到“标准开放柜”，并放置于水盆柜右侧，在右侧信息栏修改宽度为“250”，如图6-78所示。

（4）右开门侧柜布置

在产品布置中选择侧柜，在开门柜中找到“单门侧柜—右开”，并放置于开放柜右侧，在右侧信息栏修改宽度为“400”。再次拖动收口板，放置于右开门侧柜右侧，如图6-79所示。

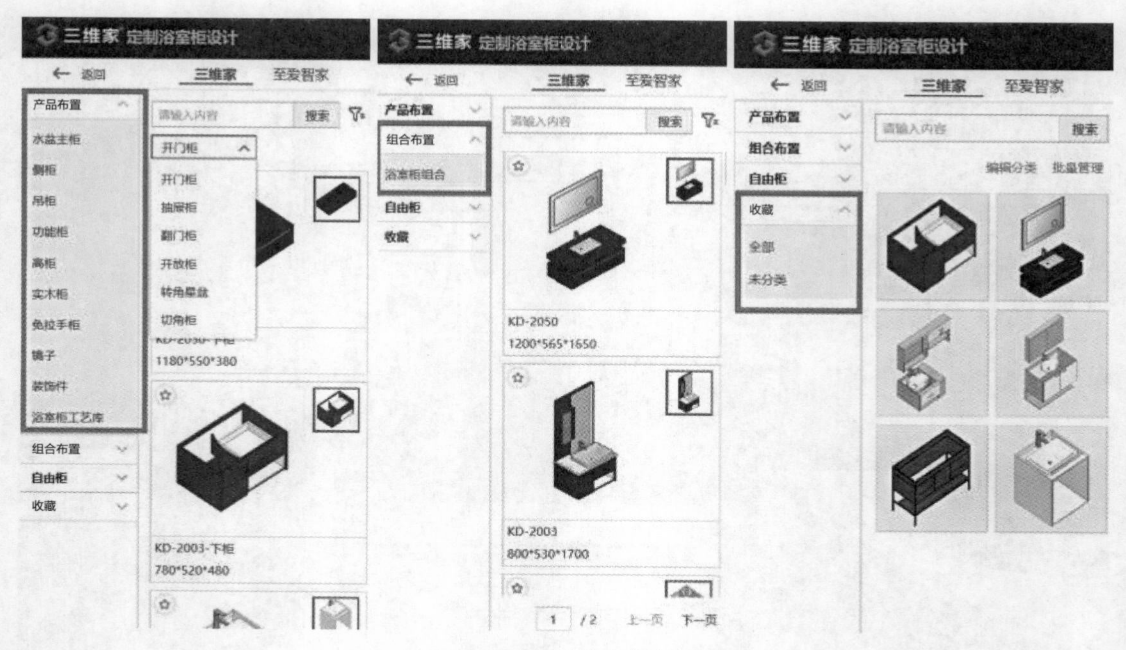

图6-74　定制浴室柜设计界面

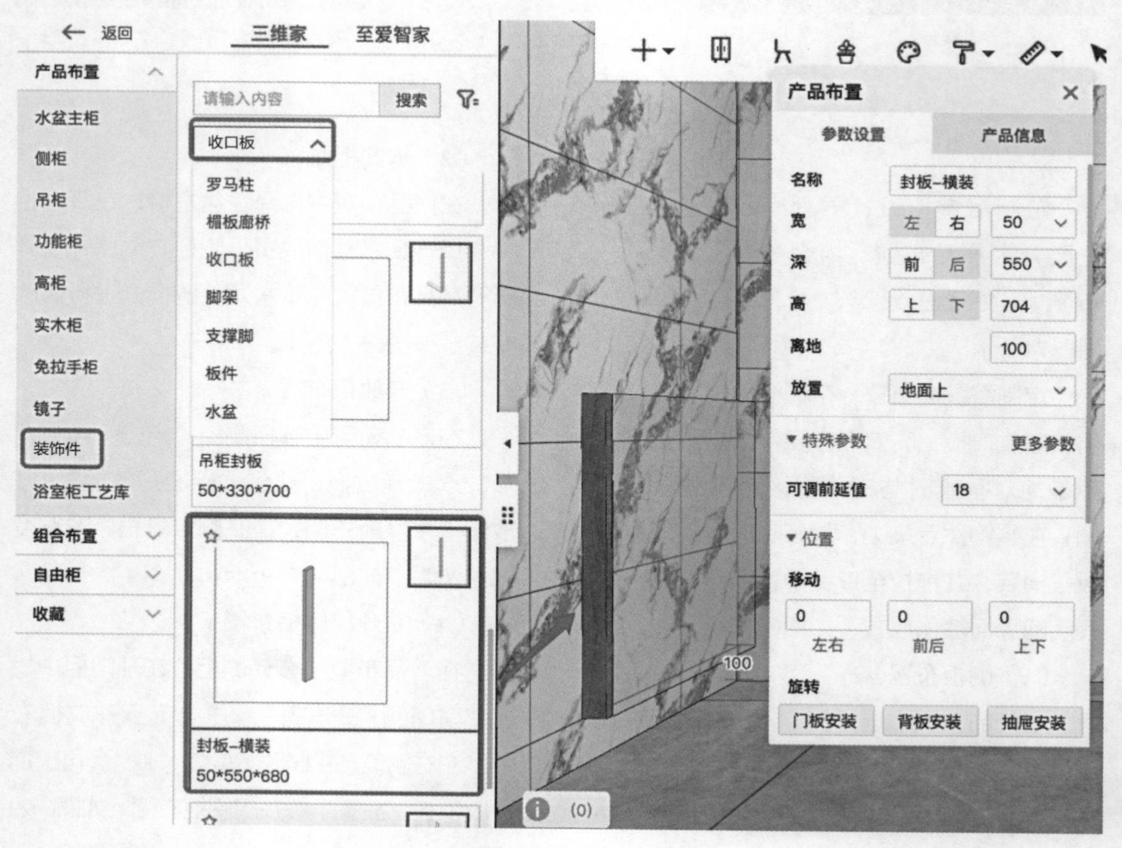

图6-75　收口板布置

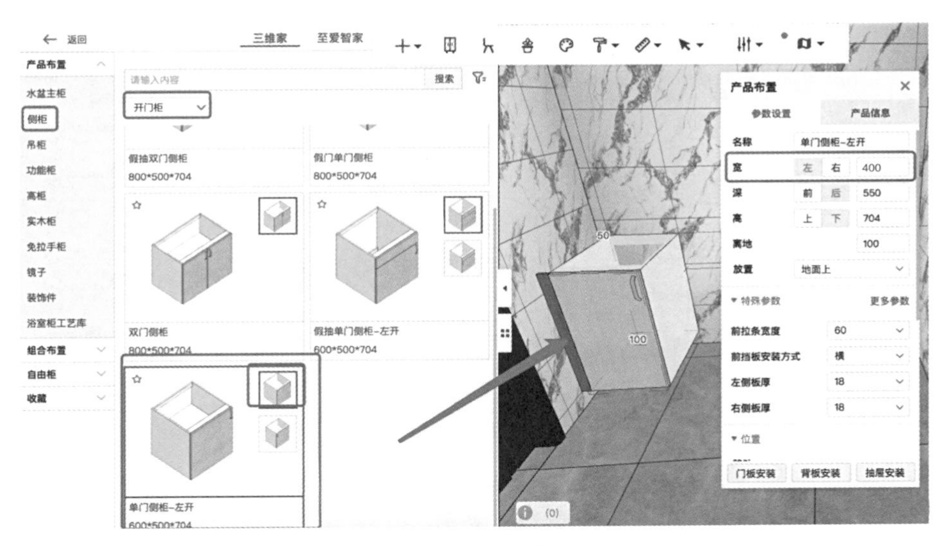

图6-76 侧柜布置

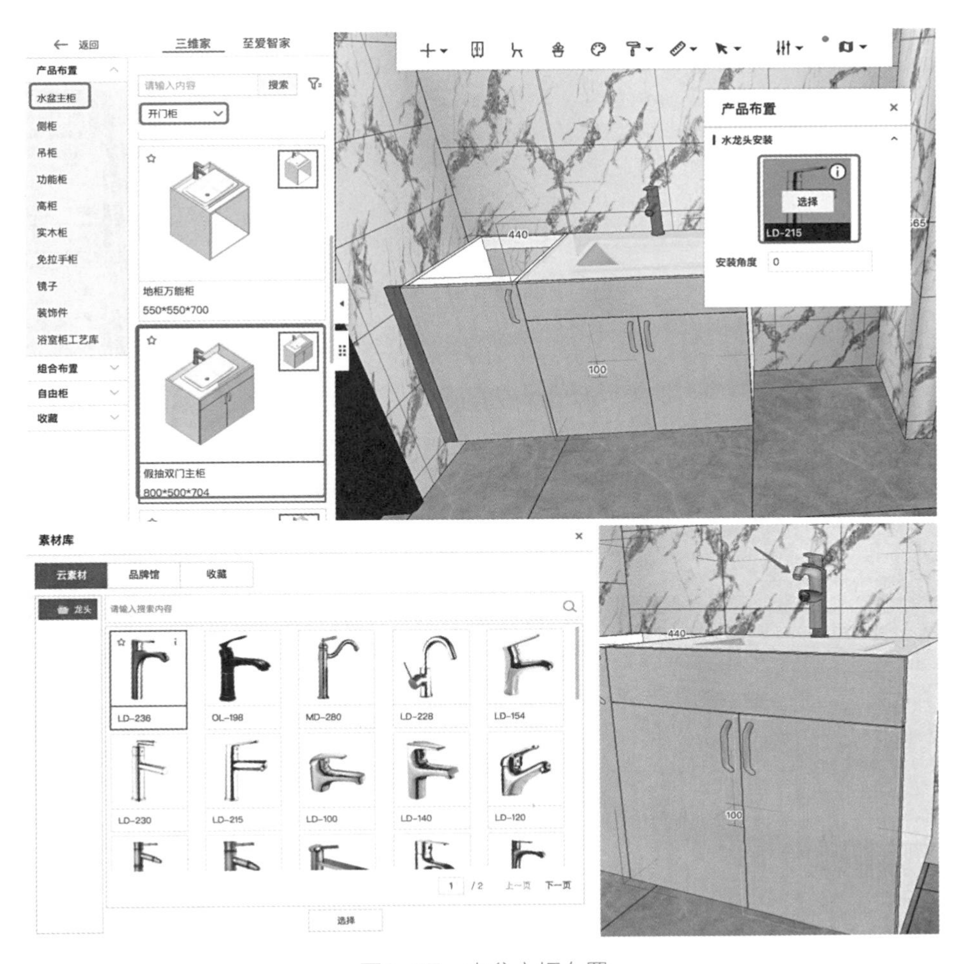

图6-77 水盆主柜布置

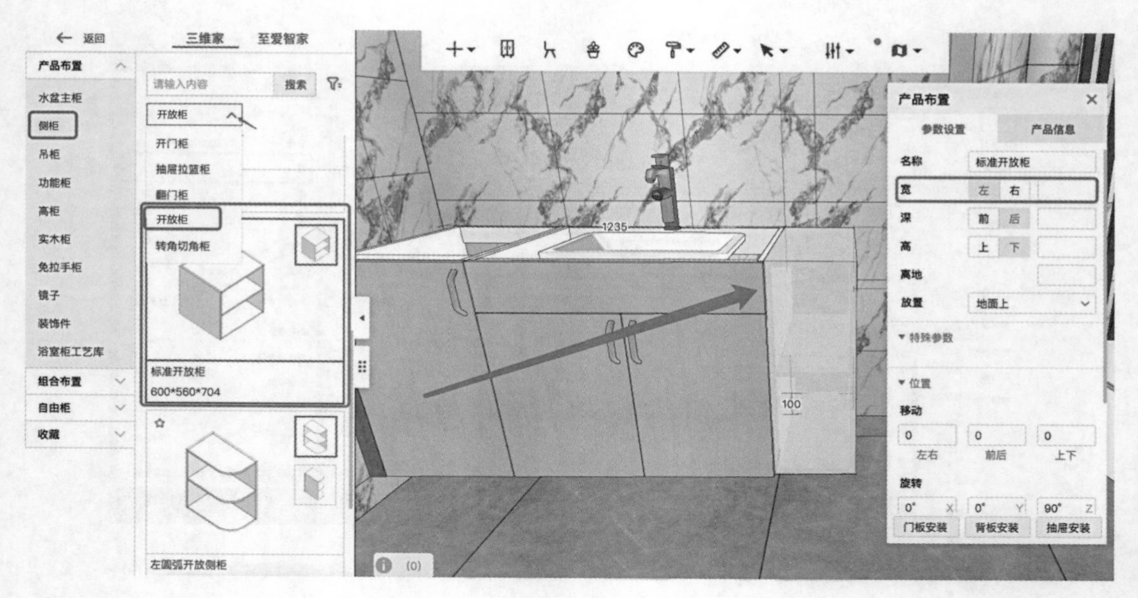

图6-78　开放柜布置

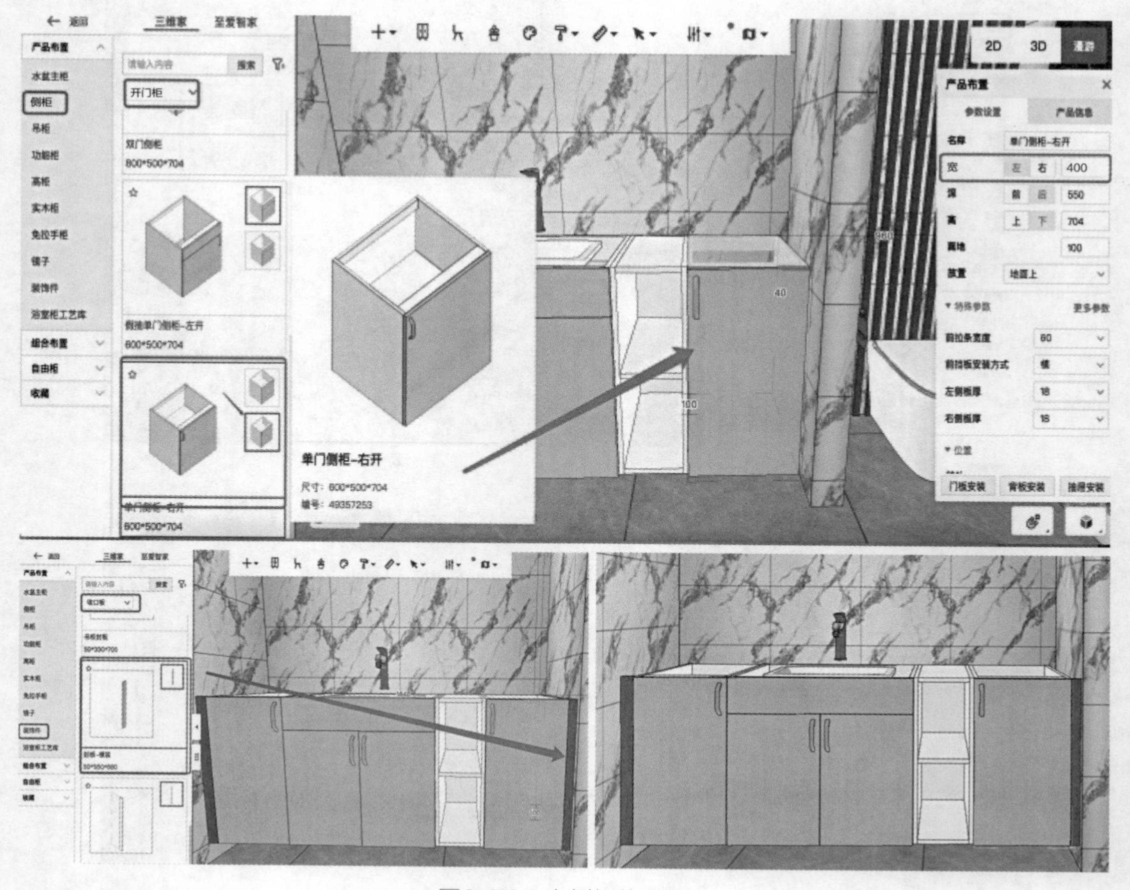

图6-79　右侧柜体布置

（5）镜柜布置

在产品布置中选择镜子，点击下拉三角形，选择“带灯”内合适的一款镜子，并放置于墙面上，在右侧信息栏修改宽度为“1050”、高度为“700”，如图6-80所示。

（6）吊柜布置

在产品布置中选择吊柜，点击下拉三角形，选择“开放柜”，并放置于镜子右侧，如图6-81所示。

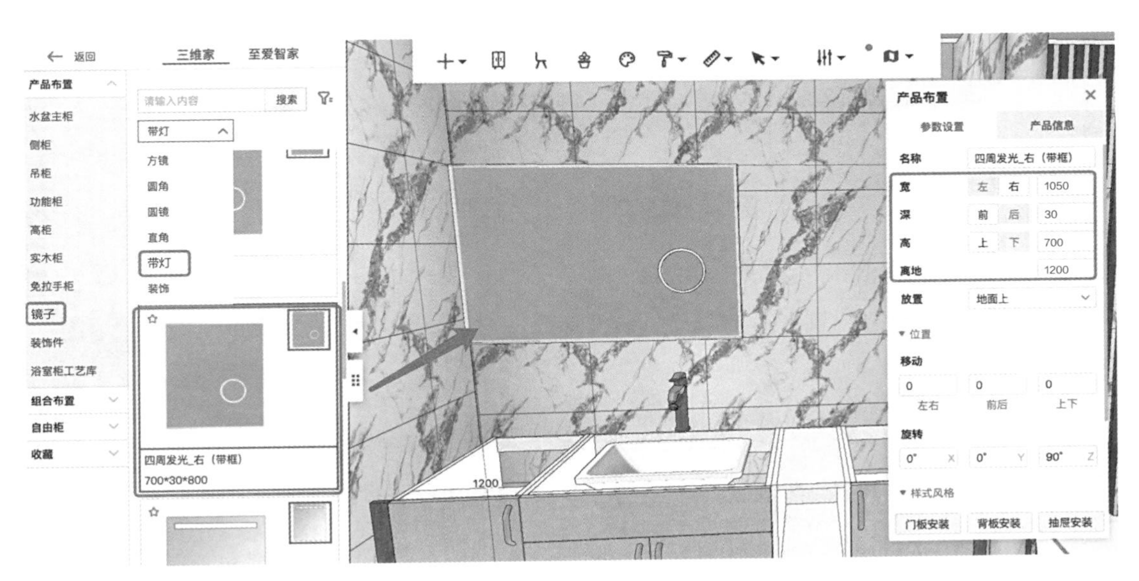

图6-80 镜子布置

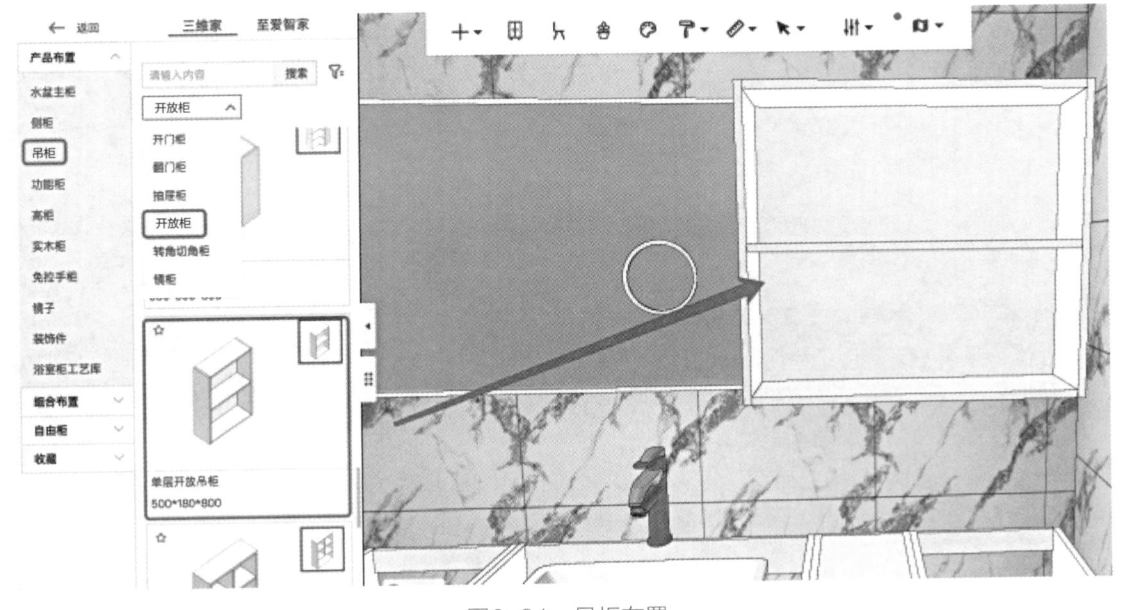

图6-81 吊柜布置

（7）吊柜封板布置

在装饰件目录中找到收口板，选择“吊柜封板”，并放置于开放柜右侧，如图6-82所示。

最后，用橱柜制作所学知识将台面、门板材质样式进行安装与修改即可，效果如图6-83所示。

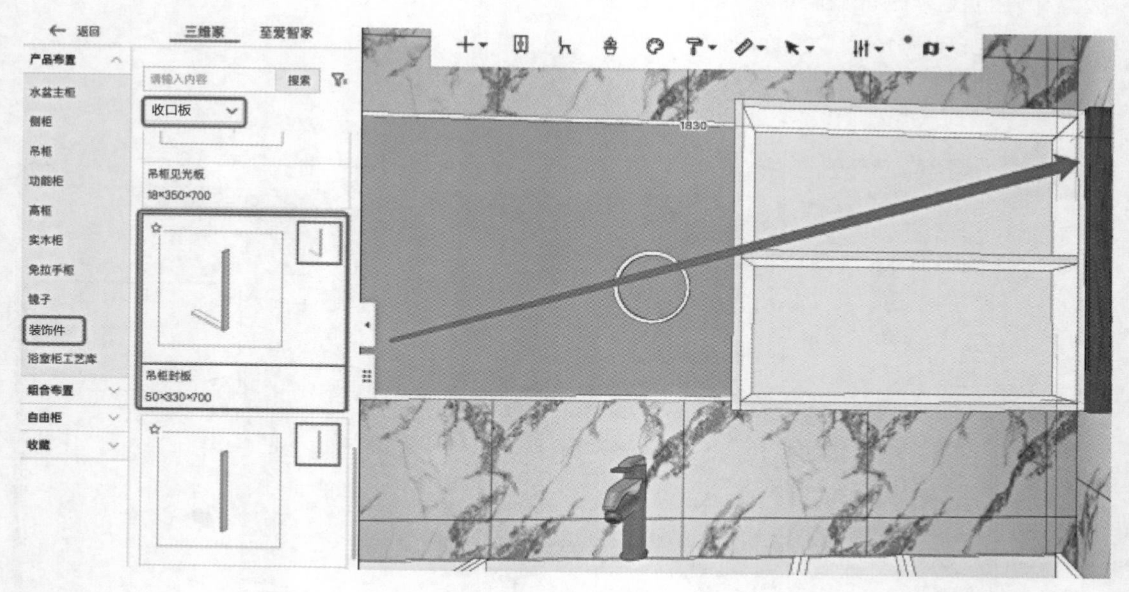

图6-82　吊柜封板布置

图6-83　浴室柜制作

6.6 阳台设计

阳台设计，主要讲解制作定制铝合金阳台参数化的设计，定制阳台主要分为：封闭式和半封闭式两大类。定制铝合金模块中包含窗、门、阳光房、护栏，阳台是定制铝合金窗中的一小部分。本节主要以定制铝合金门窗设计中的阳台设计进行讲解。

6.6.1 阳台功能界面介绍

定制阳台设计界面，分为封闭式（阳台封窗）和半封闭式（玻璃护栏和阳台护栏）。阳台的设计主要是以参数化的形式进行设计，更加方便快捷，如图6-84所示。

6.6.2 参数化阳台设置

在2D视角下，左键按住阳台，并拖动放置于墙体上（在选择阳台时注意标有“万能2D设计”的阳台，此类就有更多的参数可调整）。

参数化阳台设置

在右侧信息栏中可以对阳台的尺寸进行更改；在高级参数中可对顶部梁的高度、底部石基的深度及高度进行修改。如果是异形阳台，可对高级参数中的“角度”进行调整，如图6-85所示。

在右侧信息栏点击“2D设计”，进入设计界面。注意：只有在选择阳台时，放置的是“万能2D设计”的阳台才能进入此操作界面，如图6-86所示。

阳台窗扇设计，点击中间的窗扇，类型选择平开窗，系列可根据需求进行修改。点击自动外框放置放入中间窗扇进行自动吸附，点击放置的外框，对外框进行划分；在已划分好的外框中还可进行划分，拖动中间

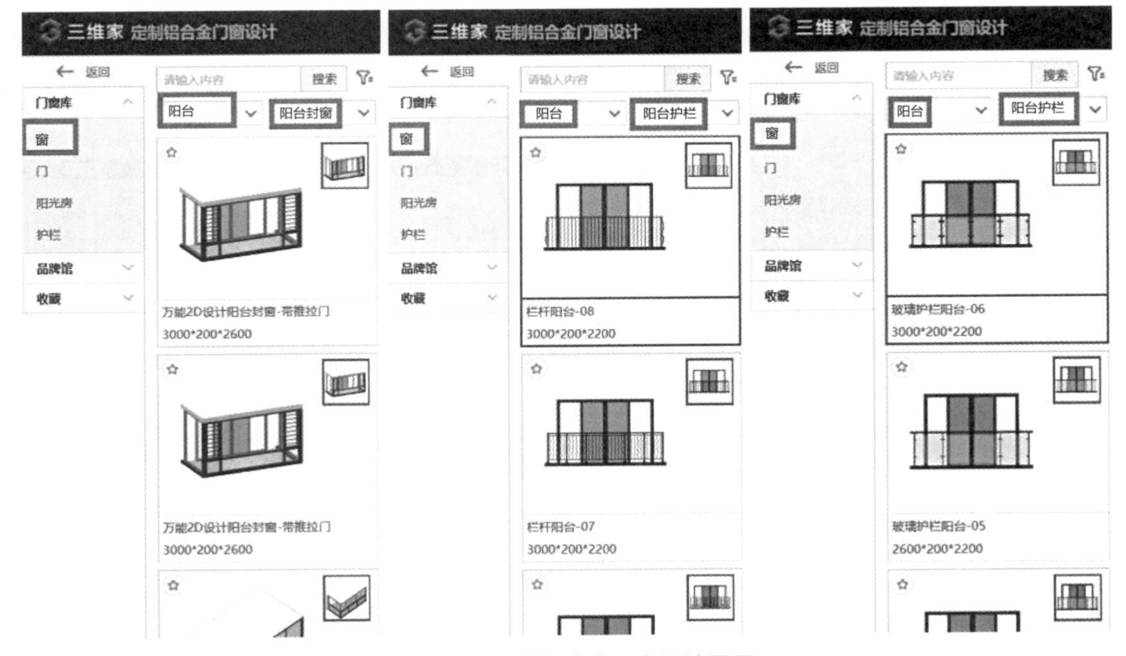

图6-84 定制铝合金阳台设计界面

横框可对上下的高度进行调整；对已划分好的外框进行活动扇的添加，即窗扇的添加，添加时注意窗扇的开门方向即可，如图6-87所示。

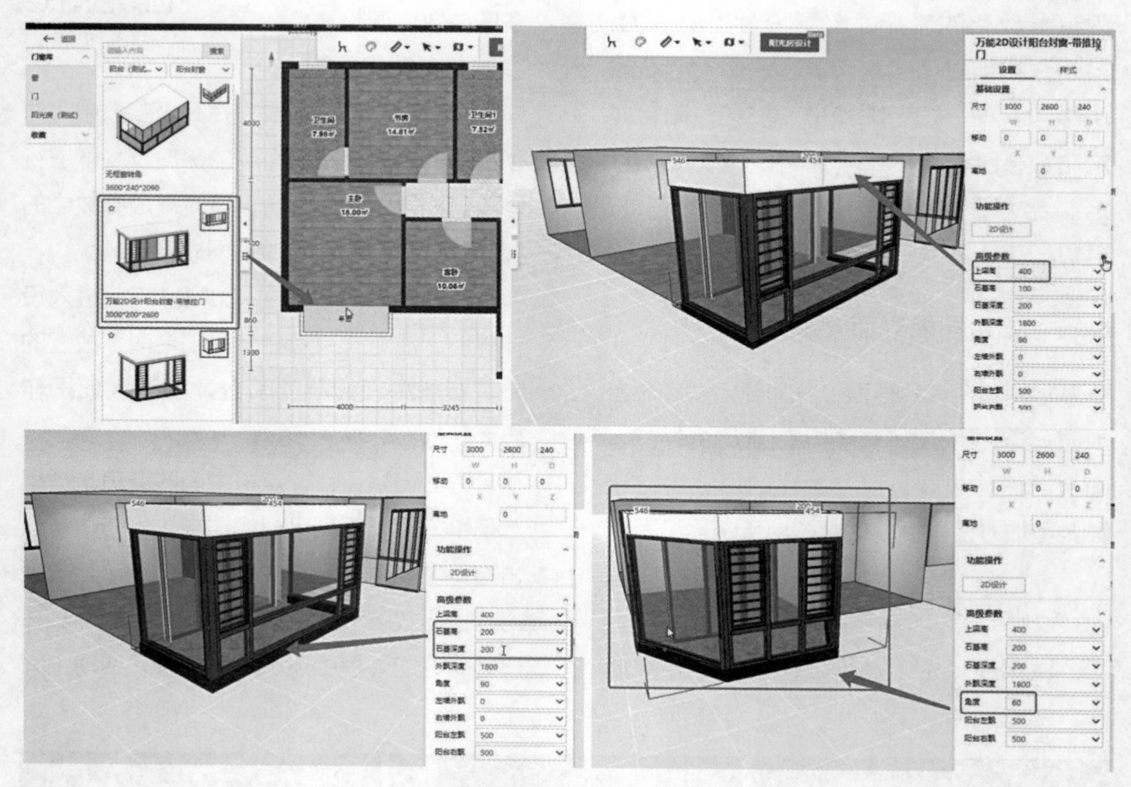

图6-85　常规参数设置

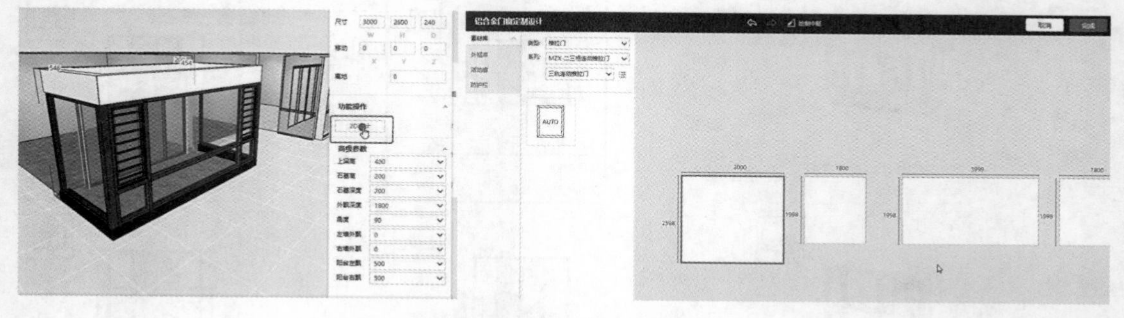

图6-86　自定义设计界面

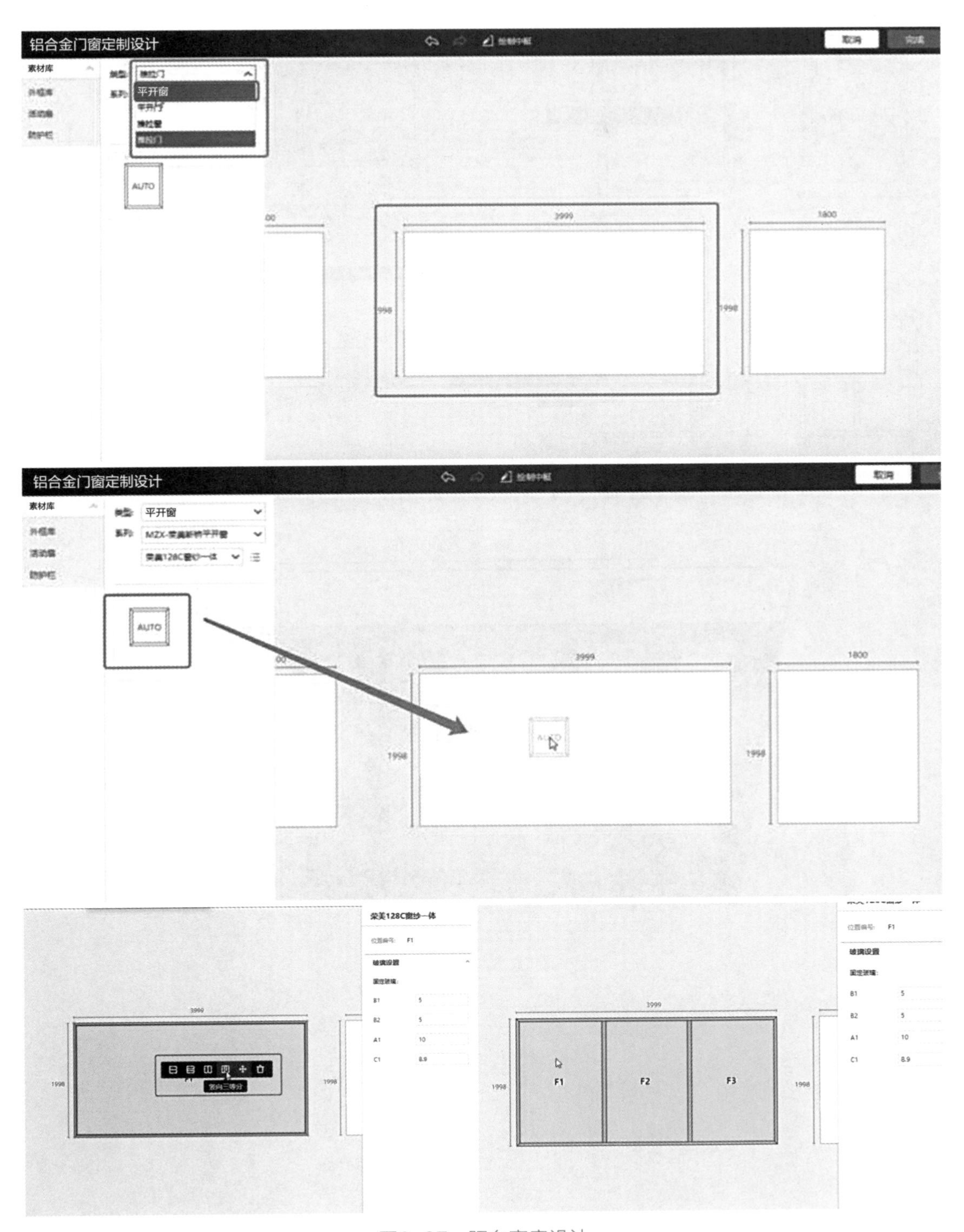
铝合金门窗定制设计
素材库
平开窗
AUTO
3999
1800
1998
铝合金门窗定制设计
素材库
平开窗
AUTO
3999
1800
1998
荣美128C窗纱一体
3999
1998
F1
F2
F3

图6-87 阳台窗扇设计

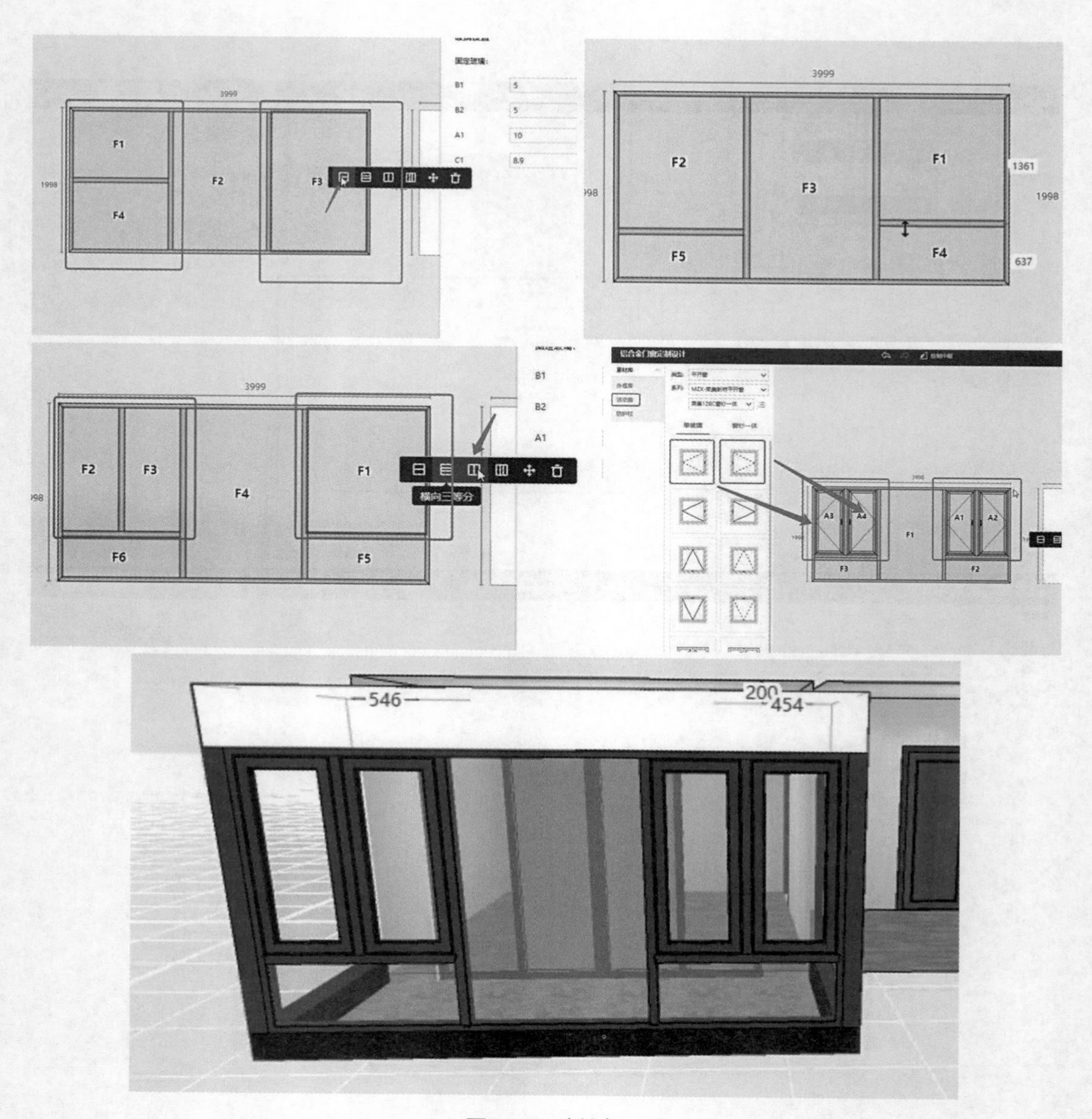
3999
1998
F1
F2
F3
F4
固定玻璃:
B1
5
B2
5
A1
10
C1
8.9
F5
1361
637
F6
横向三等分
A1
A2
A3
A4
546
200
454

图6-87 （续）

7 软装设计及方案效果图制作

7.1 智能样板间

使用样板间智能应用功能，可以将样板间成品以及定制的家具根据已有户型进行导入以及匹配，大大提升了设计效率（注：智能应用暂时只能运用在客餐厅以及卧室空间，后期会逐渐增加其他空间）。

在2D状态下，左键单击单个空间，在右侧图标中选择“智能设计”，进入智能设计界面，可根据风格进行筛选，再勾选右下方需要智能布置的产品即可，点击“应用”，完成智能样板间的设置（注意：点击“应用”后，自动适配空间时会弹出“即将清空所选空间的软装与硬装，是否继续?”如果该空间为空的，直接点击“继续”，如果该空间已经布置好，不想更换，则点击“取消”），如图7-1所示。

7.2 家具装饰布置

家具装饰布置

在云素材公共库中有大量的家具、饰品软装、电器及工装类素材供设计搭配，根据不同空间的需求进入相应素材库

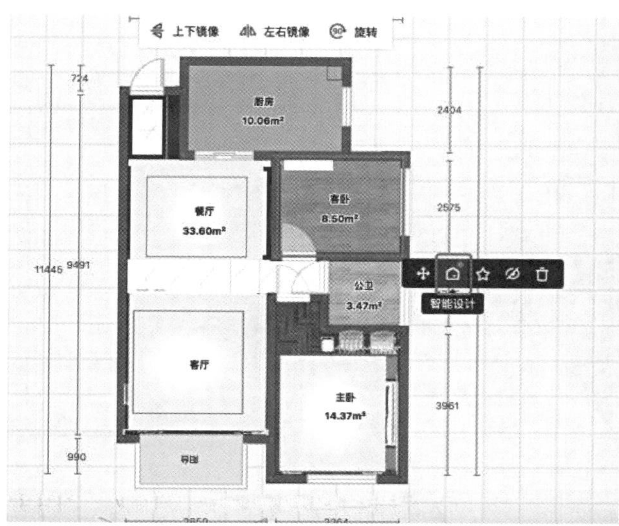

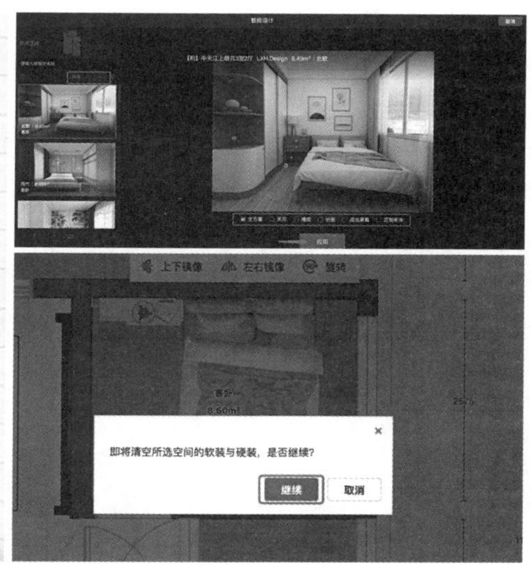

图7-1 智能样板间

进行挑选，放置于空间内即可。在放置家具饰品时，该饰品会出现可上下、左右、前后调节的箭头，以及中间可进行旋转的箭头，这些箭头可更方便对家具饰品方位的调节移动。在右侧产品信息栏中也可对该家具饰品的尺寸及材质进行修改，如图7-2所示。

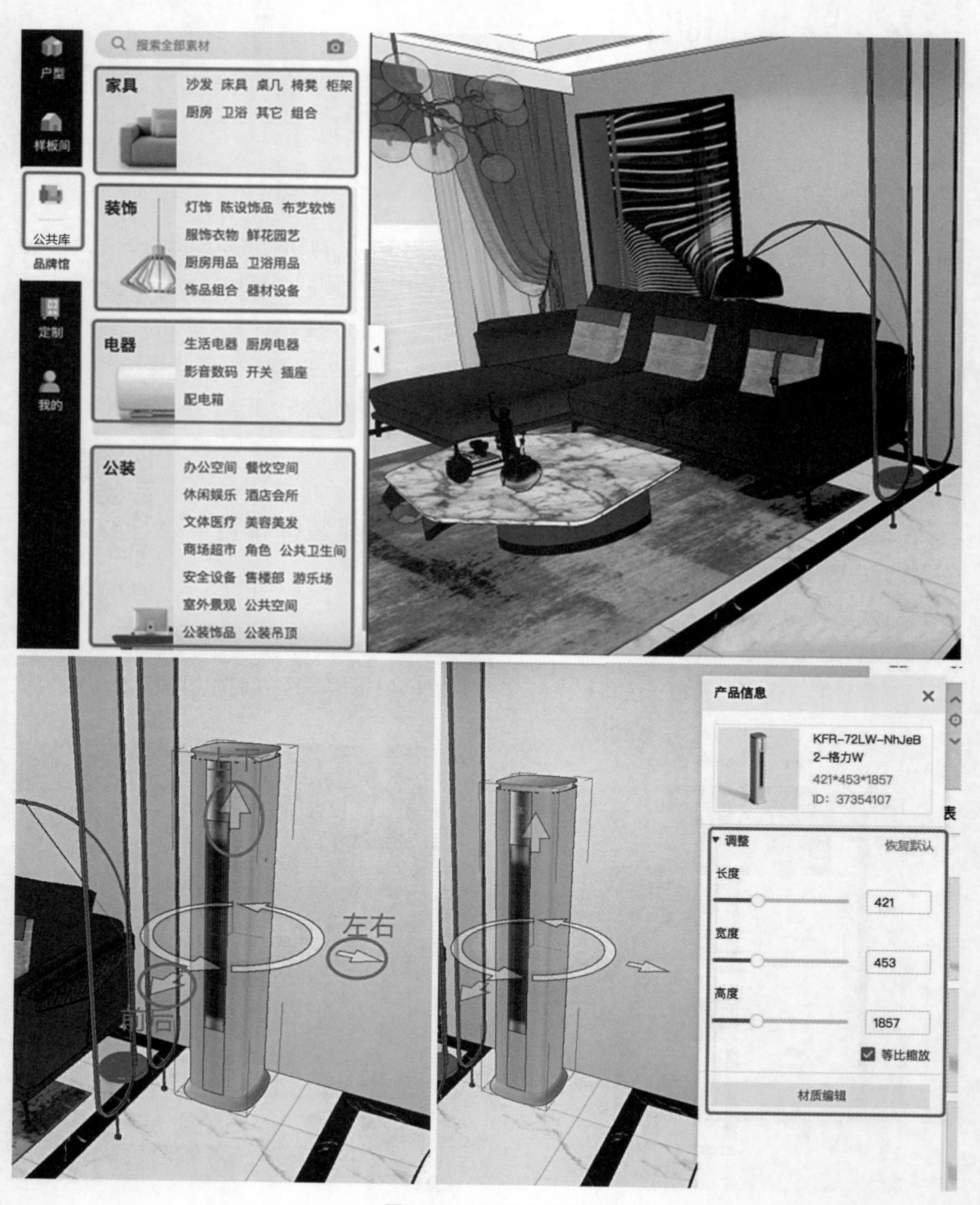

图7-2　家具饰品布置

7.3 方案效果图制作

用三维家软件制作效果图分为灯光和渲染两个部分。灯光可以设置自动打光和自定义打光，并且灯光亮度、角度及光域网都是可以调节的；渲染可以设置视角、分辨率、图框宽幅等，以及云端极速渲染。

7.3.1 灯光设置

灯光设置分为默认灯光、自动灯光、自然白光2.0，三者可以自由组合运用，营造所需要的灯光效果。

灯光设置

（1）默认灯光

默认灯光即场景使用的模型中自带的灯光和室外的自然灯光。点击“效果图”，选择“渲染效果图”。在渲染编辑界面的左侧选择“效果图”中的基本设置，点击场景灯光，选择默认灯光即可，如图7-3所示。

（2）自动灯光

自动灯光分为自然白光和氛围暖光，营造不同的氛围。在渲染编辑界面的左侧选择“效果图”中的基本设置，点击场景灯光，选择自动灯光即可。自然白光可根据空间大小进行补光；氛围暖光是根据空间家居布局来进行自动补光，如图7-4所示。

（3）自定义灯光

自定义灯光，分为区域泛光灯（补光板）和射灯（补光灯），并且可以设置灯光亮度、颜色、方向及光域网。在渲染编辑界面的左侧选择“效果图”中的基本设置，点击场景

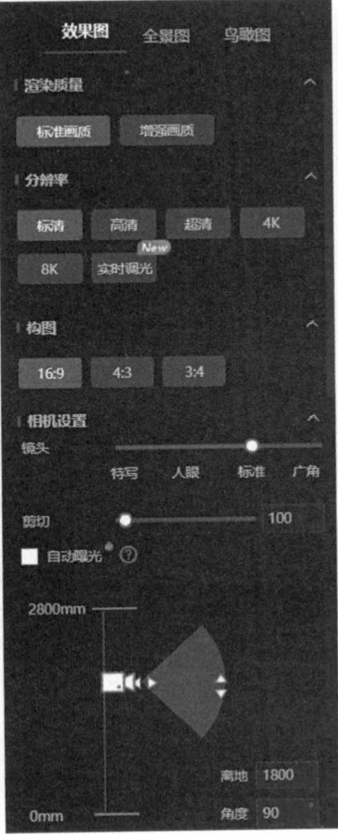

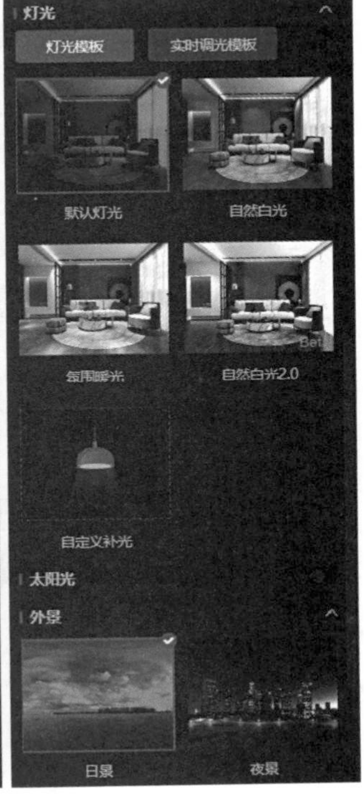

图7-3 默认灯光

灯光，选择自定义灯光即可，或选择“高级设置”，如图7-5所示。左键单击选择“补光灯”，长按并拖拉至场景中，放置于需要进行补光照射的位置，如图7-6所示。选择补光灯时，在渲染界面左侧可针对选择的灯光进行编辑设置，如图7-7所示。色温：修改灯光颜色；亮度：修改灯光亮度；离地：修改灯光位置高度；应用至同类：一键修改所有同款补光的参数为一致。

选择光域网右侧的“更多”，可以查看并设置更多类型的灯光光域网，选中需要的光域网之后，点击“保存”即可，如图7-8所示。

图7-4　自动灯光

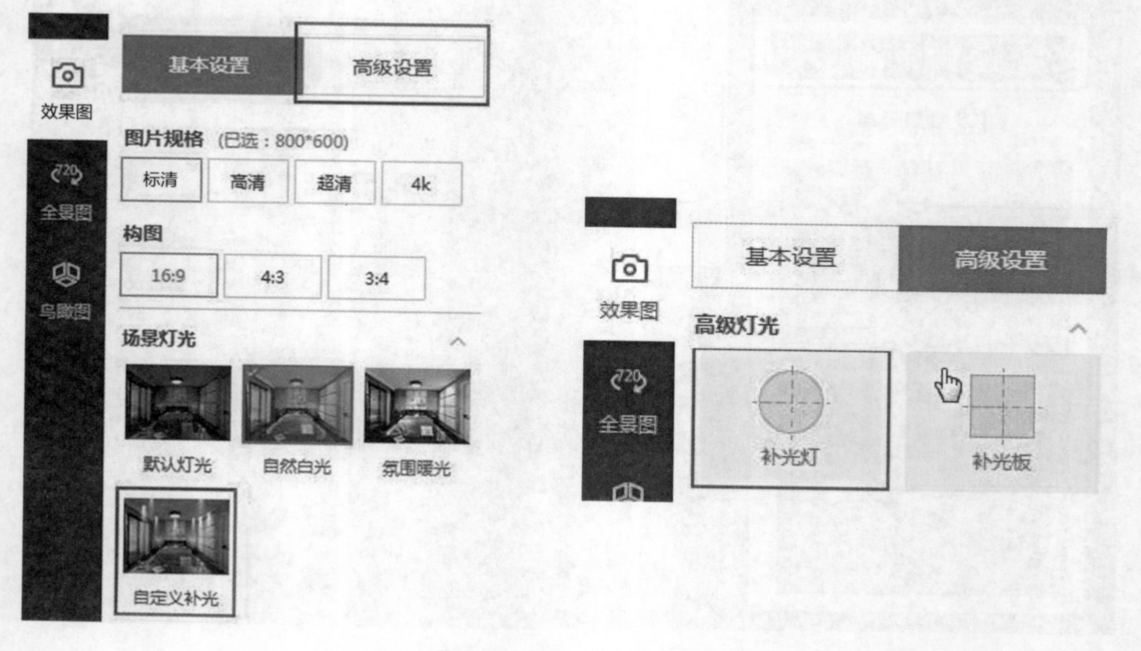

图7-5　自定义灯光（1）

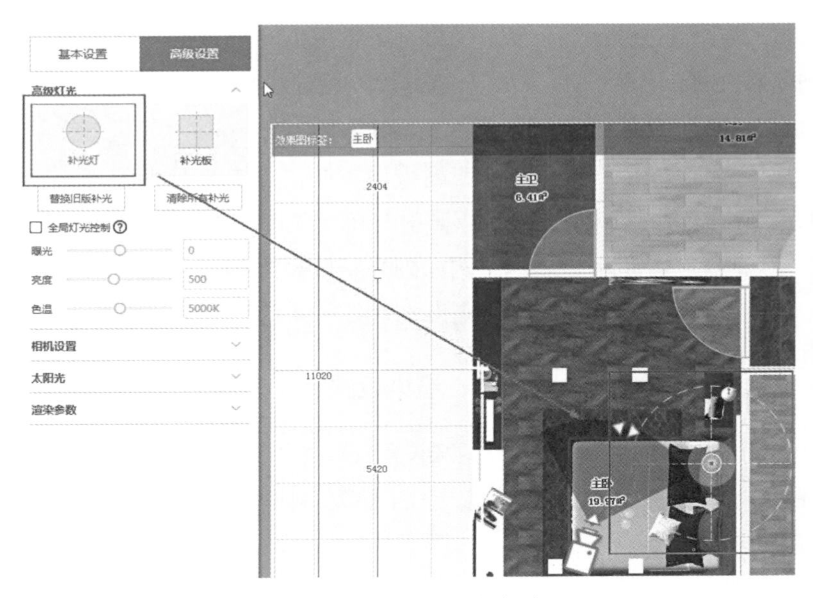

图7-6　自定义灯光（2）

补光灯
状态
2800mm
0mm
离地
2600
色温
亮度
10
应用至同类
影响高光

图7-7　编辑设置补光灯

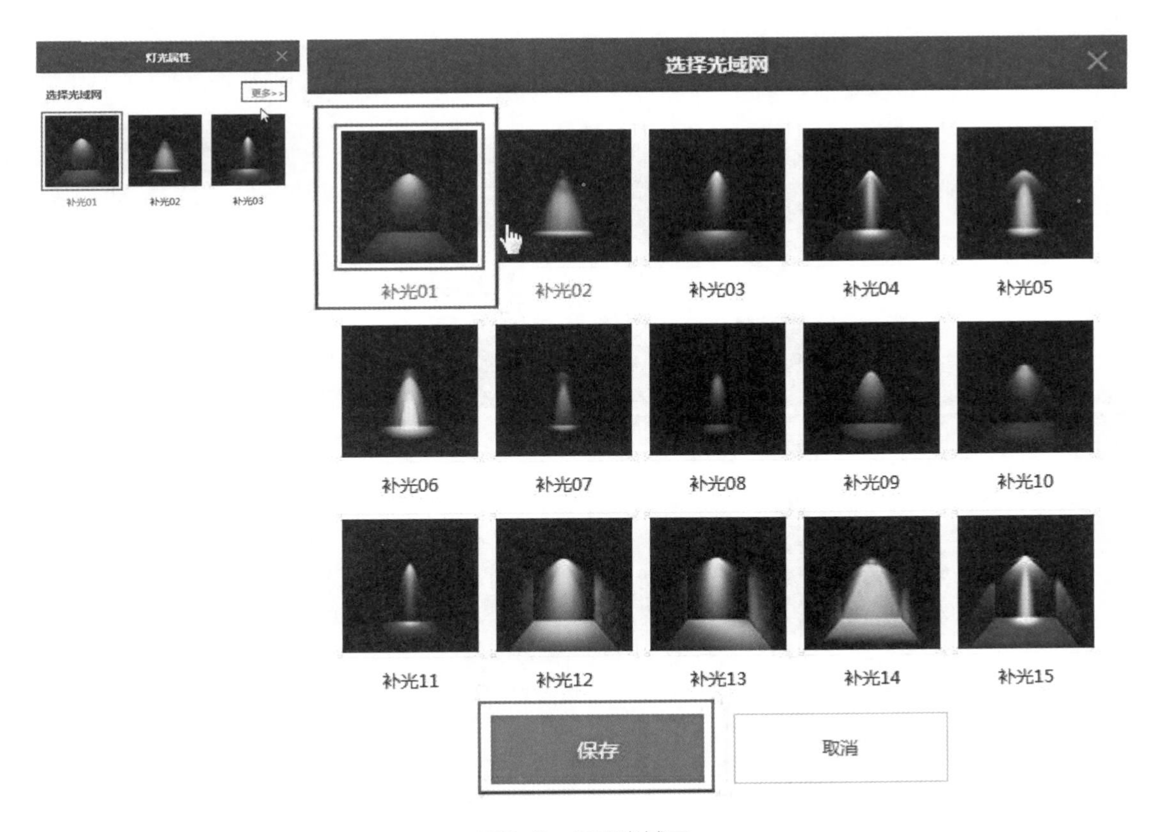

图7-8　设置光域网

选中灯光中心的蓝色圆点，往圆圈内四周进行拖拉，可以调整灯光照射方向，当蓝色圆点在圆圈的边界时，灯光为向上旋转90°，如图7-9所示。

左键单击选择“补光板”，长按并拖拉至场景中，放置于需要进行补光照射的空间中间位置，如图7-10所示。补光板除了具有颜色、亮度、方向、离地高及一键同步参数外，还可以设置双面灯光，如图7-11所示。

（4）场景环境光

日景，可以根据窗外白天景色进行选择。夜景，可以根据窗外夜晚景色进行选择。场景环境光设置如图7-12所示。

（5）太阳光

在高级设置中，点击打开太阳光，可以调整照射时间、方向和亮度，如图7-13所示。例如阳光将照射到客厅电视背景墙方向，则设置如图7-14所示。

7.3.2　渲染设置

渲染设置分为分辨率、构图和相机设置，学会以上几个参数，则可以掌握渲染视角。

图7-9　调整灯光照射方向

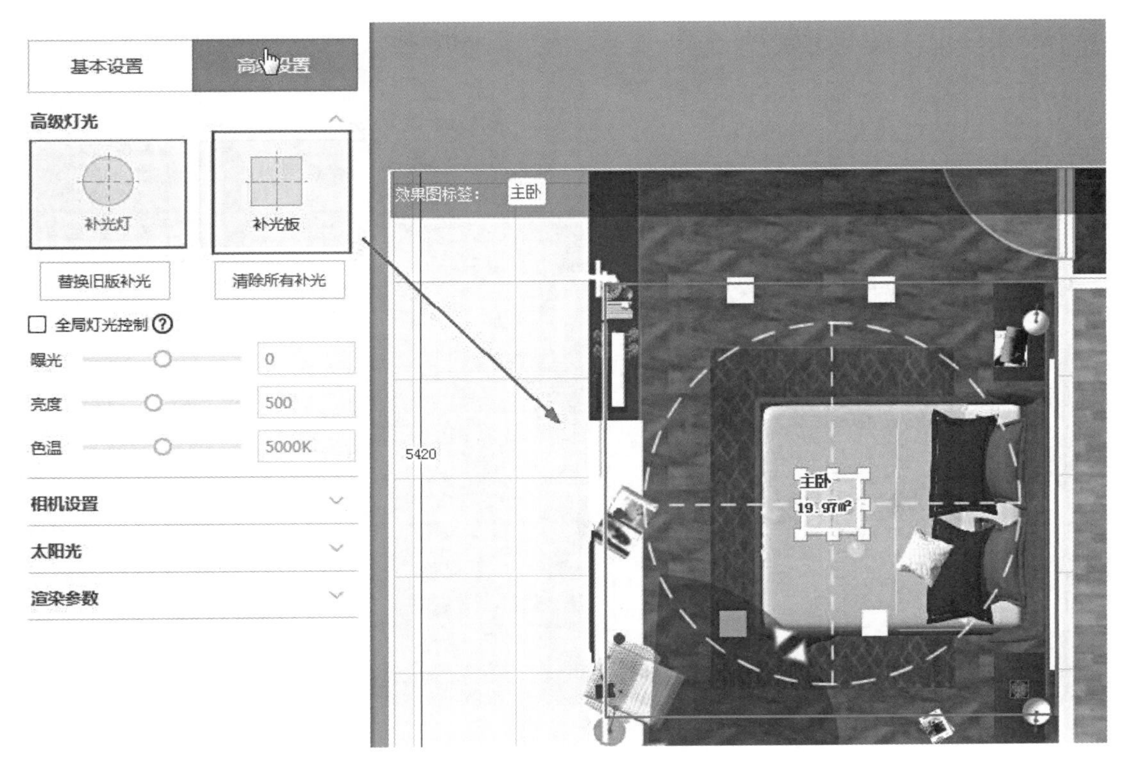

图7-10 增加补光板

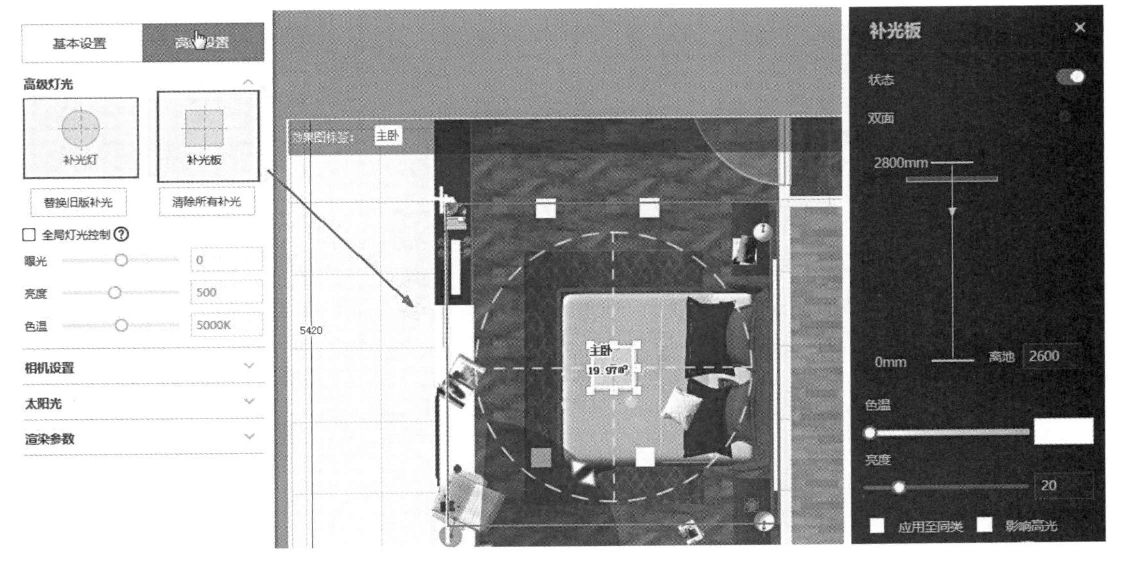

图7-11 补光板参数

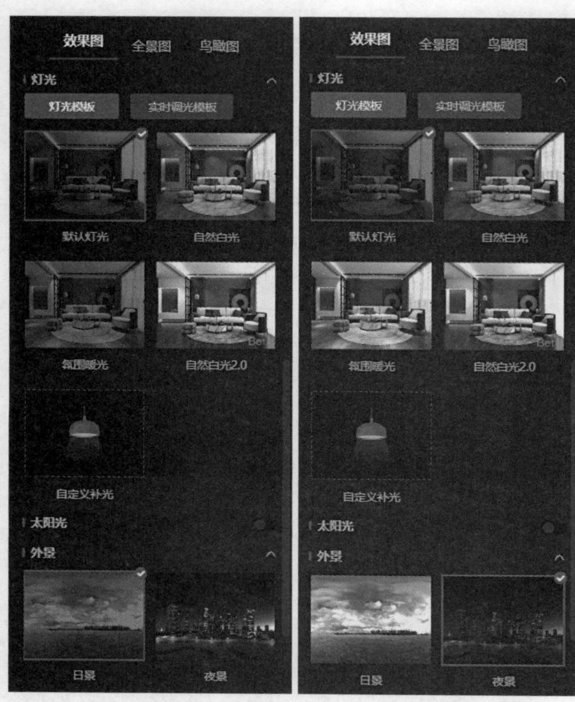

图7-12 场景环境光

图7-13 太阳光参数设置

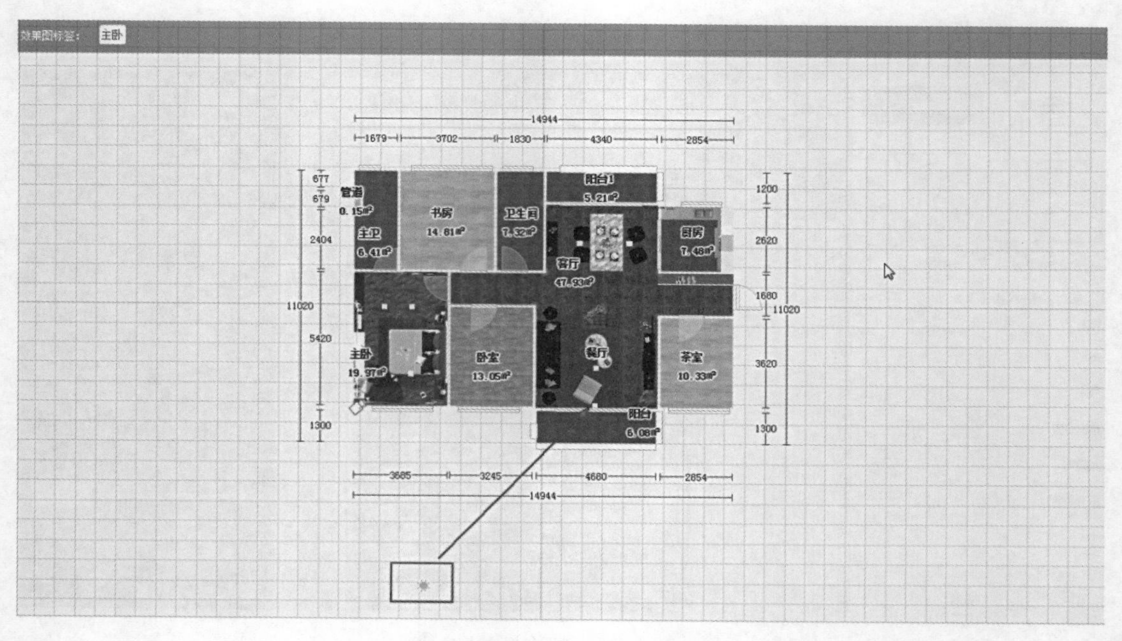

图7-14 设置阳光照射到客厅

（1）渲染分辨率

渲染分辨率中参数有标清、高清、超清、4K、8K和实时调光，如图7-15所示。

图7-15 渲染分辨率

① 标清：分辨率为800×600，主要是采用手机观看，渲染是几个分辨率中最快的，因此常常用于测试效果。

② 高清：分辨率为1280×960，主要是采用电脑观看，渲染速度仅次于标清，常常作为最终效果呈现给业主观看。

③ 超清：分辨率为1920×1440，主要是打印画册，渲染速度仅次于高清，常常作为更佳效果呈现给业主观看或者打印宣传册。

④ 4K：分辨率为4000×3000，主要是打印海报，渲染较慢，一般是夜间渲染，常常作为超高画质用于打印海报和图册。

⑤ 8K：分辨率为8000×4500，图像细节更加丰富，画质更佳，清晰度也更高。

⑥ 实时调光：此功能是呈现不同光源实施效果，方便设计师进行适时调光。

（2）渲染构图

渲染构图中有16∶9、4∶3和3∶4，如图7-16所示。

图7-16 渲染构图

① 构图16∶9：横宽幅较大，主要应用于大空间，如别墅、宽敞空间。

② 构图4∶3：横竖宽幅相近，主要应用于中等室内空间，如客餐厅、卧室。

③ 构图3∶4：竖宽幅较大，主要应用于小空间，如卫生间。

（3）相机设置

相机设置中有镜头、高度（离地）、角度和剪切，如图7-17所示。

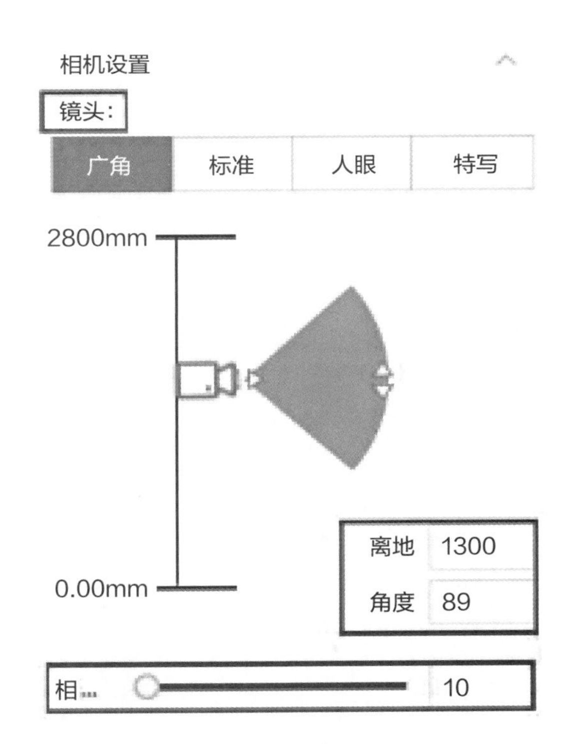

图7-17 相机设置

① 镜头：分为广角、标准、人眼和特写；在中等空间和大空间常使用广角，小空间常使用标准，特写用于渲染场景的某个产品。

② 相机高度（离地）：一般常见设置为1100～1500mm。

③ 相机角度：可以使用右键进行上下、左右视角旋转，可以使用快捷键S、W、A、D、Q、E进行移动，一般常见视角为垂直视角，可以直接设置角度为“90”（注：长按相机图标，可以进行移动编辑）。

④ 相机剪切：常用于渲染视角前面被物品、墙体挡住。

7.3.3 效果呈现类型

效果图案例赏析

效果图的呈现主要分为3种：照片级效果图、全景效果图和鸟瞰图。

（1）照片级效果图

① 视角定位：漫游模式下，常见为一点透视和两点透视。

② 效果图标签：点击渲染框左上角，选择相对应的空间名称，如图7-18所示。

③ 影视级渲染：提高材质与质感光感，让效果图更加逼真。

（2）全景效果图

全景图案例赏析

① 视角定位：漫游模式下，定于空间的中间位置，高度一般为1200～1300mm即可。

② 效果图标签：点击渲染框左上角，选择相对应的空间名称，如图7-19所示。

（3）鸟瞰图

视角定位：3D模式下，选取可以观察全部空间的俯视视角，如图7-20所示。

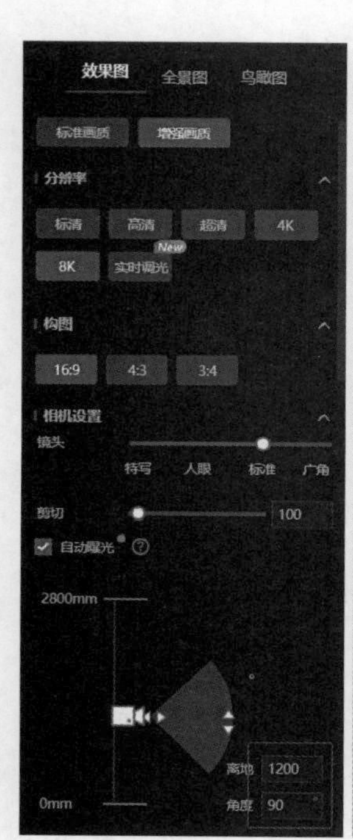

图7-18 照片级效果图

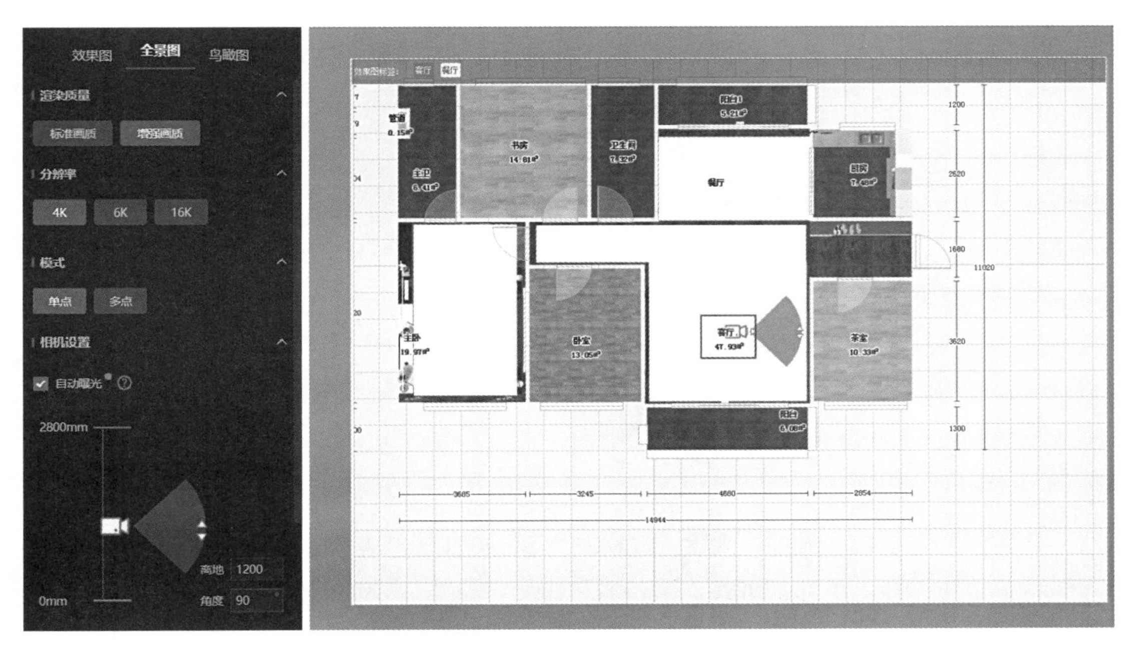

图7-19　全景效果图

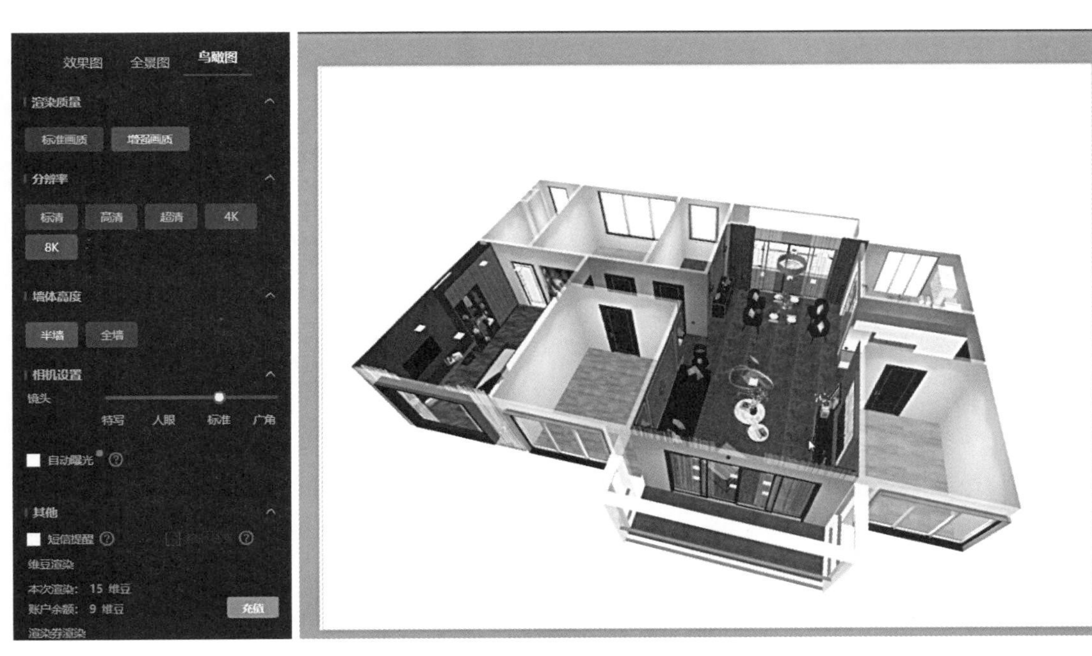

图7-20　鸟瞰图

参考文献

[1] 郭琼，宋杰. 定制家居终端设计师手册 [M]. 北京：化学工业出版社，2020.

[2] 罗春丽，贾淑芳. 定制家具设计 [M]. 北京：中国轻工业出版社，2020.

[3] 吴筱兰，李小康. 居住空间设计 [M]. 北京：中国劳动社会保障出版社，2020.